FORSCHUNGSBERICHTE DES LANDES NORDRHEIN-WESTFALEN

Nr. 1763

Herausgegeben

im Auftrage des Ministerpräsidenten Dr. Franz Meyers

vom Landesamt für Forschung, Düsseldorf

DK 518.61 (083.5)

Dipl.-Math. Werner Glasmacher
Dipl.-Math. Dietmar Sommer

Rechenzentrum und Institut für Geometrie und Praktische Mathematik
der Rhein.-Westf. Techn. Hochschule Aachen
Direktor : Prof. Dr. Fritz Reutter

Implizite Runge-Kutta-Formeln

SPRINGER FACHMEDIEN WIESBADEN GMBH

ISBN 978-3-663-06349-0   ISBN 978-3-663-07262-1 (eBook)
DOI 10.1007/978-3-663-07262-1

Verlags-Nr. 011763

Gesamtherstellung: Westdeutscher Verlag ·

Inhalt

1. Einleitung

Implizite RUNGE-KUTTA-Formeln wurden erstmals in einer Reihe von Arbeiten ([1], [2], [3]) von J. C. BUTCHER systematisch untersucht. Hierbei wurden verschiedene Annahmen über die Lage der n Stützstellen getroffen. Für die behandelten Fälle wurde die Fehlerordnung angegeben und der Beweis für die Eindeutigkeit des jeweiligen Verfahrens geführt. Die Berechnung der Koeffizienten durch Auflösen der sie bestimmenden Gleichungssysteme wurde nur für $n \leqq 6$ durchgeführt. Bis $n = 11$ wurden sie zahlenmäßig in [4] mit 20 Stellen hinter dem Komma angegeben.

In [5] findet sich zwar ein Beweis, daß die impliziten RUNGE-KUTTA-Formeln mit der Stützstellenverteilung nach GAUSS eine Fehlerordnung von $2n + 1$ haben, jedoch wird hier nichts über die praktische Verwendbarkeit dieser Formeln im allgemeinen Falle gesagt.

Das im folgenden angegebene Rechenverfahren für die Koeffizienten wurde auf der GAMM-Tagung in Wien 1965 [6] vorgetragen. Das Verfahren umgeht die von BUTCHER angewandte Methode der numerischen Lösung eines linearen Gleichungssystems von n Gleichungen mit n rechten Seiten. Die hier entwickelte formelmäßige Beschreibung des Verfahrens führt zu einer bequemen Ermittlung der inversen Matrix des Gleichungssystems. Damit ergibt sich eine beträchtliche Ersparnis an Rechenaufwand.

Wie demnächst an anderer Stelle mitgeteilt wird, läßt sich eine a priori-Fehlerschätzung so angeben, daß sich der zur Erzielung einer gewünschten Genauigkeit erforderliche Rechenaufwand in Abhängigkeit von n minimalisieren läßt. Bei durchgerechneten Beispielen zeigte sich, daß sich speziell bei hohen Genauigkeitsforderungen (relativer Fehler kleiner als 10^{-15}) ein optimales n zwischen 15 und 20 ergeben kann. Deshalb werden die Koeffizienten bis $n = 20$ berechnet. Sie werden mit 24 gültigen Ziffern angegeben.

Das hier vorgelegte Tabellenwerk ist ein nützliches Hilfsmittel bei der praktischen Behandlung von Differentialgleichungsproblemen mit impliziten RUNGE-KUTTA-Formeln.

2. Aufgabenstellung und Definition impliziter RUNGE-KUTTA-Formeln

Das Verfahren von RUNGE-KUTTA ist das gebräuchlichste Verfahren zur Lösung von Anfangswertaufgaben für Differentialgleichungen 1. Ordnung.
Gegeben sei das Differentialgleichungssystem

$$\frac{dx}{dt} = f(t, x) \tag{2.1}$$

mit den Anfangswerten $x(t_0) = x_0$.
Im folgenden werden x, f und entsprechende Größen stets als Vektoren mit m Komponenten angesehen, m ist dabei die Anzahl der Differentialgleichungen des Systems (2.1).
Der allgemeine RUNGE-KUTTA-Ansatz lautet

$$k_i = f(t_0 + \alpha_i h, x_0 + h \sum_{j=1}^{n} \beta_{ij} k_j), \quad i = 1, 2, \ldots, n \tag{2.2}$$

$$X_1 = x_0 + h \sum_{i=1}^{n} \gamma_i k_i. \tag{2.3}$$

Dabei bedeutet X_1 die numerische Näherungslösung für

$$x_1 = x_0 + \int_{t_0}^{t_0+h} f(t, x)\, dt. \tag{2.4}$$

Charakteristisch für den Ansatz (2.2), (2.3) sind die $n\,(n+2)$ Koeffizienten

$$\alpha = \begin{pmatrix} \alpha_1 \\ \cdot \\ \cdot \\ \cdot \\ \alpha_n \end{pmatrix}, \; \beta = \begin{pmatrix} \beta_{11} \cdots \beta_{1n} \\ \cdot \qquad \cdot \\ \cdot \qquad \cdot \\ \cdot \qquad \cdot \\ \beta_{n1} \cdots \beta_{nn} \end{pmatrix}, \; \gamma = \begin{pmatrix} \gamma_1 \\ \cdot \\ \cdot \\ \cdot \\ \gamma_n \end{pmatrix}. \tag{2.5}$$

Diese Koeffizienten sind – evtl. unter Hinzuziehung von Zusatzbedingungen – so zu bestimmen, daß die numerische Lösung eine möglichst hohe Fehlerordnung p besitzt, das heißt es soll gelten

$$X_1 - x_1 = 0\,(h^p). \tag{2.6}$$

Unter Zusatzbedingungen soll dabei eine feste Wahl bestimmter Koeffizienten oder gewisser Relationen in diesen verstanden werden.

3. Herleitung der Bedingungsgleichungen für die Koeffizienten

Betrachtet man eine bestimmte Quadraturformel mit der Fehlerordnung q, so ist diese durch die Stützstellen α und die Gewichte γ festgelegt. Den Formeln (2.3), (2.4) und (2.6) entsprechen dann

$$X_1 = x_0 + h \sum_{i=1}^{n} \gamma_i f(t_0 + \alpha_i h), \tag{3.1}$$

$$x_1 = x_0 + \int_{t_0}^{t_0+h} f(t)\, dt \tag{3.2}$$

und

$$X_1 - x_1 = 0 \, (h^q). \tag{3.3}$$

Fordert man

$$f(t_0 + \alpha_i h, x(t_0 + \alpha_i h)) = k_i + 0 \, (h^{q-1}), \tag{3.4}$$

so ergibt sich aus der Quadraturformel mit den Stützstellen α und den Gewichten γ ein entsprechendes Runge-Kutta-Verfahren der gleichen Fehlerordnung q. Durch Vergleich von (3.4) mit (2.2) erhält man die Bedingungsgleichungen

$$x(t_0 + \alpha_i h) = x_0 + h \sum_{j=1}^{n} \beta_{ij} k_j + R_i, \quad i = 1, 2, \ldots, n, \tag{3.5}$$

wobei R_i die noch zu ermittelnden Fehler darstellen. Die Gl. (3.5) läßt sich unter Benutzung von (3.4) umschreiben auf

$$x(t_0 + \alpha_i h) = x_0 + h \sum_{j=1}^{n} \beta_{ij} f(t_0 + \alpha_j h, x(t_0 + \alpha_j h) - R_j) + R_i. \tag{3.6}$$

Hierfür läßt sich abgekürzt schreiben

$$x_i = x_0 + h \sum_{j=1}^{n} \beta_{ij} f(t_j, x_j - R_j) + R_i. \tag{3.7}$$

Durch Entwicklung von f um t_j erhält man

$$x_i = x_0 + h \sum_{j=1}^{n} \beta_{ij} \left(f_j - \frac{\partial}{\partial x} f_j \cdot R_j \right) + R_i \tag{3.8}$$

$$= x_0 + h \sum_{j=1}^{n} \beta_{ij} f_j + \overline{R}_i.$$

Die Entwicklung von (3.8) um t_0 ergibt

$$x_i = x_0 + \alpha_i h \left(\frac{dx}{dt}\right)_0 + \frac{(\alpha_i h)^2}{2!} \left(\frac{d^2 x}{dt^2}\right)_0 + \cdots, \tag{3.9}$$

$$x_0 + h \sum_{j=1}^{n} \beta_{ij} f_j + \overline{R}_i = x_0 + h \left(\frac{dx}{dt}\right)_0 \sum_{j=1}^{n} \beta_{ij} + h^2 \left(\frac{d^2 x}{dt^2}\right)_0 \sum_{j=1}^{n} \beta_{ij} \alpha_j + \cdots + \overline{R}_i.$$

Durch Koeffizientenvergleich ergeben sich hieraus die Bedingungen

$$\sum_{j=1}^{n} \beta_{ij} = \alpha_i,$$

$$\sum_{j=1}^{n} \beta_{ij} \alpha_j = \frac{\alpha_i^2}{2},$$

$$\sum_{j=1}^{n} \beta_{ij} \alpha_j^2 = \frac{\alpha_i^3}{3}, \quad i = 1, 2, \ldots, n. \tag{3.10}$$

$$\vdots \qquad \vdots$$

Bei gegebenen Stützstellen α bilden die ersten n Gleichungen von (3.10) ein nichtsinguläres lineares Gleichungssystem zur Bestimmung von β, wenn alle α_i verschieden sind (VAN DER MONDEsche Determinante). Die $(n + 1)$-te Gleichung ist im allgemeinen nicht mehr erfüllt. Dann ergibt sich

$$\overline{R}_i = 0 \left(h^{n+1}\right). \tag{3.11}$$

Das gilt für sämtliche impliziten RUNGE-KUTTA-Verfahren, wenn für die n^2 Koeffizienten β keine zusätzlichen Bedingungen vorgeschrieben werden.
In (3.3) wurde q als die Fehlerordnung für die zu α, γ gehörige Quadraturformel definiert. Bei den meisten Quadraturformeln ist jedoch $q - 1 > n + 1$. Damit würde sich aus (3.11) ergeben, daß es kein implizites Verfahren mit einer Fehlerordnung größer $n + 2$ geben könnte. Jedoch kann man die Herleitung spezieller RUNGE-KUTTA-Formeln so gestalten, daß die Forderung (3.4) nicht benutzt wird. So wurde zum Beispiel von BUTCHER ([2], [3]) gezeigt, daß bei spezieller Wahl der Stützstellen (GAUSS, LOBATTO, RADAU) die impliziten RUNGE-KUTTA-Verfahren die gleiche Fehlerordnung besitzen wie die entsprechenden Quadraturformeln. Diese Tatsache läßt sich auf alle möglichen Quadraturformeln verallgemeinern. Dies soll in größerem Zusammenhang in einer späteren Veröffentlichung dargestellt werden.

4. Spezielle RUNGE-KUTTA-Formeln

Im folgenden werden vier spezielle Quadraturformeln als Grundlage für implizite RUNGE-KUTTA-Formeln betrachtet. Als Integrationsintervall wird dabei stets [0, 1] gewählt.

4.1 Stützstellenverteilung nach GAUSS

Die GAUSSschen Stützstellen sind bekanntlich die Nullstellen der LEGENDRE-Polynome

$$\frac{1}{n!}\left(\frac{d}{d\alpha}\right)^n\{\alpha^n(1-\alpha)^n\} = 0. \tag{4.1.1}$$

Hieraus erhält man als Bestimmungsgleichung für die Stützstellen

$$P_n^G(\alpha) = \sum_{\nu=0}^{n}(-1)^\nu\binom{n}{\nu}\binom{n+\nu}{\nu}\alpha^\nu = 0. \tag{4.1.2}$$

Die Fehlerordnung des Verfahrens ist $q = 2n + 1$.

4.2 Stützstellenverteilung nach LOBATTO

Das erzeugende Polynom lautet

$$P_n^L(\alpha) = -\left(\frac{d}{d\alpha}\right)^{n-2}\{\alpha^{n-1}(1-\alpha)^{n-1}\} \tag{4.2.1}$$

$$= \sum_{\nu=1}^{n}(-1)^\nu\binom{n-1}{\nu-1}\binom{n+\nu-2}{\nu}\alpha^\nu = 0.$$

Das Polynom ist nur für $n \geq 2$ definiert und es gilt stets $\alpha_1 = 0$ und $\alpha_n = 1$. Außerdem werden die Koeffizienten $\beta_{1n} = \beta_{2n} = \ldots = \beta_{nn} = 0$ gesetzt. Die Fehlerordnung des Verfahrens ist $q = 2n - 1$.

4.3 Stützstellenverteilung nach RADAU I

Das erzeugende Polynom lautet

$$P_n^{\mathrm{RI}}(\alpha) = -\left(\frac{d}{d\alpha}\right)^{n-1}\{\alpha^n\,(1-\alpha)^{n-1}\}$$

$$= \sum_{\nu=1}^{n} (-1)^\nu \binom{n-1}{\nu-1}\binom{n+\nu-1}{\nu}\alpha^\nu = 0. \tag{4.3.1}$$

Bei diesen Polynomen gilt stets $\alpha_1 = 0$. Die Fehlerordnung des Verfahrens ist $q = 2\,n$.

4.4 Stützstellenverteilung nach RADAU II

Das erzeugende Polynom lautet

$$P_n^{\mathrm{RII}}(\alpha) = \left(\frac{d}{d\alpha}\right)^{n-1}\{\alpha^{n-1}\,(1-\alpha)^{n}\}$$

$$= \sum_{\nu=0}^{n} (-1)^\nu \binom{n}{\nu}\binom{n+\nu-1}{\nu}\alpha^\nu = 0. \tag{4.4.1}$$

Das Polynom ist nur für $n \geq 2$ definiert und es gilt stets $\alpha_n = 1$. Außerdem werden die Koeffizienten $\beta_{1n} = \beta_{2n} = \ldots = \beta_{nn} = 0$ gesetzt. Die Fehlerordnung des Verfahrens ist $q = 2\,n$.

5. Allgemeines Rechenverfahren

5.1 Berechnung der Stützstellen α

Die Stützstellen α sind die Nullstellen der Polynome (4.1.2), (4.2.1), (4.3.1) und (4.4.1). Sie wurden mit Hilfe des NEWTONschen Verfahrens einzeln bestimmt. Dabei wurde bei den Polynomen (4.1.2) und (4.2.1) die Symmetrieeigenschaft bezüglich der Intervallmitte ausgenutzt.

5.2 Berechnung der Koeffizienten β

In 3. wurden die Bestimmungsgleichungen für die Koeffizienten hergeleitet. In Matrizenschreibweise läßt sich (3.10) wie folgt umschreiben

$$A \cdot \beta' = B. \tag{5.2.1}$$

Hierbei bedeuten

$$A = \begin{pmatrix} 1 & \cdots & 1 \\ \alpha_1 & \cdots & \alpha_n \\ \cdot & & \cdot \\ \cdot & & \cdot \\ \cdot & & \cdot \\ \alpha_1^{n-1} & \cdots & \alpha_n^{n-1} \end{pmatrix}, \tag{5.2.2}$$

$$B = \begin{pmatrix} \alpha_1 & \cdots & \alpha_n \\ \dfrac{\alpha_1^2}{2} & \cdots & \dfrac{\alpha_n^2}{2} \\ \cdot & & \cdot \\ \cdot & & \cdot \\ \cdot & & \cdot \\ \dfrac{\alpha_1^n}{n} & \cdots & \dfrac{\alpha_n^n}{n} \end{pmatrix} \tag{5.2.3}$$

und β' die zu β transponierte Matrix.

Die Auflösung von (5.2.1) nach β' ergibt

$$\beta' = A^{-1} \cdot B. \tag{5.2.4}$$

Die inverse Matrix

$$A^{-1} = (a_{ik}) \tag{5.2.5}$$

läßt sich durch die Koeffizienten der Lagrange-Polynome

$$L_i(x) = \frac{\prod\limits_{k=1}^{n}{}' (x - \alpha_k)}{\prod\limits_{k=1}^{n}{}' (\alpha_i - \alpha_k)} = \sum_{k=1}^{n} a_{ik} x^{k-1} \tag{5.2.6}$$

darstellen.

Der Beweis ergibt sich durch Einsetzen. Es ist

$$A^{-1} \cdot A = (\sum_{k=1}^{n} a_{ik} \alpha_j^{k-1}) = (L_i(\alpha_j)) = (\delta_{ij}) = E. \tag{5.2.7}$$

E bedeutet dabei die Einheitsmatrix.
Mit (5.2.5) ergibt sich aus (5.2.4)

$$\beta' = (\beta_{ji}) = A^{-1} \cdot B = (a_{ik}) \begin{pmatrix} \alpha_1 & \cdots & \alpha_n \\ \dfrac{\alpha_1^2}{2} & \cdots & \dfrac{\alpha_n^2}{2} \\ \cdot & & \cdot \\ \cdot & & \cdot \\ \cdot & & \cdot \\ \dfrac{\alpha_1^n}{n} & \cdots & \dfrac{\alpha_n^n}{n} \end{pmatrix} = \left(\sum_{k=1}^{n} a_{ik} \frac{\alpha_j^k}{k} \right) \tag{5.2.8}$$

Mittels dieser Formel wurden die Koeffizienten β bei bekannten a_{ik} und α berechnet. Die Koeffizienten a_{ik} wurden durch Ausmultiplizieren der Produktform von $L_i(x)$ nach (5.2.6) ermittelt.

5.3 Berechnung der Gewichte γ

Aus der Theorie der Quadraturformeln ist bekannt, daß sich bei gegebenen Stützstellen α die Gewichte γ aus einem zu (3.10) analogen linearen Gleichungssystem berechnen lassen. Es gilt

$$\sum_{i=1}^{n} \gamma_i = 1,$$

$$\sum_{i=1}^{n} \gamma_i \alpha_i = \frac{1}{2}, \quad (N \geq n). \tag{5.3.1}$$

$$\cdot$$
$$\cdot$$
$$\cdot$$

$$\sum_{i=1}^{n} \gamma_i \alpha_i^{N-1} = \frac{1}{N}.$$

Hierbei lassen sich die Gewichte γ aus den ersten n Gleichungen eindeutig bestimmen. Es sind jedoch dann, entsprechend dem Freiheitsgrad des Ansatzes für die Quadraturformel, insgesamt $N \geq n$ Gleichungen erfüllt.

14

Für die GAUSSschen Quadraturformeln ist $N = 2\,n$, für die Formeln von LOBATTO $N = 2\,n - 2$ und für die Formeln von RADAU $N = 2\,n - 1$. Die Fehlerordnung ist dann $q = N + 1$.

Analog zu (5.2.1) läßt sich (5.3.1) in der Form

$$A \cdot \gamma = \begin{pmatrix} 1 \\ \dfrac{1}{2} \\ \cdot \\ \cdot \\ \cdot \\ \dfrac{1}{n} \end{pmatrix} \tag{5.3.2}$$

schreiben. Hieraus erhält man

$$\gamma = A^{-1} \cdot \begin{pmatrix} 1 \\ \dfrac{1}{2} \\ \cdot \\ \cdot \\ \cdot \\ \dfrac{1}{n} \end{pmatrix} = \left(\sum_{k=1}^{n} \frac{a_{ik}}{k} \right). \tag{5.3.3}$$

6. Zusammenfassung und Ausblick

Es werden die Zahlenwerte der Koeffizienten für vier verschiedene implizite Runge-Kutta-Formeln ermittelt. Die Fehlerordnung ist gleich der der entsprechenden Quadraturformeln. Über die praktische Verwendbarkeit dieser Formeln wurden von Butcher ([2], [3]) und Sommer ([6]) Angaben gemacht. Rechenvorschriften für die praktische Behandlung eines Differentialgleichungsproblems nach diesen Formeln finden sich ebenda. Inzwischen ist es jedoch gelungen, eine a priori-Fehlerschätzung anzugeben, falls (2.2) durch Iteration in Gesamtschritten gelöst wird. Diese Fehlerschätzung ist abhängig von der Iterationsstufe. Hierdurch läßt sich gleichzeitig die Anzahl der für ein gegebenes n notwendigen Iterationen ermitteln. Dies bedeutet, daß sich vor Ausführung des Intergrationsschrittes der Aufwand, das heißt die Anzahl der erforderlichen Durchgänge durch die Differentialgleichung zur Integration eines Intervalles der Länge 1 berechnen läßt. Es ist also möglich, bei vorgegebenem relativem Fehler ein bezüglich des Rechenaufwandes optimales n und eine dazugehörige Schrittweite anzugeben.

Die hier mitgeteilten Koeffizienten wurden auf einer DVA SIEMENS 2002 im Rechenzentrum der Technischen Hochschule Aachen berechnet. Das Rechenprogramm wurde in der Formelsprache ALGOL geschrieben. Die Rechnungen wurden in vierfacher Wortlänge (40 Ziffern) durchgeführt. Die Rechenzeit betrug einschließlich Ein- und Ausgabe 60 Stunden, was etwa 1 Stunde Rechenzeit auf einer IBM 7090 entspricht.

Interessenten stehen gegebenenfalls die Lochkarten mit den Koeffizienten auf Anforderung zur Verfügung.

Für die Ermöglichung dieser Arbeit danken wir Herrn Prof. Dr. F. Reutter, dem Direktor des Instituts für Geometrie und Praktische Mathematik und des Rechenzentrums der Technischen Hochschule Aachen. Herr Prof. Reutter nahm regen Anteil am Fortgang der Arbeiten, unterstützte dieselbe nach Kräften und stellte die notwendige Rechenzeit zur Verfügung.

7. Literaturverzeichnis

[1] BUTCHER, J. C., »Coefficients for the Study of RUNGE-KUTTA Integration Processes«, J. Austral. Math. Soc., v. 3, 1963, p. 185–201.

[2] BUTCHER, J. C., »Implicit RUNGE-KUTTA Processes«, Math. Comp., v. 18, 1964, p. 50–64.

[3] BUTCHER, J. C., »Integration Processes Based on RADAU Quadrature Formulas«, Math. Comp., v. 18, 1964, p. 233–244.

[4] BUTCHER, J. C., »Tables of Coefficients for Implicit RUNGE-KUTTA Processes«, ms. of 9 sheets deposited in the UMT File.

[5] CESCHINO, F., und J. KUNTZMANN, »Problèmes différentiels de conditions initiales«, Dunod, Paris 1963.

[6] SOMMER, D., »Numerische Anwendung impliziter RUNGE-KUTTA-Formeln«, ZAMM 45 (1965), Sonderheft (GAMM-Tagung), T 78–79.

8. ALGOL-Programm zur Berechnung der Koeffizienten

```
begin comment Programm zur Berechnung der Koeffizienten für implizite
              RUNGE-KUTTA-Verfahren bei gegebenem N und Parameter R
              für die Art der Stützstellen;

real EPS, H 1, H 2;

integer NY, MY, SIGMA, RHO, I, N, U, V, R;

array  A 1, A 2, A 3, B 1, B 2, B 3, EINS, HALB, DELTA, M, L, PI, PIQ [1:4];

switch FORMEL: = GAUSS, LOBATTO, RADAU 1, RADAU 2;

switch NULLST: = SYMM, UNSYMM;

procedure FP (A, B, OP) result: (Q);

value OP;  integer OP;  array A, B, Q;

comment Vereinbarung einer im Maschinencode programmierten Arithmetik
        mit vierfacher Wortlänge. Die Felder A, B und Q haben die Grenzen
        von 1 bis 4. OP gibt die Operationskennziffer an und hat die Werte
        0 für Addition, 1 für Subtraktion, 2 für Multiplikation und 3 für
        Division;

code;
N: =     ;    R: =     ;

comment Hier sind N und R einzusetzen. Es bedeutet:
        R = 1: GAUSS-Stützstellen,
        R = 2: LOBATTO-Stützstellen,
        R = 3: RADAU I-Stützstellen,
        R = 4: RADAU II-Stützstellen;
  begin array  C, D, E [0: N, 1:4], ALPHA, GAMMA, H [1: N, 1:4],
               BETA [1: N, 1: N, 1:4];
procedure P (X) result: (F);
array X, F;
  begin comment Vereinbarung einer Prozedur zur Berechnung des Funk-
```
$$\text{tionswertes eines Polynoms } P(x) = \sum_{\nu=0}^{N} c_\nu x^\nu \text{ mit Hilfe}$$
```
        des HORNER-Schemas;
  integer J, K;
  array G 0, G 1, G 2 [1:4];
```

```
for J: = 1 step 1 until 4 do G 0 [J]: = C [N, J];
for K: = N — 1 step — 1 until 0 do
   begin for J: = 1 step 1 until 4 do G 1 [J]: = C [K, J];
   FP (G 0, X, 2) result: (G 2); FP (G 2, G 1, 0) result: (G 0) end K;
for J: = 1 step 1 until 4 do F [J]: = G 0 [J]
end Prozedur P (x);
procedure PS (X) result: (FS);
array X, FS;
```

begin comment Vereinbarung einer Prozedur zur Berechnung der ersten

$$\text{Ableitung eines Polynoms } P(x) = \sum_{\nu=0}^{N} c_\nu x^\nu \text{ mit Hilfe des}$$

HORNER-Schemas;

```
integer J, K;
array G 0, G 1, G 2 [1:4];
for J: = 1 step 1 until 4 do G 0 [J]: = C [N, J];
G 1 [1]: = N; G 1 [2]: = G 1 [3]: = G 1 [4]: = 0;
FP (G 0, G 1, 2) result: (G 0);
for K: = N — 1 step — 1 until 1 do
   begin for J: = 1 step 1 until 4 do G 2 [J]: = C [K, J];
   G 1 [1]: = K; FP (G 1, G 2, 2) result: (G 2);
   FP (G 0, X, 2) result: (G 0); FP (G 0, G 2, 0) result: (G 0) end K;
for J: = 1 step 1 until 4 do FS [J]: = G 0 [J]
end Prozedur PS (x);
EINS [1]: = 1.0; HALB [1]: = .5; DELTA [1]: = .005;
for I: = 2 step 1 until 4 do EINS [I]: = HALB [I]: = DELTA [I]: = 0;
comment Wertzuweisung von 1.0, 0.5 und 0.005 für die Vierfacharithmetik;
go to FORMEL [R];
comment Programmverzweigung gemäß Stützstellenwahl;
```

GAUSS:

```
C [0, 1]: = 1.0; S [1]: = — 1.0;
```
comment Berechnung der Koeffizienten c_ν des Polynoms $P_n^G(x)$;
```
for I: = 2 step 1 until 4 do C [0, I]: = S [I]: = 0;
for NY: = 1 step 1 until N do
   begin A 1 [1]: = B 1 [1]: = B 2 [1]: = B 3 [1]: = 1.0; A 2 [1]: = N;
      A 3 [1]: = N + NY;
   for I: = 2 step 1 until 4 do
   A 1 [I]: = A 2 [I]: = A 3 [I]: = B 1 [I]: = B 2 [I]: = B 3 [I]: = 0;
   for MY: = NY step — 1 until 1 do
      begin FP (A 1, B 1, 2) result: (B 1); FP (A 2, B 2, 2) result: (B 2);
      FP (A 3, B 3, 2) result: (B 3); FP (A 1, EINS, 0) result: (A 1);
```

FP (A 2, EINS, 1) result: (A 2); FP (A 3, EINS, 1) result: (A 3)
  end MY;
FP (B 1, B 1, 2) result: (B 1); FP (B 2, B 1, 3) result: (B 2);
FP (B 2, B 3, 2) result: (B 3); FP (B 3, S, 2) result: (B 3);
for I: = 1 **step** 1 **until** 4 **do**
  begin C [NY, I]: = B 3 [I]; S [I]: = — S [I] **end** I
end NY;
U: = 1; V: = N;
go to NULLST [1];

LOBATTO:

C [0, 1]: = 0; S [1]: = — 1.0; M [1]: = N;

comment Berechnung der Koeffizienten c_ν des Polynoms $P_n^L(x)$;

for I: = 2 **step** 1 **until** 4 **do** C [0, I]: = S [I]: = M [I]: = 0;

for NY: = 1 **step** 1 **until** N **do**
  begin A 1 [1]: = N; A 2 [1]: = N + NY — 2; A 3 [1]: = B 1 [1]: = NY;
      B 2 [1]: = B 3 [1]: = 1.0;

  for I: = 2 **step** 1 **until** 4 **do**
  A 1 [I]: = A 2 [I]: = A 3 [I]: = B 1 [I]: = B 2 [I]: = B 3 [I]: = 0;
  FP (B 1, M, 3) result: (B 1);

  for MY: = NY **step** — 1 **until** 1 **do**
    begin FP (A 1, B 1, 2) result: (B 1); FP (A 2, B 2, 2) result: (B 2);
    FP (A 3, B 3, 2) result: (B 3); FP (A 1, EINS, 1) result: (A 1);
    FP (A 2, EINS, 1) result: (A 2); FP (A 3, EINS, 1) result: (A 3)
    end MY;
  FP (B 3, B 3, 2) result: (B 3); FP (B 1, B 3, 3) result: (B 1);
  FP (B 2, B 1, 2) result: (B 1); FP (B 1, S, 2) result: (B 1);
  for I: = 1 **step** 1 **until** 4 **do**
    begin C [NY, I]: = B 1 [I]; S [I]: = — S [I] **end** I
  end NY;
U: = 2; V: = N — 1;
go to NULLST [1];

RADAU 1:

C [0, 1]: = 0; S [1]: = — 1.0; M [1]: = N;

comment Berechnung der Koeffizienten c_ν des Polynoms $P_n^{RI}(x)$;

for I: = 2 **step** 1 **until** 4 **do** C [0, I]: = S [I]: = M [I]: = 0;

for NY: = 1 **step** 1 **until** N **do**
  begin A 1 [1]: = N; A 2 [1]: = N + NY — 1; B 1 [1]: = NY;
      A 3 [1]: = B 2 [1]: = B 3 [1]: = 1.0;

  for I: = 2 **step** 1 **until** 4 **do**
  A 1 [I]: = A 2 [I]: = A 3 [I]: = B 1 [I]: = B 2 [I]: = B 3 [I]: = 0;
  FP (B 1, M, 3) result: (B 1);

```
          for MY: = NY step — 1 until 1 do
            begin FP (A 1, B 1, 2) result: (B 1); FP (A 2, B 2, 2) result: (B 2);
            FP (A 3, B 3, 2) result: (B 3); FP (A 1, EINS, 1) result: (A 1);
            FP (A 2, EINS, 1) result: (A 2); FP (A 3, EINS, 0) result: (A 3)
            end MY;
          FP (B 3, B 3, 2) result: (B 3); FP (B 1, B 3, 3) result: (B 1);
          FP (B 2, B 1, 2) result: (B 1); FP (B 1, S, 2) result: (B 1);
          for I: = 1 step 1 until 4 do
            begin C [NY, I]: = B 1 [I]; S [I]: = — S [I] end I
          end NY;
        U: = 2; V: = N;
      go to NULLST [2];

  RADAU 2:
      C [0, 1]: = 1.0; S [1]: = — 1.0;
      comment Berechnung der Koeffizienten c_ν des Polynoms P_n^{RII} (x);
      for I: = 2 step 1 until 4 do C [0, I]: = S [I]: = 0;
      for NY: = 1 step 1 until N do
        begin A 1 [1]: = N; A 2 [1]: = N + NY — 1; A 3 [1]: = NY;
              B 1 [1]: = B 2 [1]: = B 3 [1]: = 1.0;
        for I: = 2 step 1 until 4 do
        A 1 [I]: = A 2 [I]: = A 3 [I]: = B 1 [I]: = B 2 [I]: = B 3 [I]: = 0;
        for MY: = NY step — 1 until 1 do
          begin FP (A 1, B 1, 2) result: (B 1); FP (A 2, B 2, 2) result: (B 2);
          FP (A 3, B 3, 2) result: (B 3); FP (A 1, EINS, 1) result: (A 1);
          FP (A 2, EINS, 1) result: (A 2); FP (A 3, EINS, 1) result: (A 3)
          end MY;
        FP (B 3, B 3, 2) result: (B 3); FP (B 1, B 3, 3) result: (B 1);
        FP (B 1, B 2, 2) result: (B 1); FP (B 1, S, 2) result: (B 1);
        for I: = 1 step 1 until 4 do
          begin C [NY, I]: = B 1 [I]; S [I]: = — S [I] end I
        end NY;
      U: = 1; V: = N — 1;
      go to NULLST [2];

  SYMM:
      NY: = 1;
      comment Berechnung der Nullstellen bei symmetrischer Lage zur Intervall-
              mitte 0.5;
      A 1 [1]: = A 1 [2]: = A 1 [3]: = A 1 [4]: = 0;
      EPS: = 10^{-37};
  M 1:
      H 1: = 100.0;
```

M 2:

P (A 1) result: (B 1); PS (A 1) result: (B 2);
if B 1 [1] = 0 **then go to** M 3;
FP (B 1, B 2, 3) result: (A 2); H 2: = abs (A 2 [1]);
FP (A 1, A 2, 1) result: (A 2);
if A 1 [1] = A 2 [1] $\wedge$ A 1 [2] = A 2 [2] **then**
  begin if H 2 < EPS **then go to** M 3;
  if H 2 > H 1 **then** EPS: = 10.0 $\times$ EPS; H 1: = H 2 **end** A 1 = A 2;
for I: = 1 **step** 1 **until** 4 **do** A 1 [I]: = A 2 [I]; **go to** M 2;

M 3:

FP (EINS, A 1, 1) result: (A 2);
for I: = 1 **step** 1 **until** 4 **do**
  begin ALPHA [NY, I]: = A 1 [I]; ALPHA [N — NY + 1]: = A 2 [I]
  end I;
NY: = NY + 1;
if NY = N + 1 — NY **then**
  begin for I: = 1 **step** 1 **until** 4 **do** ALPHA [NY, I]: = HALB [I];
  go to BEBE **end** NY = N + 1 — NY;
if NY > N + 1 — NY **then go to** BEBE;
FP (A 1, DELTA, 0) result: (A 1); P (A 1) result: (B 1);

M 4:

for I: = 1 **step** 1 **until** 4 **do** B 2 [I]: = B 1 [I];
FP (A 1, DELTA, 0) result: (A 1);
if A 1 [1] > .4999 **then**
  begin FP (HALB, DELTA, 2) result: (DELTA); **go to** SYMM
  end A 1 > .4999;
P (A 1) result: (B 1);
if B 1 [1] $\times$ B 2 [1] < 0 **then go to** M 1; **go to** M 4;

UNSYMM:

NY: = 1;
comment Berechnung der Nullstellen bei unsymmetrischer Lage;
A 1 [1]: = A 1 [2]: = A 1 [3]: = A 1 [4]: = 0; EPS: = 10^{-37};

N 1:

H 1: = 100.0;

N 2:

P (A 1) result: (B 1); PS (A 1) result: (B 2);
if B 1 [1] = 0 **then go to** N 3;
FP (B 1, B 2, 3) result: (A 2); H 2: = abs (A 2 [1]);
FP (A 1, A 2, 1) result: (A 2);

if A 1 [1] = A 2 [1] $\wedge$ A 1 [2] = A 2 [2] **then**

  begin if H 2 < EPS **then go to** N 3;

  if H 2 > H 1 **then** EPS: = 10.0 $\times$ EPS; H 1: = H 2 **end** A 1 = A 2;

for I: = 1 **step** 1 **until** 4 **do** A 1 [I]: = A 2 [I]; **go to** N 2;

N 3:

  for I: = 1 **step** 1 **until** 4 **do** ALPHA [NY, I]: = A 1 [I];

  NY: = NY + 1; **if** NY = N + 1 **then go to** BEBE;

  FP (A 1, DELTA, 0) result: (A 1); P (A 1) result: (B 1);

N 4:

  for I: = 1 **step** 1 **until** 4 **do** B 2 [I]: = B 1 [I];

  FP (A 1, DELTA, 0) result: (A 1);

  if A 1 [1] > 1.0 **then**

    begin FP (HALB, DELTA, 2) result: (DELTA); **go to** UNSYMM

    end A 1 > 1;

  P (A 1) result: (B 1);

  if B 1 [1] $\times$ B 2 [1] < 0 **then go to** N 1; **go to** N 4;

BEBE:

  for SIGMA: = 1 **step** 1 **until** N **do**

    begin comment Berechnung von BETA und GAMMA. Die Matrix BETA
        wird spaltenweise berechnet, SIGMA ist der Spalten-
        index. Von GAMMA wird die Komponente mit dem
        Index SIGMA berechnet;

    for I: = 1 **step** 1 **until** 4 **do** A 1 [I]: = ALPHA [SIGMA, I];

    RHO: = 1;

    for MY: = 1 **step** 1 **until** N **do**

      begin if MY $\neq$ SIGMA **then**

        begin for I: = 1 **step** 1 **until** 4 **do** H [RHO, I]: = ALPHA [MY, I];

        RHO: = RHO + 1 **end** MY $\neq$ SIGMA

      end MY;

    for I: = 1 **step** 1 **until** 4 **do**

      begin D [0, I]: = E [0, I]: = EINS [I];

      for MY: = 1 **step** 1 **until** N **do** D [MY, I]: = E [MY, I]: = 0 **end** I;

    MY: = 1;

S 1:

  if MY $\neq$ V **then**

    begin for NY: = MY **step** — 1 **until** 1 **do**

      begin for I: = 1 **step** 1 **until** 4 **do**

        begin A 2 [I]: = H [MY, I]; A 3 [I]: = D [NY — 1, I];

        B 1 [I]: = D [NY, I] **end** I;

```
    FP (A 2, A 3, 2) result: (B 2); FP (B 1, B 2, 1) result: (B 2);
    for I: = 1 step 1 until 4 do
    D [NY, I]: = E [NY, I]: = B 2 [I] end NY;
  MY: = MY + 1; go to S 1 end MY ≠ V;

if MY ≠ N then

  begin for NY: = MY step — 1 until 1 do

    begin for I: = 1 step 1 until 4 do

      begin A 2 [I]: = H [MY, I]; A 3 [I]: = E [NY — 1, I];
      B 1 [I]: = E [NY, I] end I;
      FP (A 2, A 3, 2) result: (B 2); FP (B 1, B 2, 1) result: (B 2);
      for I: = 1 step 1 until 4 do E [NY, I]: = B 2 [I]
      end NY

  end MY ≠ N;
M [1]: = V; L [1]: = N;
M [2]: = M [3]: = M [4]: = L [2]: = L [3]: = L [4]: = 0;
NY: = 0;
for RHO: = V step — 1 until 1 do
  begin for I: = 1 step 1 until 4 do
    begin A 2 [I]: = D [NY, I]; B 2 [I]: = E [NY, I] end I;
    FP (B 2, L, 3) result: (A 3); FP (A 2, M, 3) result: (B 1);
    for I: = 1 step 1 until 4 do
      begin D [NY, I]: = B 1 [I]; E [NY, I]: = A 3 [I] end I;
    M [1]: = M [1] — 1.0; L [1]: = L [1] — 1.0; NY: = NY + 1 end RHO;
for I: = 1 step 1 until 4 do PI [I]: = EINS [I];
      NY: = 1;

S 2:

  if NY ≠ V then
    begin for I: = 1 step 1 until 4 do
        A 2 [I]: = H [NY, I];
    FP (A 1, A 2, 1) result: (A 2); FP (A 2, PI, 2) result: (PI);
    NY: = NY + 1; go to S 2 end NY ≠ V;

  if NY ≠ N then
    begin for I: = 1 step 1 until 4 do
        A 2 [I]: = H [NY, I];
    FP (A 1, A 2, 1) result: (A 2); FP (A 2, PI, 2) result: (PIQ)
    end NY ≠ N

  else for I: = 1 step 1 until 4 do PIQ [I]: = PI [I];
  if SIGMA > V then
    begin for MY: = 1 step 1 until N do
```

```
    for I: = 1 step 1 until 4 do BETA [MY, SIGMA, I]: = 0
    end SIGMA > V
  else
    begin for MY: = 1 step 1 until N do
      begin if MY < U then
        begin for I: = 1 step 1 until 4 do
        BETA [MY, SIGMA, I]: = 0 end MY < U
      else
        begin for I: = 1 step 1 until 4 do
          begin S [I]: = 0; A 2 [I]: = ALPHA [MY, I] end I;
        for NY: = 0 step 1 until V — 1 do
          begin for I: = 1 step 1 until 4 do
          A 3 [I]: = D [NY, I];
          FP (S, A 3, 0) result: (A 3);
          FP (A 3, A 2, 2) result: (S) end NY;
        FP (S, PI, 3) result: (A 2);
        for I: = 1 step 1 until 4 do
        BETA [MY, SIGMA, I]: = A 2 [I]
          end MY ≥ U
      end MY
    end SIGMA ≤ V;
  comment Spalte der Matrix BETA mit Index SIGMA fertig berechnet;
  for I: = 1 step 1 until 4 do S [I]: = E [0, I];
  for MY: = 1 step 1 until N — 1 do
    begin for I: = 1 step 1 until 4 do
          A 2 [I]: = E [MY, I];
    FP (A 2, S, 0) result: (S) end MY;
  FP (S, PIQ, 3) result: (A 2);
  for I: = 1 step 1 until 4 do GAMMA [SIGMA, I]: = A 2 [I]
  end SIGMA
 end BLOCK
end PROGRAMM
```

9. Ablaufdiagramme

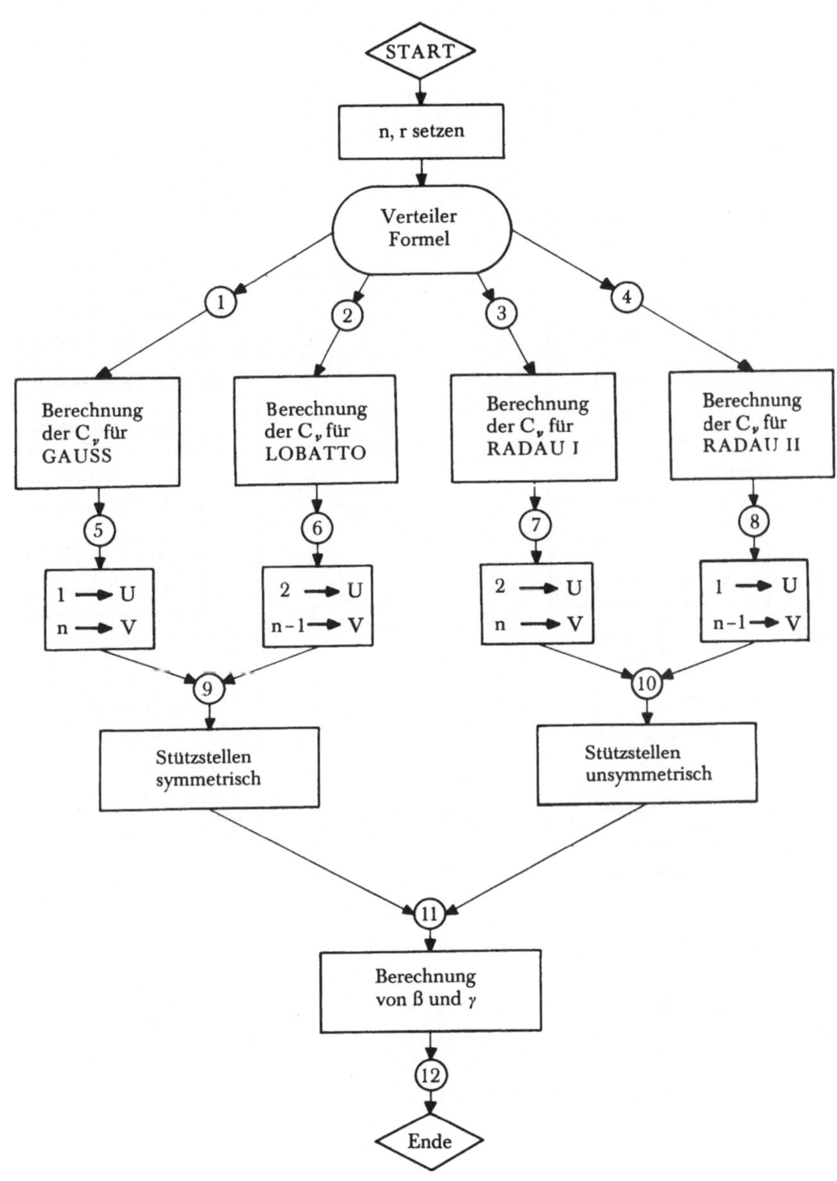

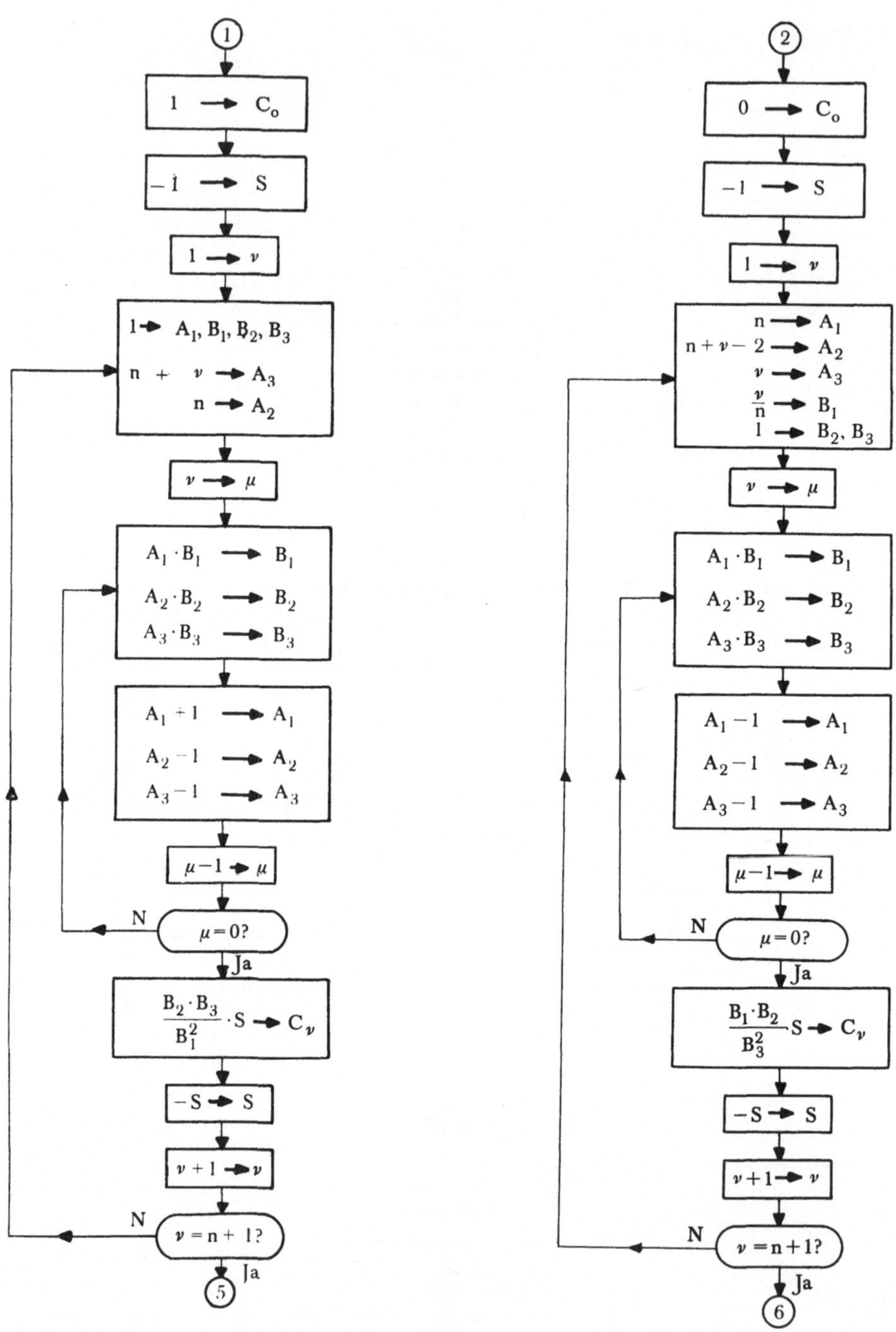

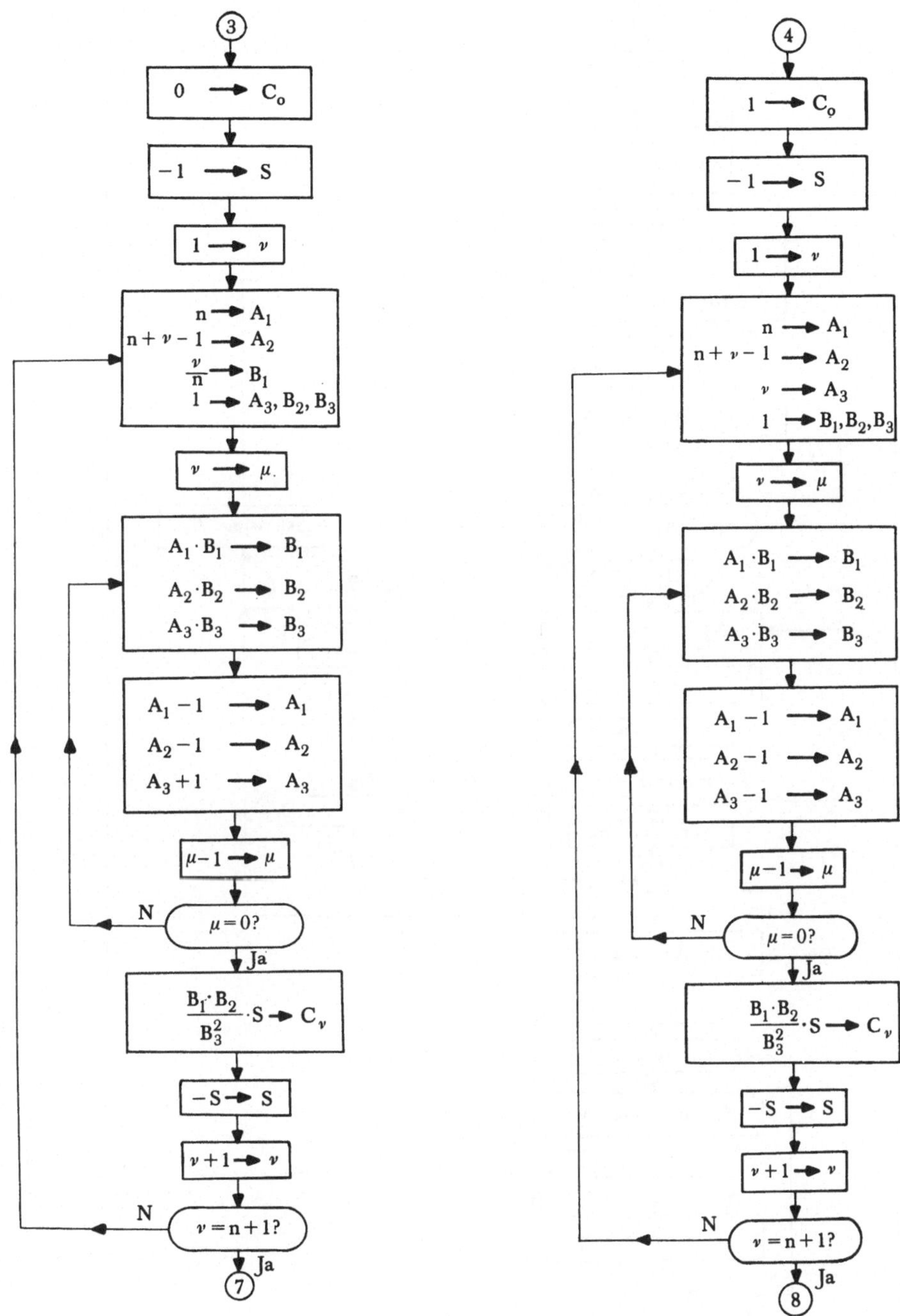

3
0 → C_o
-1 → S
1 → ν
n → A_1
n + ν - 1 → A_2
ν/n → B_1
1 → A_3, B_2, B_3
ν → μ
A_1·B_1 → B_1
A_2·B_2 → B_2
A_3·B_3 → B_3
A_1 - 1 → A_1
A_2 - 1 → A_2
A_3 + 1 → A_3
μ - 1 → μ
N
μ = 0?
Ja
B_1·B_2 / B_3^2 · S → C_ν
- S → S
ν + 1 → ν
N
ν = n + 1?
Ja
7
4
1 → C_o
-1 → S
1 → ν
n → A_1
n + ν - 1 → A_2
ν → A_3
1 → B_1, B_2, B_3
ν → μ
A_1·B_1 → B_1
A_2·B_2 → B_2
A_3·B_3 → B_3
A_1 - 1 → A_1
A_2 - 1 → A_2
A_3 - 1 → A_3
μ - 1 → μ
N
μ = 0?
Ja
B_1·B_2 / B_3^2 · S → C_ν
- S → S
ν + 1 → ν
N
ν = n + 1?
Ja
8

29

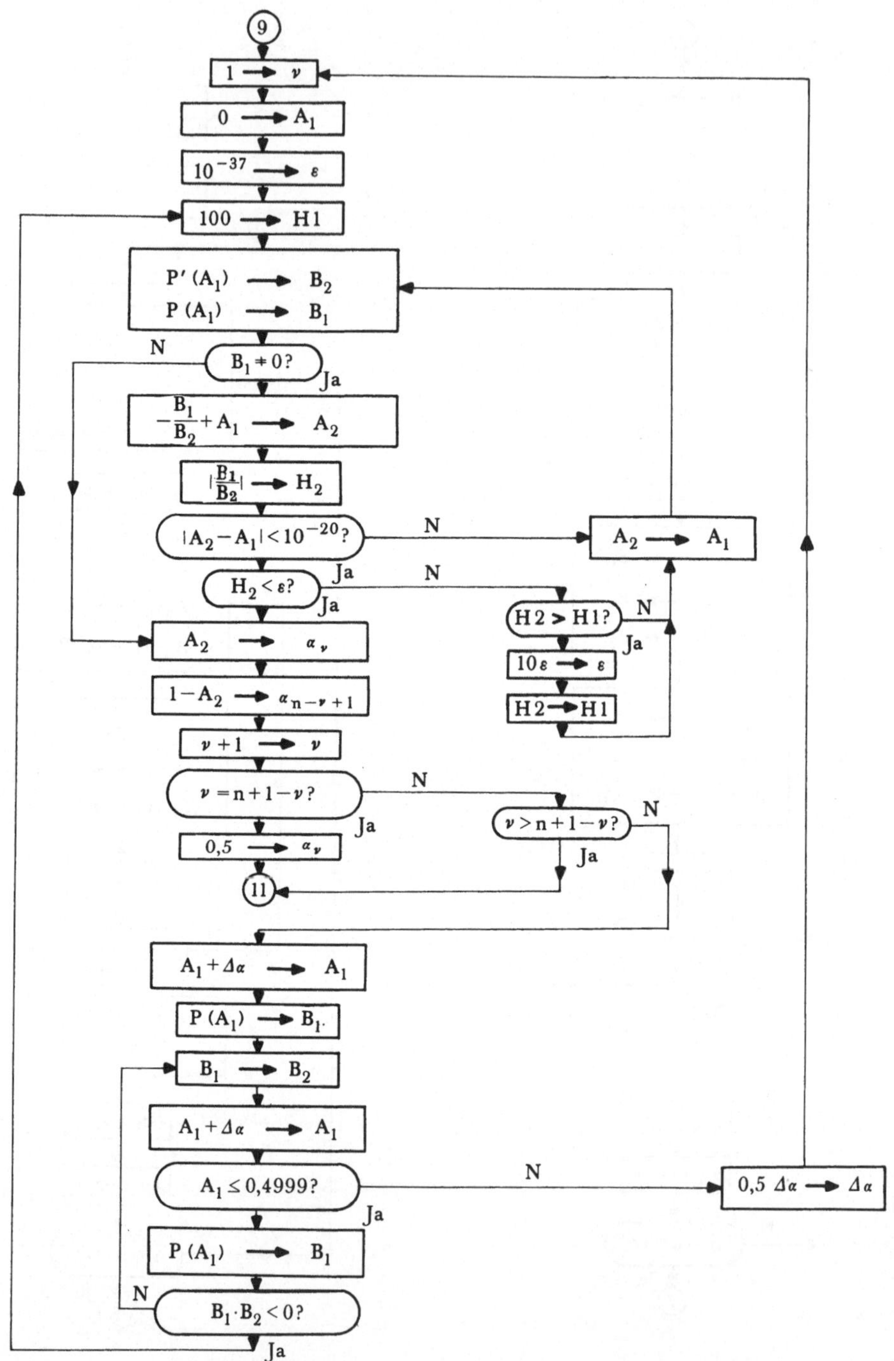

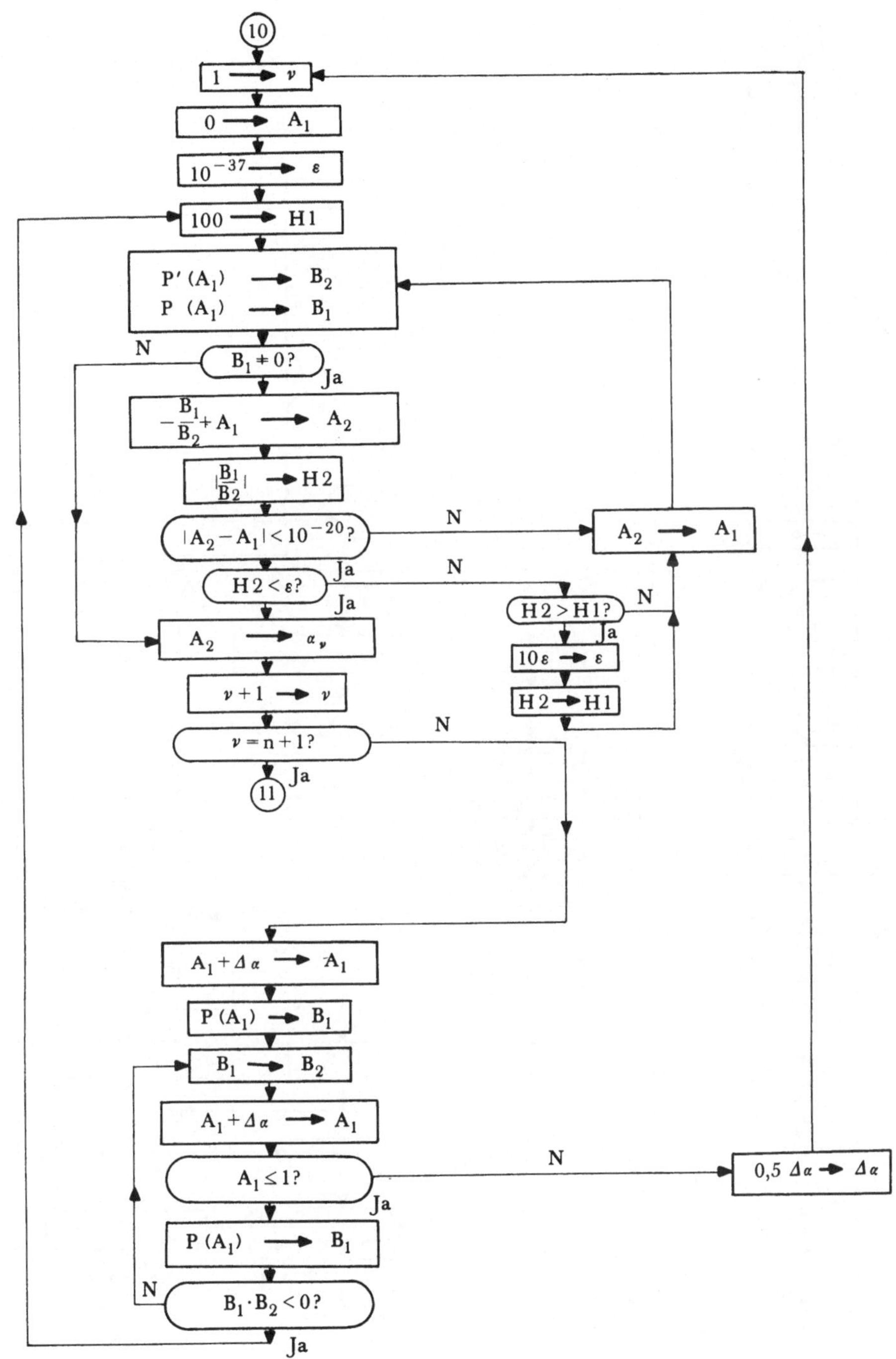

10
1 → ν
0 → A₁
10⁻³⁷ → ε
100 → H1
P' (A₁) → B₂
P (A₁) → B₁
B₁ ≠ 0?
N
Ja
−B₁/B₂ + A₁ → A₂
|B₁/B₂| → H2
|A₂ − A₁| < 10⁻²⁰?
N
A₂ → A₁
H2 < ε?
Ja
N
H2 > H1?
N
a
10ε → ε
H2 → H1
A₂ → αᵥ
Ja
ν + 1 → ν
ν = n + 1?
N
11
Ja
A₁ + Δα → A₁
P (A₁) → B₁
B₁ → B₂
A₁ + Δα → A₁
A₁ ≤ 1?
N
0,5 Δα → Δα
Ja
P (A₁) → B₁
B₁ · B₂ < 0?
N
Ja

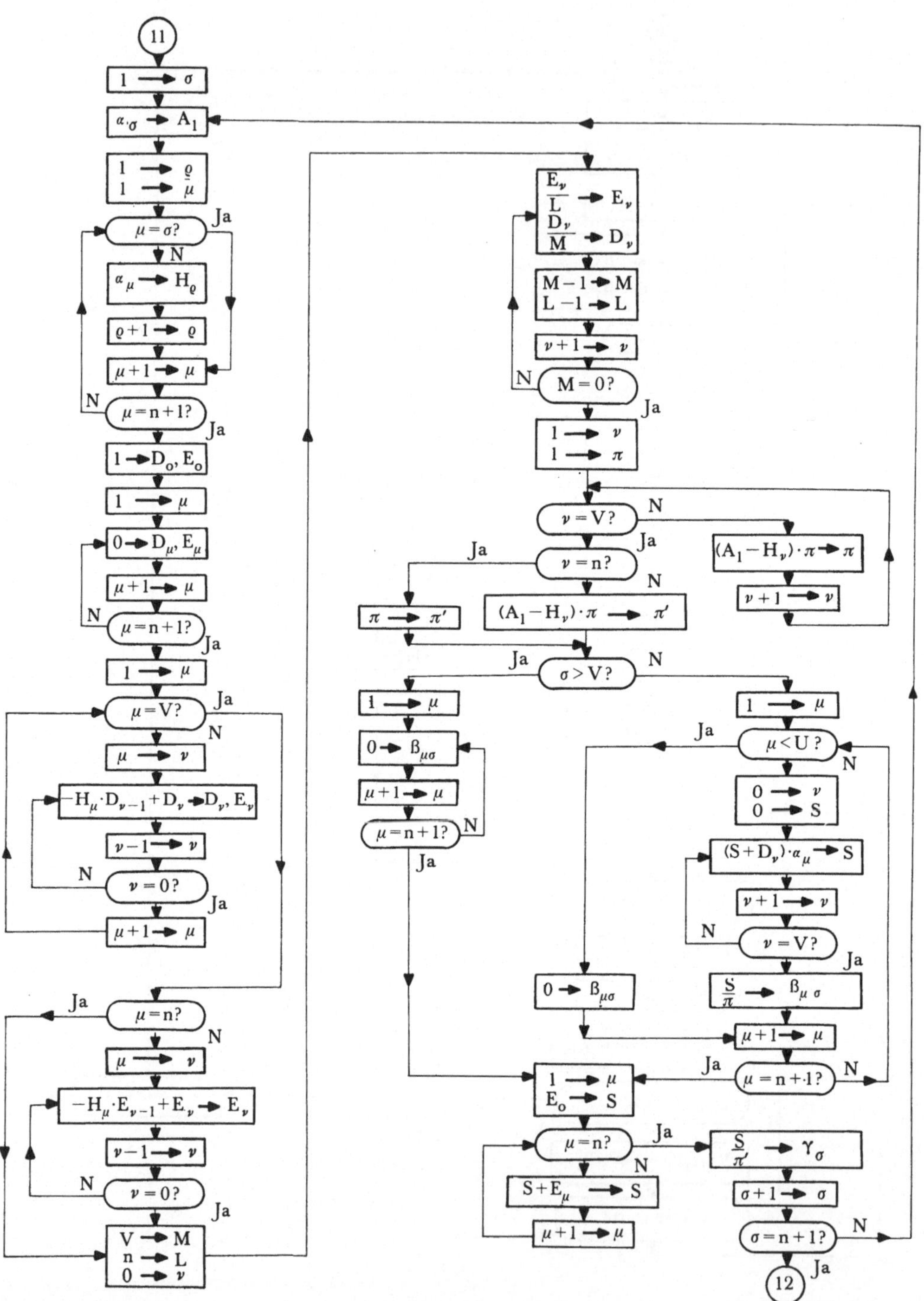

10. Koeffiziententabellen

```
GAUSS         N = 01
ALPHA
 5.00000C00000000000C00000E-1
BETA
ZEILE 01
 5.00000C0000000C000C00000E-1
GAMMA
 1.00000C00C00000000C00000E+C
```

```
GAUSS        N = 02              LOBATTO      N = 02

ALPHA                           ALPHA

 2.11324865405187117745426E-1    0.00000000000000000000000E+0
 7.88675134594812882254574E-1    1.00000000000000000000000E+0

BETA                            BETA

ZEILE 01                        ZEILE 01

 2.50000000000000000000000E-1    0.00000000000000000000000E+0
-3.86751345948128822545744E-2    0.00000000000000000000000E+0

ZEILE 02                        ZEILE 02

 5.38675134594812882254574E-1    1.00000000000000000000000E+0
 2.50000000000000000000000E-1    0.00000000000000000000000E+0

GAMMA                           GAMMA

 5.00000000000000000000000E-1    5.00000000000000000000000E-1
 5.00000000000000000000000E-1    5.00000000000000000000000E-1
```

GAUSS   N = 03   LCBATTC   N = 03

ALPHA   ALPHA

   1.12701665379258311482073E-1   0.00000000000000000000000E+0
   5.00000000000000000000000E-1   5.00000000000000000000000E-1
   8.87298334620741688517927E-1   1.00000000000000000000000E+0

BETA   BETA

ZEILE 01   ZEILE 01

   1.38888888888888888888889E-1   0.00000000000000000000000E+0
  -3.59766675249389034563955E-2   0.00000000000000000000000E+0
   9.78944401530832604958004E-3   0.00000000000000000000000E+0

ZEILE 02   ZEILE 02

   3.00263194980864592438025E-1   2.50000000000000000000000E-1
   2.22222222222222222222222E-1   2.50000000000000000000000E-1
  -2.24854172030868146602472E-2   0.00000000000000000000000E+0

ZEILE 03   ZEILE 03

   2.67988333762469451728198E-1   0.00000000000000000000000E+0
   4.80421111969383347900840E-1   1.00000000000000000000000E+0
   1.38888888888888888888889E-1   0.00000000000000000000000E+0

GAMMA   GAMMA

   2.77777777777777777777778E-1   1.66666666666666666666667E-1
   4.44444444444444444444444E-1   6.66666666666666666666667E-1
   2.77777777777777777777778E-1   1.66666666666666666666667E-1

GAUSS   N = 04

ALPHA

    6.94318442029737123880268E-2
    3.30009478207571867598667E-1
    6.69990521792428132401333E-1
    9.30568155797026287611973E-1

BETA

ZEILE 01

    8.69637112843634643432660E-2
   -2.66041800849987933133851E-2
    1.26274626894047245150569E-2
   -3.55514968579568315691098E-3

ZEILE 02

    1.88118117499868071650686E-1
    1.63036288715636535656734E-1
   -2.78804286024708952241511E-2
    6.73550059453815551539867E-3

ZEILE 03

    1.67191921974188773171133E-1
    3.53953006033743966537619E-1
    1.63036288715636535656734E-1
   -1.41906949311411429641536E-2

ZEILE 04

    1.77482572254522611843443E-1
    3.13445114741868346798411E-1
    3.52676757516271864626853E-1
    8.69637112843634643432660E-2

GAMMA

    1.73927422568726928686532E-1
    3.26072577431273071313468E-1
    3.26072577431273071313468E-1
    1.73927422568726928686532E-1

LOBATTO   N = 04

ALPHA

    0.00000000000000000000000E+0
    2.76393202250021030359083E-1
    7.23606797749978969640917E-1
    1.00000000000000000000000E+0

BETA

ZEILE 01

    0.00000000000000000000000E+0
    0.00000000000000000000000E+0
    0.00000000000000000000000E+0
    0.00000000000000000000000E+0

ZEILE 02

    1.20601132958329282873486E-1
    1.66666666666666666666667E-1
   -1.08745973749754645810703E-2
    0.00000000000000000000000E+0

ZEILE 03

    4.60655337083368383931804E-2
    5.10874597374975464581070E-1
    1.66666666666666666666667E-1
    0.00000000000000000000000E+0

ZEILE 04

    1.66666666666666666666667E-1
    2.30327668541684191965902E-1
    6.03005664791649141367431E-1
    0.00000000000000000000000E+0

GAMMA

    8.33333333333333333333333E-2
    4.16666666666666666666667E-1
    4.16666666666666666666667E-1
    8.33333333333333333333333E-2

GAUSS   N = 05

ALPHA

    4.69100770306680036011866E-2
    2.30765344947158454481843E-1
    5.000000000000000000000000E-1
    7.69234655052841545518157E-1
    9.53089922969331996398813E-1

BETA

ZEILE 01

    5.92317212640472718785660E-2
   -1.95703643590760374926432E-2
    1.12544008186429555527162E-2
   -5.59379366081218487681772E-3
    1.58811296786595853936524E-3

ZEILE 02

    1.28151005670045283496167E-1
    1.19657167624841617010323E-1
   -2.45921146196422003893183E-2
    1.03182806706833574089539E-2
   -2.76899439876960304428263E-3

ZEILE 03

    1.13776288004224602528741E-1
    2.60004651680641518592406E-1
    1.42222222222222222222222E-1
   -2.06903164309582845717601E-2
    4.68715452386994122839075E-3

ZEILE 04

    1.21232436926864146801415E-1
    2.28996054578999876611692E-1
    3.09036559064086644833763E-1
    1.19657167624841617010323E-1
   -9.68756314195073973903483E-3

ZEILE 05

    1.16875329560228545217767E-1
    2.44908128910495418897463E-1
    2.73190043625801488891728E-1
    2.58884699608759271513289E-1
    5.92317212640472718785660E-2

GAMMA

    1.18463442528094543757132E-1
    2.39314335249683234020646E-1
    2.84444444444444444444444E-1
    2.39314335249683234020646E-1
    1.18463442528094543757132E-1

LCBATTC   N = 05

ALPHA

    0.000000000000000000000000E+0
    1.72673164646011428100854E-1
    5.000000000000000000000000E-1
    8.27326835353988571899146E-1
    1.000000000000000000000000E+0

BETA

ZEILE 01

    0.000000000000000000000000E+0
    0.000000000000000000000000E+0
    0.000000000000000000000000E+0
    0.000000000000000000000000E+0
    0.000000000000000000000000E+0

ZEILE 02

    7.14285714285714285714286E-2
    1.11111111111111111111111E-1
   -1.18686838867860320597483E-2
    2.00216599311492047806237E-3
    0.000000000000000000000000E+0

ZEILE 03

    3.12500000000000000000000E-2
    3.25059183323042778017967E-1
    1.52777777777777777777778E-1
   -9.08696110082055579574478E-3
    0.000000000000000000000000E+0

ZEILE 04

    7.14285714285714285714286E-2
    2.20220056229107301744160E-1
    4.24567096585198730472447E-1
    1.11111111111111111111111E-1
    0.000000000000000000000000E+0

ZEILE 05

    0.000000000000000000000000E+0
    3.88888888888888888888889E-1
    2.22222222222222222222222E-1
    3.88888888888888888888889E-1
    0.000000000000000000000000E+0

GAMMA

    5.000000000000000000000000E-2
    2.72222222222222222222222E-1
    3.55555555555555555555556E-1
    2.72222222222222222222222E-1
    5.000000000000000000000000E-2

```
GAUSS       N = 06

ALPHA

  3.37652428984239860938492E-2
  1.69395306766867743169300E-1
  3.80690406958401545684749E-1
  6.19309593041598454315251E-1
  8.30604693233132256830700E-1
  9.66234757101576013906151E-1

BETA

ZEILE 01

  4.28311230947925862600740E-2
 -1.47637259971974124753726E-2
  9.32505070647775119143888E-3
 -5.66885804948351190092126E-3
  2.85443331509933513092929E-3
 -8.12780171264762112299136E-4

ZEILE 02

  9.26734914303788631865123E-2
  9.01903932620346518924584E-2
 -2.03001022932395859524941E-2
  1.03631562402464237307199E-2
 -4.88719292803767146341420E-3
  1.35556105548506177551787E-3

ZEILE 03

  8.22479226128438738077717E-2
  1.96032162333245006055760E-1
  1.16978483643172761847468E-1
 -2.04825277456560976298590E-2
  7.98999189966233579720442E-3
 -2.07562578486633419359529E-3

ZEILE 04

  8.77378719744515067137434E-2
  1.72390794624406967987712E-1
  2.54439495032001621324794E-1
  1.16978483643172761847468E-1
 -1.56513758091757022708430E-2
  3.41432357674129871237642E-3

ZEILE 05

  8.43066851341001107446302E-2
  1.85267979452106975248331E-1
  2.23593811046090990999564215E-1
  2.54257069579585109647429E-1
  9.01903932620346518924584E-2
 -7.01124524079369066636422E-3

ZEILE 06

  8.64750263608499346324472E-2
  1.77526353208969968653987E-1
  2.39625825335829035595856E-1
  2.24631916579867772503496E-1
  1.95144512521266716260289E-1
```

```
LOBATTO     N = 06

ALPHA

  0.00000000000000000000000E+0
  1.17472338035267653574499E-1
  3.57384241759677451842925E-1
  6.42615758240322548157075E-1
  8.82527661964732346425501E-1
  1.00000000000000000000000E+0

BETA

ZEILE 01

  0.00000000000000000000000E+0
  0.00000000000000000000000E+0
  0.00000000000000000000000E+0
  0.00000000000000000000000E+0
  0.00000000000000000000000E+0
  0.00000000000000000000000E+0

ZEILE 02

  4.73232311377095729436307E-2
  7.79520724077950784124865E-2
 -1.01334212699005866604330E-2
  2.88649159906170969688201E-3
 -5.56035839398120818067681E-4
  0.00000000000000000000000E+0

ZEILE 03

  2.17790758314860751323090E-2
  2.23679597579284976916710E-1
  1.22047927592204921587513E-1
 -1.20912666744989588758454E-2
  1.96890743120043708223796E-3
  0.00000000000000000000000E+0

ZEILE 04

  4.48875908351805915343577E-2
  1.59738568560897857818110E-1
  3.22853788525575468717539E-1
  1.22047927592204921587513E-1
 -6.91211727353629150044520E-3
  0.00000000000000000000000E+0

ZEILE 05

  1.93434355289570937230360E-2
  2.31268473216549443097070E-1
  2.34182688779864587897761E-1
  3.27922617926460642082510E-1
  7.79520724077950784124865E-2
  0.00000000000000000000000E+0

ZEILE 06

  6.66666666666666666666667E-2
  1.09815088747083849509443E-1
  3.73593836997619116226515E-1
  1.81264540378672367902060E-1
  2.68659867550763130807170E-1
```

       4.28311230947925862600740CE-2   C.000C0000000000000000000E+0

GAMMA   GAMMA

       8.56622461895851725201481E-2   3.33333333333333333333333E-2
       1.80380786524069303784917E-1   1.89237478148923490158306E-1
       2.33956967286345523694935E-1   2.77429188517743176508360E-1
       2.33956967286345523694935E-1   2.77429188517743176508360E-1
       1.80380786524069303784917E-1   1.89237478148923490158306E-1
       8.56622461895851725201481E-2   3.33333333333333333333333E-2

GAUSS   N = C7

ALPHA

    2.54460438286207377369052E-2
    1.29234407200302780C68068E-1
    2.97077424311301416546697E-1
    5.00000C00000000000C00000E-1
    7.02922575688698583453303E-1
    8.70765592799697219531932E-1
    9.74553556171379262263095E-1

BETA

ZEILE 01

    3.23712415422174233176529E-2
   -1.14510172831838702881646E-2
    7.63320387242354492584664E-3
   -5.13373356322534498195630E-3
    3.17505877368563763683432E-3
   -1.60681903704610585560610E-3
    4.58109523749452982298320E-4

ZEILE 02

    7.00435413787260762729815E-2
    6.99263478723191669753669E-2
   -1.65900C657884777116446 99E-2
    9.34962278344333207631108E-3
   -5.39709193189613785462120E-3
    2.64584386673003737983031E-3
   -7.43850190171923617331066E-4

ZEILE 03

    6.21539357873498645358789E-2
    1.52005522057830992561322E-1
    9.54575126262797362375924E-2
   -1.83752442154518373892046E-2
    8.71256259847518198378369E-3
   -3.95358015881043812C88053E-3
    1.07671561562791673820515E-3

ZEILE 04

    6.63329286176847005521323E-2
    1.33595769223882288417924E-1
    2.07701880765970782C89300E-1
    1.04489795918367346938776E-1
   -1.67868555134113096141156E-2
    6.25692652075604553280983E-3
   -1.59044553324985391682655E-3

ZEILE 05

    6.36657674688069298571006E-2
    1.43806275903448772C71614E-1
    1.82204626540842904 91401E-1
    2.27354836052186531266756E-1
    9.54575126262797362375924E-2
   -1.21528263131926586105878E-2
    2.58854729708498209942679E-3

ZEILE 06

GAUSS   N = 07

LCBATTC   N = 07

ALPHA

    0.000C000C000C000000C00000E+0
    8.48880518607165350639839E-2
    2.65575603264642893098114E-1
    5.000C000C000C000000C0000E-1
    7.34424396735357106901886E-1
    9.15111948139283464936016E-1
    1.000C0000000C00000000000E+0

BETA

ZEILE C1

    C.000C000C0C0C0000000000CE+0
    0.000C000C00000000000000E+0
    C.000C000C000C0000000000E+0
    0.000C000C000C0000000000E+0
    0.000C000C000C0000000000E+0
    0.000C000C000C00C0000000E+0
    0.000C000C000C00000000000E+0

ZEILE C2

    3.36845347709C77522616604E-2
    5.73017499356295822407703E-2
   -8.24448809369838221407739E-3
    2.91512636420144321431149E-3
   -9.64823613316577874984051E-4
    1.95952496992717436303120E-4
    0.000C000CC000C000000C0E+0

ZEILE C3

    1.59022420885963799697446E-2
    1.62764370622915934728635E-1
    9.60315833977C37510925630E-2
   -1.17583197111589296336081E-2
    3.25435145158324183290601E-3
   -6.18624584997484892126846E-4
    0.000C000C000C000000000E+0

ZEILE C4

    3.125C000C000C00000000000E-2
    1.18818432857660416686276E-1
    2.48687618280965353553586E-1
    1.100C000C000C000000000CE-1
   -1.041C9965573942217581512E-2
    1.65494541876845151828930E-3
    0.000C000C0C000000000C0E+0

ZEILE C5

    1.59022420885963799697446E-2
    1.58C96803042747810688848E-1
    1.888C8815343824260352220E-1
    2.80871145027650513730425E-1
    9.60315833977C37510925630E-2
   -5.28619216516560893191464E-3
    0.000C000C000C000000000E+0

ZEILE C6

6.54863332746067702526368E-2
1.37206851877908296570904E-1
1.96312117184455610329806E-1
1.99629969053291361801240E-1
2.07505031831407243639655E-1
6.99263478723191669753669E-2
-5.30105829429122963767574E-3

ZEILE 07

6.42843735606853936530074E-2
1.41459514781684439806340E-1
1.87739966478873834838351E-1
2.14113325399960038659507E-1
1.83281821380135927549338E-1
1.51303713027822204238898E-1
3.23712415422174233176529E-2

GAMMA

6.47424830844348466353057E-2
1.39852695744638333950734E-1
1.90915025252559472475185E-1
2.08979591836734693877551E-1
1.90915025252559472475185E-1
1.39852695744638333950734E-1
6.47424830844348466353057E-2

3.36845347709077522616604E-2
1.14407547374266447045238E-1
2.46572044604602064750440E-1
2.09294362368893749548375E-1
2.53851709084983869089533E-1
5.73017499356295822407703E-2
0.00000000000000000000000E+0

ZEILE C7

0.00000000000000000000000E+0
1.95819888974716112567862E-1
1.44180111025283887432138E-1
3.20000000000000000000000E-1
1.44180111025283887432138E-1
1.95819888974716112567862E-1
0.00000000000000000000000E+0

GAMMA

2.38095238095238095238095E-2
1.38413023680782974005350E-1
2.15872690604931311708936E-1
2.43809523809523809523810E-1
2.15872690604931311708936E-1
1.38413023680782974005350E-1
2.38095238095238095238095E-2

GAUSS   N = 08   LOBATTO   N = 08

ALPHA   ALPHA

  1.98550717512318841582196E-2   0.00000000000000000000000E+0
  1.01666761293186630204223E-1   6.41259925745196692331277E-2
  2.37233795041835507091130E-1   2.04149909283428848927745E-1
  4.08282678752175097530262E-1   3.95350391048760565615671E-1
  5.91717321247824902469738E-1   6.04649608951239434384329E-1
  7.62766204958164492908870E-1   7.95850090716571151072255E-1
  8.98333238706813369795777E-1   9.35870074254803307668723E-1
  9.80144928248768115841780E-1   1.00000000000000000000000E+0

BETA   BETA

ZEILE 01   ZEILE 01

  2.53071340725940647881328E-2   0.00000000000000000000000E+0
 -9.10594330597007502136365E-3   0.00000000000000000000000E+0
  6.28083114703047398060942E-3   0.00000000000000000000000E+0
 -4.48301561305475144191331E-3   0.00000000000000000000000E+0
  3.07849136832677988985383E-3   0.00000000000000000000000E+0
 -1.91767525463695234092564E-3   0.00000000000000000000000E+0
  9.27576640592635267245240E-4   0.00000000000000000000000E+0
 -2.77508327116919222898447E-4   0.00000000000000000000000E+0

ZEILE 02   ZEILE 02

  5.47593217675543202831908E-2   2.52089877029258074862767E-2
  5.55952586133436176360890E-2   4.37474853573050812743194E-2
 -1.36397962357816692530307E-2   -6.68366092125049149312984E-3
  8.14970885836055053604043E-3   2.65184697486244335710119E-3
 -5.21535208914715338024337E-3   -1.10196950133232526769031E-3
  3.13975298546366894234501E-3   3.88279873342725695625935E-4
 -1.56493491094894237579511E-3   -8.10437406565487212260053E-5
  4.42802304342237815626945E-4   0.00000000000000000000000E+0

ZEILE 03   ZEILE 03

  4.85875359989128809431601E-2   1.20791413356851502118419E-2
  1.20859524997173167441654E-1   1.23514850625889007881851E-1
  7.84266614694718218344906E-2   7.63521016923046626196316E-2
 -1.59751033618784314756701E-2   -1.04721993878505859331230E-2
  8.37173272022616378691032E-3   3.62331763205911586009574E-3
 -4.64346586210447979012617E-3   -1.18713482878777314848213E-3
  2.22571477528489971831530E-3   2.39832214129271435929186E-4
 -6.18805695250515367603305E-4   0.00000000000000000000000E+0

ZEILE 04   ZEILE 04

  5.18655209705812345653121E-2   2.31117792962238077083388E-2
  1.06193490148348406878869E-1   9.12342568592568802727756E-2
  1.70671134274553621284711E-1   1.95462006690445314171782E-1
  9.06709458445904957412876E-2   9.41861272361045418203347E-2
 -1.60210413210250131687052E-2   -1.07749179986921009823870E-2
  7.24120656122226986180306E-3   2.99665295631217420795580E-3
 -3.19781431036077032248274E-3   -5.62940189712942467276621E-4
  8.59236584264852689466902E-4   0.00000000000000000000000E+0

ZEILE 05   ZEILE 05

  4.97550315609232768867988E-2   1.26025064180619065773755E-2
  1.14388331537048005594661E-1   1.18678216684965342889995E-1
  1.49612116377721373807178E-1   1.51325030971999788436744E-1
  1.97362933010206004651280E-1   2.35164031986364008024622E-1

42

9.0670945844590494957412876E-2
-1.3817811335609977615729 7E-2
4.9970270783388283933 0855E-3
-1.2512528253931049890 4640E-3

ZEILE 06

5.123307384043864494386 90E-2
1.08964802451402335553863E-1
1.61496788801048123459107E-1
1.72970158968954827695665E-1
1.97316995051059422958245E-1
7.84266146947182183449 06E-2
-9.66900777048593216947575E-3
2.02673214627524863310553E-3

ZEILE 07

5.01714658408458917606387E-2
1.12755452137636177647973E-1
1.53713569953479974726636E-1
1.86557243778328144862819E-1
1.73192182830820440946535E-1
1.70493119174725312922012E-1
5.559525861333436176360890E-2
-4.14505362236619070692512E-3

ZEILE 08

5.08917764723050487991641E-2
1.10217759562627971745453E-1
1.58770598193580596009907E-1
1.78263400320854211592721E-1
1.85824907302235742924489E-1
1.50572491791913169688372E-1
1.20296460532657310293542E-1
2.53071340725940647881328E-2

GAMMA

5.06142681451881295762657E-2
1.11190517226687235272178E-1
1.56853322938943643668981E-1
1.81341891689180991482575E-1
1.81341891689180991482575E-1
1.56853322938943643668981E-1
1.11190517226687235272178E-1
5.06142681451881295762657E-2

9.41861272361045418203347E-2
-8.66099813525291205224083E-3
1.35469378899675868749843E-3
0.0000000000000000000000000E+0

ZEILE 06

2.36351443786005640738724E-2
9.10778994083579475879931E-2
1.89606562392768281267346 0E-1
1.82970354220630684100755E-1
2.36337322193864667539325E-1
7.63521016923046626196316E-2
-4.12835510487018752278159E-3
0.00000000000000000000000000E+0

ZEILE C7

1.05052980113599067994376E-2
1.23290300169552425555579E-1
1.47451898298939177684015E-1
2.32315577479072580907700E-1
1.78593333970610118256 9943E-1
1.99966175232472952877729E-1
4.37474853573050812743194E-2
0.00000000000000000000000000E+0

ZEILE C8

3.57142857142857142857143E-2
6.19782995550824025512430E-2
2.25749554454608438197558E-1
1.45544408992427023580290E-1
2.66914385666276857986763E-1
1.15373138028895926566682E-1
1.48725927588423636831749E-1
0.00000000000000000000000000E+0

GAMMA

1.78571428571428571428571E-2
1.05352113571753019691496E-1
1.70561346241752182382120E-1
2.06229397329351940783526E-1
2.06229397329351940783526E-1
1.70561346241752182382120E-1
1.05352113571753019691496E-1
1.78571428571428571428571E-2

GAUSS   N = C9

ALPHA

```
 1.59198802461869550822119E-2
 8.19844463366821028502851E-2
 1.93314283649704801345649E-1
 3.37873288298095535480731E-1
 5.00000C00000000000C00000E-1
 6.62126711701904464519269E-1
 8.06685716350295198654351E-1
 9.18015553663317897149715E-1
 9.84080119753813044S17788E-1
```

BETA

ZEILE 01

```
 2.03185970903936029S29730E-2
-7.39786856614878686542490E-3
 5.22200359210005389185584E-3
-3.87345129174498055C49538E-3
 2.83136S45006983986354937E-3
-1.96219418839121917C26119E-3
 1.22660978881256074839466E-3
-6.22964C91648914481159571E-4
 1.77778462744798652780015E-4
```

ZEILE 02

```
 4.39655272265284041585413E-2
 4.51620401737143510146180E-2
-1.13354640123350470465925E-2
 7.03476680173468143S03696E-3
-4.78827613101664029445945E-3
 3.20336C1519848557626720SE-3
-1.96440573995350861710012E-3
 9.87172103665947150853208E-4
-2.80274237640940C7172843C9E-4
```

ZEILE 03

```
 3.90086533962843337C53406E-2
 9.81815119598481585602972E-2
 6.51526741C07338655796857E-2
-1.37708339866085721S88706E-2
 7.66417562464213864225207E-3
-4.71358646779919455507146E-3
 2.77082889275901981606720E-3
-1.36167198307300388C77294E-3
 3.82532112918055676721206E-4
```

ZEILE 04

```
 4.16450870273228085684591E-2
 8.62554727725037766C71341E-2
 1.41795216041145464700711E-1
 7.80867692600007100171576E-2
-1.46189578759125574286314E-2
 7.30042826218022637446431E-3
-3.93283991503873128187398E-3
 1.85268620082252394849784E-3
-5.10573474928686025187961E-4
```

ZEILE 05

LCBATTC   N = 09

ALPHA

```
 C.000C000C0000C0000000000E+0
 5.01210022942699213438274E-2
 1.614C686C2446311232770578E-1
 3.18441268086910920644624E-1
 5.000C000C000C00000000000E-1
 6.815587319130890793553768-1
 8.38593139755368876722943E-1
 9.49878997705730078656173E-1
 1.000C000C000C00000000000E+0
```

BETA

ZEILE C1

```
 0.000C000C0000C0000000000E+0
 0.000C00000000000000000000E+0
 C.000C000C0000C0000000000E+0
 C.000CC00C000C00000000000E+0
 C.000C000C0C0C0C000000000E+0
 0.000C0000C000C0000000000E+0
 0.000C000C000C00000000000E+0
 C.0C0C00CC000C000000C00CCE+0
 0.000C000C000C000C0C00000E+0
```

ZEILE C2

```
 1.95790339760C95141392272E-2
 3.44293959457569368171405E-2
-5.46750778731648021857636E-3
 2.32661097685597035759475E-3
-1.09384532630290873739815E-3
 4.87132942585814735285619E-4
-1.77466079933546638413408-4
 3.76476346744289143951473E-5
 0.000C000C0C0C000000000000E+0
```

ZEILE C3

```
 9.471CC337918630336603217E-3
 9.68270348285560510348137E-2
 6.169C2336805959893757320E-2
-9.06750645447760983134201E-3
 3.54211233720C59262173062E-3
-1.46260090781759041701667E-3
 5.13562141577C540939931948-4
-1.0697876C1896669668856638-4
 0.000C000C0C0C0C0C00C00000E+0
```

ZEILE C4

```
 1.78217575165S90542896124E-2
 7.20366050192441591949122E-2
 1.5681930C5025222294226944E-1
 7.96626832988171418343384E-2
-1.055C51253954910776377068-2
 3.57780818030322357296195E-3
-1.159C86384102637056011058-3
 2.32712493076792345636957E-4
 0.000C000C0C0C000000C00000E+0
```

ZEILE C5
```
```

3.99403728698347433203974E-2
9.29433722727170869747696E-2
1.24257110410775669930285E-1
1.70000445255253483576298E-1
8.25598387503149407911313E-2
-1.38269067352520635419828E-2
6.04823779069206122908648E-3
-2.61929192528838494553355E-3
6.96821310952462665548649E-4

ZEILE 06

4.11477676557158920111340E-2
8.84713941466061780807382E-2
1.34238188116506462441245E-1
1.48873110257821193659851E-1
1.79738635376542439010894E-1
7.80867692600007100171576E-2
-1.14898678396777335413399E-2
4.06860757492492542210190E-3
-1.00789284653560258251302E-3

ZEILE 07

4.02546620678691503092249E-2
9.16857523305017059100090E-2
1.27534519308708711343304E-1
1.60887124987800614589387E-1
1.57455501875987742940010E-1
1.69944372506609992233186E-1
6.51526741007338655796857E-2
-7.85743161241945653106119E-3
1.62854078450287228060545E-3

ZEILE 08

4.09174684184281467032304E-2
8.93369082437627548783828E-2
1.32269753941421239776472E-1
1.52970178368016564271643E-1
1.69907953631646521876722E-1
1.49138771718266738595278E-1
1.41640812213802778205964E-1
4.51620401737143510146180E-2
-3.32833304574119817259519E-3

ZEILE 09

4.04594157180424073331661E-2
9.09470444390776165103956E-2
1.29078738412655170410977E-1
1.58135732708392639204576E-1
1.62288308050560041718713E-1
1.60046989811746400584811E-1
1.25083344609367677267516E-1
9.77219489135774888946609E-2
2.03185970903936029929730E-2

GAMMA

4.06371941807872059859461E-2
9.03240803472870202923 60E-2
1.30305348201467731159371E-1
1.56173538520001420034315E-1

1.00911458333333333333333E-2
9.25047270798731010742098E-2
1.22712575604408632260924E-1
1.96463927411282848115979E-1
8.59353741496598639455782E-2
-9.83797773403074312010652E-3
2.61748724132337244738020E-3
-4.87259585850408057297996E-4
0.00000000000000000000000E+0

ZEILE C6

1.78217575165990542896124E-2
7.29153579876693960695420E-2
1.50792541990063071274054E-1
1.55747558417331060095715E-1
2.10693212137669186580748E-1
7.96626832988171418343384E-2
-7.18584489656186000890041E-3
1.11146546150202922026677E-3
0.00000000000000000000000E+0

ZEILE C7

9.47100337918630336603217E-3
9.36381316715537022126817E-2
1.22866905219614924657471E-1
1.90278577879712835334068E-1
1.66060686415524282817582E-1
1.97883483426372854748394E-1
6.16902336805959893757320E-2
-3.29588191719201578901764E-3
0.00000000000000000000000E+0

ZEILE C8

1.95790339760095141392272E-2
6.88211442568394447198858E-2
1.55335423707096471061675 52E-1
1.52632428223397879996854E-1
2.07663155975981240718681E-1
1.50792950189127724374545E-1
1.60625465428970231722287E-1
3.44293959457569368171405E-2
0.00000000000000000000000E+0

ZEILE C9

0.00000000000000000000000E+0
1.16648615047355651185998E-1
9.36056546570335974888595E-2
2.22262737098331839760517E-1
1.34965986394557823129252E-1
2.22262737098331839760517E-1
9.36056546570335974888595E-2
1.16648615047355651185998E-1
0.00000000000000000000000E+0

GAMMA

1.38888888888888888888889E-2
8.27476807804027625231699E-2
1.37269356250080867640353E-1
1.73214255486523172557566E-1

1.65119677500629881582263E-1   1.85759637188208616780045E-1
1.56173538520001420C34315E-1   1.73214255486523172557566E-1
1.30305348201467731159371E-1   1.37269356250080867640353E-1
9.0324080347428702C292360E-2   8.27476807804C27625231699E-2
4.06371941807872059859461E-2   1.38888888888888888888889E-2

GAUSS   N = 10

ALPHA

    1.30467357414141399610180E-2
    6.74683166555077446339517E-2
    1.60295215850487796882836E-1
    2.83302302935337640460036 7E-1
    4.25562830509184394557587E-1
    5.74437169490815605442413E-1
    7.16697697064623595399633E-1
    8.39704784149512203117164E-1
    9.32531683344492255366048E-1
    9.86953264258585860038982E-1

BETA

ZEILE 01

    1.66678360771720343983922E-2
   -6.12068029233502987025309E-3
    4.39200373028852221698615E-3
   -3.34535050882549470870888E-3
    2.54756897027876354904962E-3
   -1.88262038693525661085208E-3
    1.31081462770308391842833E-3
   -8.20986353138291127367522E-4
    4.17243835667835720457601E-4
   -1.19093958462027525114334E-4

ZEILE 02

    3.60661525781943304506968E-2
    3.73628372876451482864441E-2
   -9.53137359189965945260757E-3
    6.07228446174392218489429E-3
   -4.30404581295939200907563E-3
    3.06851861086753558695385E-3
   -2.09411395745032284831575E-3
    1.29624965549819963231444E-3
   -6.54328115142468560893716E-4
    1.86135539000451362540870E-4

ZEILE 03

    3.19991179775146101939898E-2
    8.12275701118607728515461E-2
    5.47715906289955109588837E-2
   -1.18776128915294264824282E-2
    6.87814639770714478385801E-3
   -4.50274329686185241607147E-3
    2.94087333141394952634963E-3
   -1.77613374657410074450313E-3
    8.84246091931209019529693E-4
   -2.49838753970020848317861E-4

ZEILE 04

    3.41639921791087090319389E-2
    7.13553690746355578848297E-2
    1.19207290548758140477789E-1
    6.73166798274990887728067E-2
   -1.30965195471968997587876E-2
    6.94886598383539031062732E-3
   -4.14845352723169508779133E-3

LOBATTO   N = 10

ALPHA

    0.00000000000000000000000E+0
    4.02330459167705930855337E-2
    1.30613067447247462498447E-1
    2.61037525094777752169412E-1
    4.17360521166806487686890E-1
    5.82639478331935123131110E-1
    7.38962474905222247830588E-1
    8.69386932552752537501553E-1
    9.59766954083229406914466E-1
    1.00000000000000000000000E+0

BETA

ZEILE 01

    0.00000000000000000000000E+0
    0.00000000000000000000000E+0
    0.00000000000000000000000E+0
    0.00000000000000000000000E+0
    0.00000000000000000000000E+0
    0.00000000000000000000000E+0
    0.00000000000000000000000E+0
    0.00000000000000000000000E+0
    0.00000000000000000000000E+0
    0.00000000000000000000000E+0

ZEILE 02

    1.56476684039906971822274E-2
    2.77709421572119722260012E-2
   -4.52844523472010535241044E-3
    2.01803674095520528307406E-3
   -1.02389835823147097985456E-3
    5.18465055716825260495776E-4
   -2.39744506461971478668207E-4
    8.91295422372830063189613E-5
   -1.91078839278420616505154E-5
    0.00000000000000000000000E+0

ZEILE 03

    7.61836677766255644206455E-3
    7.78918525392375033350478E-2
    5.06667996022605744743089E-2
   -7.79590598927188055160090E-3
    3.28280523494931553495363E-3
   -1.53903307079394120927167E-3
    6.84554567357447549705454E-4
   -2.49185231208919114398114E-4
    5.28326590893230376373008E-5
    0.00000000000000000000000E+0

ZEILE 04

    1.41760940991340893079330E-2
    5.82249665190332582931037E-2
    1.28198276046693317049519E-1
    6.74551153643653839133400E-2
   -9.61750383210895941714919E-3
    3.69306479556767458647276E-3
   -1.51019960270736367217583E-3

    2.39281424177035654C40596E-3
   -1.16229795133242643161919E-3
    3.24562105530182860167670E-4

ZEILE 05

    3.27609312912844373135062E-2
    7.69022997036484359436614E-2
    1.04444079563094207185199E-1
    1.46566245550415954620380E-1
    7.38810561786882175434732E-2
   -1.31122C91695853752390420E-2
    6.33145505482068380C26710E-3
   -3.33810C797675275601948C0E-3
    1.55179916885143634252135E-3
   -4.24726C343583273504304338E-4

ZEILE 06

    3.37603981887023961472148E-2
    7.31738754C643886C2303668E-2
    1.12881282C55666297599715E-1
    1.28301904600177493745346E-1
    1.6C874321526961810325988E-1
    7.38810561786882175434732E-2
   -1.19328858954177770747662E-2
    5.09910169489681481256888E-3
   -2.17662512835813937C77319E-3
    5.74740863059631483278249E-4

ZEILE 07

    3.30111100488138859366167E-2
    7.58879725266227230C45074E-2
    1.07150367016220665457362E-1
    1.38781813182229872633405E-1
    1.40813246373541044776319E-1
    1.60858631904573334845734E-1
    6.73166798274990887728067E-2
   -9.66410529076711848C02148E-3
    3.37030550065473868805851E-3
   -8.28320C2476464C235154483E-4

ZEILE 08

    3.35855109C83140896451023E-2
    7.38414284833590875533585E-2
    1.11319315004565122742271E-1
    1.31692486323584228C19264E-1
    1.52264855654238287503018E-1
    1.40883965959669290303088E-1
    1.46510972546527604C28042E-1
    5.47715906289955109988837E-2
   -6.50189553657047627865790E-3
    1.33655417682945860279456E-3

ZEILE 09

    3.31495366153436174342435E-2
    7.53800026904327651337819E-2
    1.08246931602492822364453E-1
    1.36727473612448500393929E-1
    1.44693593746508899499993E-1
    1.52066158170335827C96022E-1
    1.28561075193254255360719E-1

    5.27145636109C62292356410E-4
   -1.09433931308710183987453E-4
    C.000C0000C000CU00000000000E+0

ZEILE C5

    8.21697321712448478055392E-3
    7.41581478082443252618790E-2
    1.00983865991208504540829E-1
    1.650883171009344475021414E-1
    7.63293847404188086085721E-2
   -9.86330545013428472216108E-3
    3.29282939574167730296777E-3
   -1.05670265329990768116084E-3
    2.11011016568404573995970E-4
    C.000C000C000C000000000000C0E+0

ZEILE C6

    1.400524SC050977374416683E-2
    5.935355024294496309956200E-2
    1.227C81952183004104405950E-1
    1.32236745332627596980265E-1
    1.847442971531941241161527E-1
    7.63293847404188086085721E-2
   -8.5752081496199914290640SE-3
    2.2539795C691744481919440E-3
   -4.16718216687581809209779E-4
    0.00CCC0CC0C0C00000000000E+0

ZEILE C7

    8.0461281230C88132291428927E-3
    7.42693039172159450676204E-2
    1.02167207799214835433782E-1
    1.58642652553660353721078E-1
    1.483C979992462590688354BE-1
    1.8515440C29581283460363SE-1
    6.74551153643653839133400E-2
   -6.00328741889C762655619985E-3
    9.21154346129617949490521E-4
    C.000C000C0C0C00000000000UE+0

ZEILE C8

    1.46C38554445596657801577E-2
    5.80455986187466292546641E-2
    1.238C49673738832562B5238E-1
    1.32674964833892918531789E-1
    1.78718181566765330646524E-1
    1.47077807452976751684304E-1
    1.6647907C267705272345689E-1
    5.066E77996022605747430B9E-2
   -2.68429296600334450112198E-3
    0.000C000C0C00000000000000E+0

ZEILE C9

    6.57455381823152503999487E-3
    7.778321442057400887358752E-2
    9.792385473218559114420126E-2
    1.627C69173150493827686260E-1
    1.45834763673223112911575E-1
    1.8221043C81318989894642940E-1
    1.27557474130141141130255E-1

```
 1.19074554849880681450375E-1        1.31404803023423683323537E-1
 3.73628372876451482864441E-2        2.77709421572119722260012E-2
-2.73048042385026165391238E-3        0.00000000000000000000000E+0

ZEILE 10                             ZEILE 10

 3.34547661128060963218987E-2        2.22222222222222222222222E-2
 7.43084307396224608524306E-2        3.94392335014367884509287E-2
 1.10364167611129313125135E-1        1.47791314913041363433402E-1
 1.33322545027295093627185E-1        1.05741578263375583135937E-1
 1.49644732744311691697799E-1        2.06427416150282866882352E-1
 1.45214543387097671537897E-1        1.21112345033614589774158E-1
 1.37978710163823672254322E-1        1.86301105416308174739645E-1
 1.05151177527702499780781E-1        7.70980271508508668860554E-2
 8.08463548676253264431413E-2        9.38667573496333226752985E-2
 1.66678360771720343983922E-2        0.00000000000000000000000E+0

GAMMA                                GAMMA

 3.33356721543440687967844E-2        1.11111111111111111111111E-2
 7.47256745752902965728882E-2        6.66299542553505556311136E-2
 1.09543181257991021597767E-1        1.12444671031563226059729E-1
 1.34633359654998177545613E-1        1.46021341839841878937791E-1
 1.47762112357376435086946E-1        1.63769880591948728328255E-1
 1.47762112357376435086946E-1        1.63769880591948728328255E-1
 1.34633359654998177545613E-1        1.46021341839841878937791E-1
 1.09543181257991021597767E-1        1.12444671031563226059729E-1
 7.47256745752902965728882E-2        6.66299542553505556311136E-2
 3.33356721543440687967844E-2        1.11111111111111111111111E-2
```

GAUSS   N = 11

ALPHA

    1.08856709269715035980310E-2
    5.64687C011595235046242211E-2
    1.34923997212975337953292E-1
    2.40451935396594092C37137E-1
    3.65228422023827513834234E-1
    5.00000000000000C000C0000E-1
    6.34771577976172486165766E-1
    7.59548C646034059097962863E-1
    8.65076C02787024662C46708E-1
    9.43531299884047649537579E-1
    9.89114329073028496401969E-1

BETA

ZEILE 01

    1.39171417790434166206884E-2
   -5.1432556298349C553945483E-3
    3.73560374914085018725131E-3
   -2.90037905138315003781828E-3
    2.272742152649985376696C1E-3
   -1.75240116264082742702347E-3
    1.30248911731822927183377E-3
   -9.09279657711640651C57230E-4
    5.7C136C62283444316355990E-4
   -2.89875324978482038437993E-4
    8.27488930845835189972911E-5

ZEILE 02

    3.01142391948244556850292E-2
    3.13950923662261561586736E-2
   -8.10562697907984411509039E-3
    5.26282127353501507194119E-3
   -3.83743668169242759363414E-3
    2.85354676447749860209788E-3
   -2.07783291714634649529155E-3
    1.43267781287657313277759E-3
   -8.91466711988145401994499E-4
    4.51184930916069171735274E-4
   -1.28498936996653753822984E-4

ZEILE 03

    2.67179838502661811451222E-2
    6.82542809171542158C94248E-2
    4.65725527319335628565244E-2
   -1.02895248152872145428450E-2
    6.12667324766953732872518E-3
   -4.18053753704864073577283E-3
    2.91066795410457775C12631E-3
   -1.95573987509097941918238E-3
    1.19821656507352216C46396E-3
   -6.00947942995045366467378E-4
    1.70372117195620967172570E-4

ZEILE 04

    2.85266689062404033539906E-2
    5.99560307356048885110634E-2
    1.01365C4115357C591950231E-1

LOBATTC   N = 11

ALPHA

    0.000C000C0C00000000C00C0E+0
    3.29992847959704328338629E-2
    1.07758263168427790688791E-1
    2.17382336501897496764518E-1
    3.52120932206530304284044E-1
    5.000C000C0000C0C0000C0000E-1
    6.47879067793469695715956E-1
    7.82617663498102503235482E-1
    8.92241736831572209311209E-1
    9.670C07152C4C29567166137E-1
    1.00000000000000000000000E+0

BETA

ZEILE 01

    C.00CCC00CC0C0C0C0000C00CCE+0
    C.000C000C0C0C000000C0000E+0
    C.000C000C0C0C000000000000UE+0
    C.000C000C0C0C000000000000CCE+0
    C.000C000C000C0C0C000000C0E+0
    C.0CCC000C0C0C0C0C0000C0000E+0
    C.000C000C000C0U0C0C00000E+0
    C.00CC000C0C0CC0000000C00CCE+0
    C.000C000C000C0C0000000C00CCE+0
    C.00CC000C0C0C0C0C000C00000E+0
    0.000C000C0C0C000000000000UE+0

ZEILE 02

    1.27934202635936951355795E-2
    2.285761377129417066C8054E-2
   -3.79858669388570110282102E-3
    1.748215596487218799C3752E-3
   -9.33389887094491526704269E-4
    5.1204677C1363818697 32411E-4
   -2.70C99537020091C87028673E-4
    1.27826488146418C91536574E-4
   -4.81622932080537282345257E-5
    1.04CC31752C8857219599835E-5
    C.000C000C0C0C000000C00CCE+0

ZEILE 03

    6.25750845476969212817577E-3
    6.39876531345852659880852E-2
    4.22470158996217555724899E-2
   -6.711802C4115C86840175914E-3
    2.97212133438419167543366E-3
   -1.5C6340393112850645473C1E-3
    7.645C7375406296306644052E-4
   -3.53747119874790520419936E-4
    1.31551801240492007424280E-4
   -2.82C52774413934218097412E-5
    0.000C000C0000000000000000UE+0

ZEILE 04

    1.15521720396C97743782915E-2
    4.799C3738562781408880866E-2
    1.06546384197999417860761E-1

```
 5.82984411479976199796309E-2
-1.16536925866713892045123E-2
 6.43838129780483330857548E-3
-4.09164865278154504328098E-3
 2.62061890572086323919628E-3
-1.56237108006700551652477E-3
 7.71530960015176748020374E-4
-2.17065390840345289252974E-4

ZEILE 05

 2.73528599993796140716453E-2
 6.46238924302517439343240E-2
 8.88021849343891269062705E-2
 1.26937527092484729329396E-1
 6.57011361275616655451722E-2
-1.21240615804220011533673E-2
 6.21926257425001908979939E-3
-3.63063338386324112523094E-3
 2.06324037554684363328318E-3
-9.92886275645834511167361E-4
 2.75899729894848114109410E-4

ZEILE 06

 2.81917210618671959125370E-2
 6.14771890632044979378653E-2
 9.59986109028957617417890E-2
 1.11095774316370167736966E-1
 1.43076752307042779412914E-1
 6.82312716944751576786209E-2
-1.16744800519194483225695E-2
 5.50110797962507222229619E-3
-2.85350543902863602874018E-3
 1.31299566924781437948190E-3
-3.57437503780362671160116E-4

ZEILE 07

 2.75583838281919851272674E-2
 6.37830710080981468285145E-2
 9.10818650883202820797656E-2
 1.20227515679858481084493E-1
 1.25183009680873312000545E-1
 1.48586604969373216510609E-1
 6.57011361275616655451722E-2
-1.03406447964894893701337E-2
 4.34292052947799880677828E-3
-1.83370769779943161697686E-3
 4.81423558707219169731592E-4

ZEILE 08

 2.80513489489271785306298E-2
 6.20186537724371355693268E-2
 9.47074765439341312295736E-2
 1.13976263390274376720066E-1
 1.35493520909079048761336E-1
 1.30024162091145482048666E-1
 1.43055964841794720294857E-1
 5.82984411479976199796309E-2
-8.21993568970346623718221E-3
 2.83415399684742380628372E-3
-6.92385348153570112613754E-4
```

```
 5.74665715205525330554758E-2
-8.60980803883945671587153E-3
 3.57355706279937351391297E-3
-1.66212140319477938750111E-3
 7.35648116862616298202160E-4
-2.66927283333296042687 6682E-4
 5.64864302875358512876001E-5
 0.00000000000000000000000E+0

ZEILE 05

 6.80227429557109581815219E-3
 6.07821385899985584096653E-2
 8.43027871222871252834176E-2
 1.39921755267213860899345E-1
 6.71743266492974767152601E-2
-9.36671325140578500852525E-3
 3.54591555246185407413153E-3
-1.43714208108908371556395E-3
 4.98751102995718803780927E-4
-1.03201040800516995619045E-4
 0.00000000000000000000000E+0

ZEILE Q6

 1.13281250000000000000000E-2
 4.91260666995421732747129E-2
 1.01703374155100611853809E-1
 1.12808110156033281489032E-1
 1.61276781847019677387470E-1
 7.05089443184681279919375E-2
-8.95055633078582064724143E-3
 2.95257196221711859698056E-3
-9.40370908756607224733210E-4
 1.86953101161437278032073E-4
 0.00000000000000000000000E+0

ZEILE 07

 6.80227429557109581815219E-3
 6.05287051512158564321307E-2
 0.57431109661246444400644E-2
 1.33914484779920795298144E-1
 1.30802737746133099356389E-1
 1.68775360306338857985306E-1
 6.71743266492974767152601E-2
-7.44441256838214931676448E-3
 1.93911494683323796042773E-3
-3.56634479583218973153658E-4
 0.00000000000000000000000E+0

ZEILE 08

 1.15521720396097743782915E-2
 4.87064226012153602092594E-2
 1.01748780960922354316041E-1
 1.14597494924242449812749E-1
 1.54878305975695824593912E-1
 1.36533918206833672297857E-1
 1.61825992614215803371033E-1
 5.74665715205525330554758E-2
-5.06453052041023971596 96E-3
 7.25351752247551724604000E-4
 0.00000000000000000000000E+0
```

ZEILE 09

    2.76639114408912122742043E-2
    6.33911326754473576838145E-2
    9.19468888987936035525849E-2
    1.18552622171086219378444E-1
    1.28491604301018753340218E-1
    1.40643C80925998956C93C15E-1
    1.25275599007453793761619E-1
    1.26886407111282454502107E-1
    4.65725527319335628565244E-2
   -5.4640961847019C349207765E-3
    1.11629970782065209625461E-3

ZEILE 10

    2.79627824950834869951998E-2
    6.23389998015362431456119E-2
    9.40365721758552711150433E-2
    1.15164204483118666826484E-1
    1.33480105172269677585636E-1
    1.33608996624472816755144E-1
    1.35239708936815758683979E-1
    1.11334C6102246C224887321E-1
    1.01250732442946969828139E-1
    3.13950923662261561586736E-2
   -2.27995563673762244365230E-3

ZEILE 11

    2.77515346650022497223796E-2
    6.30800600574307943557851E-2
    9.25749694015836813966928E-2
    1.175061619537C688C61C319E-1
    1.300997831378051C1818511E-1
    1.38214944551591142784265E-1
    1.29129530102473345713648E-1
    1.19497261347378389597C80E-1
    8.94095C17147262755257975E-2
    6.793344C3622872178568C20E-2
    1.39171417790434166206884E-2

GAMMA

    2.78342835580868332413769E-2
    6.27901847324523123173471E-2
    9.31451C5463867125713C488E-2
    1.16596882295995239959262E-1
    1.31402272255123331C90344E-1
    1.36462543388950315357242E-1
    1.31402272255123331C9C344E-1
    1.16596882295995239959262E-1
    9.31451C5463867125713C488E-2
    6.27901847324523123173471E-2
    2.78342835580868332413769E-2

ZEILE 09

    6.2575C845476969212817577E-3
    6.17912925857400585842784E-2
    8.43624799980C30191375556E-2
    1.34843234330C601351854866E-1
    1.3142022848880C9695C17165E-1
    1.63130639511860400845771 3E-1
    1.29212614529831799648376E-1
    1.412C12852518774297362C5E-1
    4.2247C15899621755724899E-2
   -2.2245658262866C082561659E-3
    0.000C000C00C00C0C0CC00UC0E+0

ZEILE 10

    1.27934202635936951355795E-2
    4.570482722506745559565C8E-2
    1.05512535992697742788574E-1
    1.10220648031682965427050E-1
    1.58416767030193599731264E-1
    1.34551626192514382769565E-1
    1.59C8C0573802680CC017C939E-1
    1.U86C0258923342164719549E-1
    1.0926296C393375390163160E-1
    2.285761377129417066C8054E-2
    C.0CCCCOCCOCCCCCCCOCCCOOCCE+0

ZEILE 11

    C.COCCCOCCOCOCCCCOCOCCCOCCE+0
    7.71273732873897869855737E-2
    6.44169414745176963524630E-2
    1.576C219C6CC641486783719E-1
    1.07328677303109886C13291E-1
    1.87C49634668682287729907E-1
    1.073286773031C9886013291E-1
    1.576C219C600641486783719E-1
    6.44169414745176963524630E-2
    7.71273732873897869855737E-2
    C.000C0CCCOCOCOCC00000000OE+0

GAMMA

    9.C90909090909090909C9091E-3
    5.48C613663349743223C7017E-2
    9.358494C8901526020540708E-2
    1.24024052132C14157020042E-1
    1.434395623895C4044339611E-1
    1.501C87977278453468S2966E-1
    1.434395623895C4044339611E-1
    1.24024052132C14157020042E-1
    9.358494089C1526020540708E-2
    5.480613663349743223C7017E-2
    9.09090909090909090909091E-3

GAUSS $N = 12$

ALPHA

```
 9.21968287664037465472545E-3
 4.79413718147625716607671E-2
 1.15048662902847654481553E-1
 2.06341022856691276351649E-1
 3.16084250500909903122654E-1
 4.37383295744265542263779E-1
 5.62616704255734457736221E-1
 6.83915749499090596877346E-1
 7.93658977143308723648351E-1
 8.84951337097152343518447E-1
 9.52058628185237428339233E-1
 9.90780317123359625345275E-1
```

BETA

ZEILE 01

```
 1.17938340966275567986545E-2
-4.37990215767931650940378E-3
 3.21056964125654262004948E-3
-2.52868076291527559326822E-3
 2.02324519894856845571336E-3
-1.60735902088665663690093E-3
 1.24774475192659582310159E-3
-9.30499836629974148327448E-4
 6.50624788775465133903715E-4
-4.08237882558168112867102E-4
 2.07615108480287514624130E-4
-5.92710487056506905538161E-5
```

ZEILE 02

```
 2.55198232326244639441828E-2
 2.67348314988296077400669E-2
-6.96570366255593528085053E-3
 4.58737722346434400705309E-3
-3.41487831325726315215892E-3
 2.61580117231290944431774E-3
-1.98873604147400184380177E-3
 1.46425936525797332055066E-3
-1.01552961889071285354435E-3
 6.33880729666708085426792E-4
-3.21341337251878490974181E-4
 9.15875660363567404987846E-5
```

ZEILE 03

```
 2.26415082464546978695119E-2
 5.81230577546837157157287E-2
 4.00195821358365565836765E-2
-8.96632804601375189904104E-3
 5.44880489816575571542649E-3
-3.82839826778209094720388E-3
 2.78156916561874812403178E-3
-1.99435710192794323158619E-3
 1.36062625076553272030936E-3
-8.40553839984532063258761E-4
 4.23460056141347174661879E-4
-1.20308349110379280703641E-4
```

ZEILE 04

LOBATTO $N = 12$

ALPHA

```
 0.00000000000000000000000E+0
 2.75503638885588829620099E-2
 9.03603391779566608256792E-2
 1.83561923484069661168798E-1
 3.00234529517325533867825E-1
 4.31723533572536222567969E-1
 5.68276466427463777432031E-1
 6.99765470482674466132175E-1
 8.16438076515930333883120E-1
 9.09639660822043339174321E-1
 9.72449636111144111703790E-1
 1.00000000000000000000000E+0
```

BETA

ZEILE 01

```
 0.00000000000000000000000E+0
 0.00000000000000000000000E+0
 0.00000000000000000000000E+0
 0.00000000000000000000000E+0
 0.00000000000000000000000E+0
 0.00000000000000000000000E+0
 0.00000000000000000000000E+0
 0.00000000000000000000000E+0
 0.00000000000000000000000E+0
 0.00000000000000000000000E+0
 0.00000000000000000000000E+0
 0.00000000000000000000000E+0
```

ZEILE 02

```
 1.06554411687030691976254E-2
 1.91332505654202447882978E-2
-3.22466398267622045842179E-3
 1.51931387388289533061625E-3
-8.40954025882318897433537E-4
 4.86982660515506033837328E-4
-2.79024594730949936279806E-4
 1.50975869653016415892301E-4
-7.25649489093317933593977E-5
 2.75981796628195270026084E-5
-5.99087661588648111357755E-6
 0.00000000000000000000000E+0
```

ZEILE 03

```
 5.22958300288835625344182E-3
 5.34851602773916166616357E-2
 3.57057976032137409123799E-2
-5.80656885527537435526127E-3
 2.66451944172794246179082E-3
-1.42670066575603008252757E-3
 7.84985340386589375892235E-4
-4.14945583922181203211419E-4
 1.96635960452418220501657E-4
-7.41446274903984773948526E-5
 1.60172843799810584321977E-5
 0.00000000000000000000000E+0
```

ZEILE 04

2.41748261226971951223132E-2
5.10550484293886763756770E-2
8.71038538724015915546656E-2
5.07918566807664804373382E-2
-1.03577470216968143616782E-2
5.88867969618710894137317E-3
-3.90204370620793343501527E-3
2.66388699069817929127576E-3
-1.76593366081374114507322E-3
1.07205559231517493201233E-3
-5.34534766345622524445769E-4
1.51074627300977163205994E-4

ZEILE 05

2.31788873633936492342354E-2
5.50336735248898118757605E-2
7.63035605834845887511242E-2
1.10596236160954295848244E-1
5.83731341345887021891528E-2
-1.10754199817737917015941E-2
5.91690882965931097751341E-3
-3.67597498519267301610676E-3
2.31791162580606885786492E-3
-1.36729574370243207970684E-3
6.70629185517022286280350E-4
-1.88000196714650100113586E-4

ZEILE 06

2.38920173869485934969695E-2
5.23469042934905536102707E-2
8.24989309275610772032928E-2
9.67817784368590868193696E-2
1.27125792924303086274899E-1
6.22867614533506962512709E-2
-1.10819177291206372878873E-2
5.54513518951393724696705E-3
-3.18192687322027471300367E-3
1.78717327876101308926008E-3
-8.53608723970616168699084E-4
2.36257179789026441070020E-4

ZEILE 07

2.33514110134668871562891E-2
5.43232717216298316486340CE-2
7.82519909929121000785128E-2
1.04765642234753235586474E-1
1.11201133079663467133676E-1
1.35655440635822029788707CE-1
6.22867614533506962495492E-2
-1.03795246551256818942557E-2
4.80193492467387405410038E-3
-2.45976665588796403551987E-3
1.22275870416866186966417E-3
-3.04349193692675989610402E-4

ZEILE 08

2.37756683899705636974727E-2
5.27990338121421931936545E-2
8.14064600153755452474797E-2
9.92658017357268920156051E-2

9.59861853246642765033205E-3
4.02107022400556762587732E-2
8.98356287850200757865512E-2
4.93392256523764984607876E-2
-7.65691449703224756718227E-3
3.35003787468742563473034E-3
-1.68963938874553686124456E-3
8.53148985245879653523637E-4
-3.93752740956325503479066E-4
1.46175423463792995592058E-4
-3.13073825120053399151963E-5
0.00000000000000000000000E+0

ZEILE 05

5.715474911624858968C5489E-3
5.07252387634884619320919E-2
7.13053725282489589457537E-2
1.19696693219219862367627E-1
5.90310220119215321945232E-2
-8.66826208180993740242577E-3
3.55223845021093869202774CE-3
-1.63858711029551921732107E-3
7.21523851343793945272565E-4
-2.60872546362473798502191E-4
5.50875197350572406731758E-5
0.00000000000000000000000E+0

ZEILE 06

9.36572441826268474035785E-3
4.12745841426645845445733E-2
8.55975534991615611576685E-2
9.69275998819218082933183E-2
1.40952559899821020672444E-1
6.40634314397952563712842E-2
-8.78637090914940806093258E-3
3.28877532463660034374154E-3
-1.32257590084916511522406E-3
4.56910218844013181306522E-4
-9.42584425727335605684548E-5
0.00000000000000000000000E+0

ZEILE 07

5.78579073325246677479366E-3
5.03396821036892120510302E-2
7.27506702376698513350378E-2
1.14280737401963642947781E-1
1.15059620676065484281720E-1
1.52064748940255072318653E-1
6.40634314397952563712842E-2
-8.02535270132182500466089E-3
2.62305637798485923242693E-3
-8.30428391305310509341734E-4
1.64509609415067633307524E-4
0.00000000000000000000000E+0

ZEILE 08

9.43604023989029254709662E-3
4.12110353402662033369416E-2
8.52550462398401754553182E-2
9.85657946756236548048045E-2

          1.2C42224325437C0773967500E-1
          1.18656614C770420815233C7E-1
          1.35648942888475184202414E-1
          5.83731341345887021S149C2E-2
         -9.01252279942133497477387E-3
          3.73560368818852441664866E-3
         -1.56401C527230596395825S9E-3
          4.0878C8298622643631237C5E-4

ZEILE 09

          2.34365935659549364341531E-2
          5.40041977640048380C438C6E-2
          7.89671C8679357S3823576C6E-2
          1.03349647C22346702C18543E-1
          1.14082381278479225C89367E-1
          1.28475566612909325935835E-1
          1.18684843210514283559447E-1
          1.27104C15290874218742321E-1
          5.079185668076648C4361318E-2
         -7.06468960C72847838689270E-3
          2.41461456827C5391C425788E-3
         -5.87157929441285524954C31E-4

ZEILE 10

          2.3707976542366292878C628E-2
          5.3C462C29415178683C52730E-2
          8.08797181116576452310316E-2
          1.00223C87110767428153161E-1
          1.18740625371105347612229E-1
          1.21791953741082644376788E-1
          1.28401921174483483448C24E-1
          1.11297463371011648665217E-1
          1.10550C41407546712772511E-1
          4.00195821358365565840963E-2
         -4.6533947570245C023579379E-3
          9.46159946801215727847242E-4

ZEILE 11

          2.349608062721955685686C3E-2
          5.37910C43349110939709091E-2
          7.9405283542006405C823461E-2
          1.02599242980423673727014E-1
          1.15282C08903919431C60092E-1
          1.26562258948175394344622E-1
          1.21957721734388483C565C2E-1
          1.2016114658243466753280C2E-1
          9.69963361380686168664169E-2
          8.70048679342290484486234E-2
          2.67348314988296077398680E-2
         -1.93215503936855034682370E-3

ZEILE 12

          2.36469392419615642879129E-2
          5.32620478891789279653107E-2
          8.04474C215423128128064C00E-2
          1.0C933C85727575495739566E-1
          1.176767681058C7378528970E-1
          1.23325778154774796677718E-1
          1.26180881927588049137721E-1
          1.14723C23C70228835924930E-1
          1.04112394124448236466738E-1

          1.34852546285653735121519E-1
          1.24277023599162269175833E-1
          1.5224424C943132906534804E-1
          5.9C31022C119215321945232E-2
         -6.4755939851661657594C220E-3
          1.67515934264345456210135E-3
         -3.0684421C293591841364133E-4
          C.000C000C0C0C00000CC0000E+0

ZEILE 09

          5.552896619C4872386481946E-3
          5.0849630C595410322401336CE-2
          7.23C939392082040003804550E-2
          1.14223719197224473940206E-1
          1.16546816229C78418950952E-1
          1.45953705706433704958897E-1
          1.23791136718320583267906E-1
          1.41532552481909229255951E-1
          4.933922565237649846C7876E-2
         -4.31649256493415399825567E-3
          6.5549196C242137348148515E-4
          0.000C000C0C0CC00000C0000CE+0

ZEILE 10

          9.92193214862679526170970E-3
          4.00548531422C838438203C5E-2
          8.66372549854330318173061E-2
          9.727C9829492962722017362E-2
          1.356C7235937924148743609E-1
          1.24987814420859422292473E-1
          1.47C59141815206195414450E-1
          1.134187934C3471370291056E-1
          1.20847367706547829291325E-1
          3.57C57976032137409123799E-2
         -1.87151329078385143375585E-3
          C.CCCCCOCC0C0C000000C00000E+0

ZEILE 11

          4.496C7398281208231752614E-3
          5.34240071589715275728606E-2
          6.90155089440839111389784E-2
          1.178604C7039757814810864E-1
          1.12945217532426598965547E-1
          1.49015929125163261784920E-1
          1.22181353720212314548265E-1
          1.39020363823C039838C9239E-1
          9.32C126179628976701C1817E-2
          9.21562624232996C49571119E-2
          1.91332505654202447882978E-2
          0.00CCCOCC0C0C0C0C0C00C00CCE+0

ZEILE 12

          1.51515151515151515151515E-2
          2.7206544642258C611682500E-2
          1.03449344447392424312076E-1
          7.788246C1173C14945648622E-2
          1.56489082403964367879987E-1
          1.0363939923593919090C1907E-1
          1.67765841674757067998382E-1
          9.478652C7952369124132577E-2
          1.34625957643719650793440E-1

          7.68285946304165705477234E-2
          5.78495651553385319893387E-2
          1.17938340966279567987047E-2

GAMMA

          2.35876681932559135973591E-2
          5.34696629976592154799349E-2
          8.00391642716731131677729E-2
          1.01583713361532960873470E-1
          1.16746268269177404380643E-1
          1.24573522906701392500820E-1
          1.24573522906701392500820E-1
          1.16746268269177404380643E-1
          1.01583713361532960873470E-1
          8.00391642716731131677729E-2
          5.34696629976592154799349E-2
          2.35876681932559135973591E-2

          5.45253611697776908525952E-2
          6.44779727708980695000926E-2
          0.00000000000000000000000E+0

GAMMA

          7.57575757575757575757576E-3
          4.58422587065980653341713E-2
          7.89873527821850575823355E-2
          1.06254208880510572679151E-1
          1.25637801599600640146622E-1
          1.35702620455348088500144E-1
          1.35702620455348088500144E-1
          1.25637801599600640146622E-1
          1.06254208880510572679151E-1
          7.89873527821850575823355E-2
          4.58422587065980653341713E-2
          7.57575757575757575757576E-3

```
GAUSS         N = 13

ALPHA

   7.90847264C70592526358528E-3
   4.12008C0388511C173967261E-2
   9.9210954633345C436C28968E-2
   1.78825330279829889678CC8E-1
   2.75753624481776573561C44E-1
   3.84770842C224226C0885881E-1
   5.0C000C00CC00CC0C0C00CC0E-1
   6.15229157977577739911419E-1
   7.24246375518223426438956E-1
   8.2117466972017C11C321992E-1
   9.00789C453666549563971C3E-1
   9.58799199611488982603274E-1
   9.92091527359294074736415E-1

BETA

ZEILE 01

   1.01210C1191328971714C137E-2
  -3.77307158532573813825642E-3
   2.78561575606282156870660E-3
  -2.21827C384046162339S8022E-3
   1.803064691153C1380910347E-3
  -1.46428618397592528429677E-3
   1.17219434523355109747831E-3
  -9.13582925476878915C81137E-4
   6.82707775C145628757702937E-4
  -4.77846825328064598802448E-4
   2.999626252594472C19557359E-4
  -1.525762992120456185544C6E-4
   4.35604600183718915942731E-5

ZEILE 02

   2.19001283175295086C57122E-2
   2.30303749594321235295683E-2
  -6.04331982544826121747944E-3
   4.0236767556734680C8733663E-3
  -3.04249472622650060436138E-3
   2.3820349877675635C915573E-3
  -1.86724640081096868512485E-3
   1.43647464828374889108C74E-3
  -1.06442244601136122457677E-3
   7.40852231417196750924856E-4
  -4.63345539787942881503016E-4
   2.35139C881966CC451657715E-4
  -6.7C516615C41578156646878E-5

ZEILE 03

   1.94299477196462126565743E-2
   5.0C695755432635747790C621E-2
   3.471837755494685C1268C31E-2
  -7.86303206730877266124556E-3
   4.85274615855379304156121E-3
  -3.48400333660758272C185C2E-3
   2.6C906242967934255431531E-3
  -1.95372C76841C81C91655741E-3
   1.42329508753352369907583E-3
  -9.79733532987661383904576E-4
   6.08355C59C2974208C546625E-4
```

```
LOBATTO        N = 13

ALPHA

   C.0CCCCCCC0CCCCCCC000CC0CCE+0
   2.3345C76678918C440515473E-2
   7.68262176740638415670372E-2
   1.569C576545912128696362CE-1
   2.58545C8945433189126531E-1
   3.75356534946880CC3715663E-1
   5.0CCC00000000C0C0C0000000E-1
   6.24643465053119996284337E-1
   7.4145491C54566681C0873469E-1
   8.43C94234540878713036380E-1
   9.23173782325936158432963E-1
   9.76654923321C81955948453E-1
   1.0CCCCC0CC0C0C0CCC00CC0CCE+0

BETA

ZEILE 01

   C.00CC00CC0C0C0C0C00000000E+0
   C.0C0C000C0CCCC0C000000000E+0
   C.00C00CC00C0CCCC0000CC0CCE+0
   C.0CC00000000CCC0C0C000000E+0
   0.00C0000000000000000C000CE+0
   C.00000000000CCC0000C0000CE+0
   C.0CC0CC00000C0CCC000000CCE+0
   C.00CCCC00000000CCC0000000E+0
   C.00CC00000C000C0C000000000E+0
   C.000C00000C00000C00C0C0C0E+0
   C.0CCC0CCC0CCCCC0CCC0C000CCE+C
   C.00CCCC0CC0C0CCCCCC0C000C0E+0
   C.000C00CC00000C00C0000000E+0

ZEILE 02

   9.01241399745298679448043E-3
   1.624529348157652682C1921E-2
  -2.76744547584442720775699E-3
   1.32712115403928551729620E-3
  -7.54344879964202828077932E-4
   4.5401956351825443553026CE-4
  -2.7518563C356341764117551E-4
   1.620332475723351C4232493E-4
  -8.91881601517475983844583E-5
   4.33385442527468C41216182E-5
  -1.65958138C9567649766161 5E-5
   3.61663063219562379724649E-6
   C.00CC0000000000000000000E+0

ZEILE 03

   4.43469611617132480632520E-3
   4.53626322963842730526299E-2
   3.054C3534672738821517736E-2
  -5.C5467236332514572343212E-3
   2.38124188041102775070859E-3
  -1.3247817210614951162803CE-3
   7.70777916509176180360695E-4
  -4.43162023766612867239383E-4
   2.40352240755030C875C84244E-4
  -1.15697945821649501884109E-4
   4.4C434C45286215C50844440E-5
```

        -3.07359452503455645851384E-4
         8.74442385102879927C22145E-5

    ZEILE 04

         2.07461C84445201253459051E-2
         4.39800566806027750413676E-2
         7.55663734121840175C55891E-2
         4.453649519048657459253C8E-2
        -9.22091684260219960500527E-3
         5.35465C8856876C925357713E-3
        -3.655226799850596893606C1E-3
         2.604425CC2348698678765S9E-3
        -1.84200989476177638871822E-3
         1.24460812210767679233548E-3
        -7.6375023575660521C836272E-4
         3.831038927983324815649S9E-4
        -1.08591577934741915462622E-4

    ZEILE 05

         1.98907528982510765665054E-2
         4.74094387268283266766985E-2
         6.61938972977495935C33064E-2
         9.69774293976855025711352E-2
         5.19540118842228453C32527E-2
        -1.0C633C7C3325C17141C8983E-2
         5.53442491474828435C4C021E-3
        -3.58522C08285674856287981E-3
         2.40894627535959775694685E-3
        -1.5790246382069C419621599E-3
         9.51119931434833355E68418E-4
        -4.71841291130781283C787C2E-4
         1.3299620C941119117C02714E-4

    ZEILE 06

         2.05039757594726582307363E-2
         4.5C91CC6451921318S9265168E-2
         7.15749421921585591C20526E-2
         8.4857433870939767C553788E-2
         1.13150C57C9310213C539797E-1
         5.65707950657137979907721E-2
        -1.03514560922439195C59470E-2
         5.39400389969169013C66024E-3
        -3.29262769907778227649248E-3
         2.05038506740263786882658E-3
        -1.19902884864536293S77993E-3
         5.84799C95208895456739166E-4
        -1.63447833221789693378933E-4

    ZEILE 07

         2.00379395811024116858C88E-2
         4.6800429C851383529898686E-2
         6.78786934544937322766474E-2
         9.1873C747240836835402559E-2
         9.89622717612174675863C85E-2
         1.23214C25135056C315047C7E-1
         5.81378883077287C8929CC91E-2
        -1.00724350036128735905C73E-2
         4.94575200722058060791123E-3
        -2.8C0084343108786536362C4E-3
         1.55806165539903503631774E-3
        -7.39679166273784359153969E-4

        -9.5655939S4591546C9356049E-6
         0.Q00C00CC0CCCC0CCC000C0UC0E+0

    ZEILE 04

         8.1C395583712C353305C1553E-3
         3.41662855289942529616135E-2
         7.67C18684963260733645576E-2
         4.27C6588C957593178736684E-2
        -6.80220175568243CC9739928E-3
         3.09C43125957917767520366E-3
        -1.64715225022650675620346E-3
         9.0388941C875C02658C55045E-4
        -4.76952611544226485471270E-4
         2.257320693247183C42161C8E-4
        -8.5C38923C6425427443C1327E-5
         1.836C3016598C84347947114E-5
         0.000C00UC0C0C000000C00CCE+0

    ZEILE 05

         4.86549916184899331971407E-3
         4.29721C03644396013791075E-2
         6.1C226277798948515734750E-2
         1.03328425452143752849536E-1
         5.198682C1863593163931784E-2
        -7.922442368531258000384131E-3
         3.42716262593837257821129E-3
        -1.7164C3C269771959C8C7454E-3
         8.62529766966511448224219E-4
        -3.9675557C846C44651554945E-4
         1.46956256694948499731121E-4
        -3.14311736399503511749545E-5
         C.0CCC00CC0C0C0CC000CC0UC0E+0

    ZEILE 06

         7.87958569692C395729C3877E-3
         3.5136481321820542268545CE-2
         7.29914359911226958126796E-2
         8.39364987936872364740095E-2
         1.236488C229239C298241289E-1
         5.779581937154C8839864394E-2
        -8.35851852254396881775676E-3
         3.38951501794753512428588E-3
        -1.552877CC299934445228165E-3
         6.8C26932433042714149968SE-4
        -2.45143413581S8C584254603E-4
         5.16624762452827921694206E-5
         C.C0CC0CCC0C0CCCCC0C0000CCE+0

    ZEILE 07

         4.9641927C8333333333333333E-3
         4.2548116317298826839651CE-2
         6.23858315339119C72324984E-2
         9.8497149556935325251223E-2
         1.01379954169622119916545E-1
         1.364125650215092352849C1E-1
         5.97775841282334798828295E-2
        -8.C9591443872C917597797701E-3
         3.00323335995756532319629E-3
        -1.2C070387595407464121081E-3
         4.12974784531C741999928459E-4
        -8.49832653160812989975097E-5

```
 2.0406280155544C329189447E-4

ZEILE 08

 2.0405450215879E417C83771E-2
 4.54759508236556731739755E-2
 7.063578395853813C2527451E-2
 8.70226C1313572259135C0673E-2
 1.072CC651467515830470712E-1
 1.07747586231751467783539E-1
 1.26627232707701337263965E-1
 5.65707950657293599234273E-2
-9.24203332466408234557717E-3
 4.21555651C035129S4851511E-3
-2.13818708226579178S08745E-3
 9.69743466943249704197796E-4
-2.619733768148C62157380 80E-4

ZEILE 09

 2.01090C61E17167328579955E-2
 4.65325912C99953499137933E-2
 6.84856351784579339570967E-2
 9.06520150191818012C01098E-2
 1.01499C77493C7845C624273E-1
 1.16726810214299C6477079E-1
 1.1C74135170070913350761E8E-1
 1.23204897164693329325C98E-1
 5.19540118842152028909670E-2
-7.9C443901671060556724138E-3
 3.24285781214317380C96588CE-3
-1.348688807963758C4598383E-3
 3.51249484406775448492795E-4

ZEILE 10

 2.035059396C0592593930 46C8E-2
 4.56776460260662361491496E-2
 7.02005C53456493725238C14E-2
 8.782838225886722C2115584E-2
 1.0575CC33663199824582938E-1
 1.1C53716112909445923543 3E-1
 1.19931C034153C80147516 24E-1
 1.07786939245755548660622E-1
 1.13128S4061104C247799225E-1
 4.45364S51904883224113631E-2
-6.12961830229125019262393E-3
 2.080693238261793589347C5E-3
-5.04106C61862273330906842E-4

ZEILE 11

 2.0154558144147564C222960E-2
 4.63681C9371368C242765660E-2
 6.88284C0050863C252324185E-2
 9.00527239139625583877984E-2
 1.02484728680904524495144E-1
 1.15095310899853968830757E-1
 1.13666714185778C753037C3E-1
 1.1662559346805C74C634384E-1
 9.9C552776C98842551526585E-2
 9.69360224482836696651394E-2
 3.47183775549459171E6162CE-2
-4.0088256243990C614834744E-3
 8.12054663C11639358423889E-4
```

```
 C.0CCCCCCC0CCCCCCC000CC00CCE+0

ZEILE 08

 7.8795856S692C395729C3877E-3
 3.5229577E7C4456603638488E-2
 7.25C37554638271C07776630E-2
 8.5582095398916C6727C9856E-2
 1.18C3402789359899C6241548E-1
 1.122C8123725134232848593E-1
 1.40C37334020193 40C2311565E-1
 5.779E8819371540C8839864394E-2
-7.1676514C1395736452C2243E-3
 2.325866929595925793847579E-3
-7.3282794C877575619271147E-4
 1.44759024870C00887473296E-4
 C.0CCCCCCC0CCCCCCC000CC00CCE+0

ZEILE 09

 4.865499161848993319714C7E-3
 4.27376897542667021857275E-2
 6.233161132193514827610C8E-2
 9.80667332542527215150046E-2
 1.0311111C6058321213380133E-1
 1.3C4E3624853 9CCC203673C1E-1
 1.156SC5C6965593675343525E-1
 1.36669664195454082463068E-1
 5.198682C1863593163931784E-2
-5.658447768737C75986C8587E-3
 1.45593979873524520235694E-3
-2.65841783612849544554973E-4
 C.0CCCCCCC0CCCCCCC000CC00CCE+0

ZEILE 10

 8.1C39555837120C353305C1553E-3
 3.471C157897624C5866697C5E-2
 7.30716E247596366C2753428E-2
 8.51874441221939174431208E-2
 1.179E91689699211408116 81E-1
 1.37148E765520899427332 81E-1
 1.3512C5778394982630110 5LE-1
 1.115283458C65857677161 32E-1
 1.24214418114C593444236C9E-1
 4.27C658C957593178736684E-2
-3.71522494342666736364493E-3
 5.6223267C28961414C151661E-4
 C.0CCCCCCC0CCCCCCC000CC00CCE+0

ZEILE 11

 4.434E96116171324806 3252CE-3
 4.37770811863799634675688E-2
 6.1C366353C0191427984627E-2
 9.941616445228152034847C5E-2
 1.0194559107610 79C99C8654E-1
 1.31C698522654129971C5544E-1
 1.164371E46673435100019687E-1
 1.319514719627C7879354585E-1
 9.98C47014364519130 33C296E-2
 1.C435513886978501657C018E-1
 3.C54C3534672738821517736E-2
-1.5951167C39989C113115469E-3
 C.0CCCCCCC0CCCCCCC0C0CC00CCE+0
```

ZEILE 12

```
 2.0309054044162C098306629E-2
 4.5825610830667968179C569E-2
 6.99001C06496807101S44682E-2
 8.8332138149557700C2529690E-2
 1.0497244621444S4C94187S6E-1
 1.11705115483159409C23119E-1
 1.18143C23016268386543143E-1
 1.1075955514367559440SC44E-1
 1.0695C518494664548798581E-1
 8.504931362530142891165572E-2
 7.5480074935341C285304446E-2
 2.3C303749594324451C11463E-2
-1.65812593487165659C714C2E-3
```

ZEILE 13

```
 2.019844192263948C1234C39E-2
 4.62133262180766142492690E-2
 6.91367924846333201110C78E-2
 8.95508372C63029616C26963E-2
 1.0322531599342348531851762E-1
 1.14055173C5692C036829281E-1
 1.15103582270223866760540E-1
 1.14605876315419083198496E-1
 1.0210495907728503438511661E-1
 9.1291260765021C593438741E-2
 6.66511393538299457442585E-2
 4.98338215C419C3067689710E-2
 1.01210C119132888C3C09845E-2
```

GAMMA

```
 2.0242CC2382657852C149982E-2
 4.6C60749918864568630714 6E-2
 6.94367551C98927673129652E-2
 8.9C729S03809748970C38939E-2
 1.03908C23768438048194220E-1
 1.131415901314431575141S9E-1
 1.162757766154574178580C18E-1
 1.131415901314431575141S9E-1
 1.03908C23768438048194220E-1
 8.9C729S03809748970C38939E-2
 6.94367551C98927673129652E-2
 4.6C60749918864568630714 6E-2
 2.0242CC23826578520149982E-2
```

ZEILE 12

```
 9.01241399745298679448043E-3
 3.2486970332520858C165870E-2
 7.595C98526C9535961140739E-2
 8.19315358722545342246457E-2
 1.212712159912321S5492667E-1
 1.10493405036348798CC8433E-1
 1.37775715791838559894342E-1
 1.102C14187204028786771 35E-1
 1.219363766910446107223 60E-1
 8.C64775322246799551147 11E-2
 7.8701834922988455672064 7E-2
 1.624529348157652682019 21E-2
 C.OOCCCCCCOCOCOCOOOCCOOCOE+0
```

ZEILE 13

```
 C.OOCCOOCCOCOCCOCOOOCOOCCE+0
 5.46921188316737C80669747E-2
 4.66910984314108335963591E-2
 1.16C847546648342828537463E-1
 8.37833501356144958986188E-2
 1.4997397582761C6579C3758E-1
 9.7549396250659495199936533E-2
 1.4997397582761065790C3758E-1
 8.37833501356144958986188E-2
 1.16C847546648342828537463E-1
 4.66910984314108335963591E-2
 5.46921188316737C80669747E-2
 C.OOCCCOCCOCOCCCCOOCCCOCOE+0
```

GAMMA

```
 6.41C25641025641C25641026E-3
 3.89CC8433734C94638967945E-2
 6.749C9633448C41745599574E-2
 9.1823432601775C460037471E-2
 1.1C3838967830550430427 67E-1
 1.22CC789515333817822928 9E-1
 1.2596542466672336802206 9E-1
 1.22CC789515333817822928 9E-1
 1.1C3838967830550430427 67E-1
 9.1823432601775C460037471E-2
 6.749C9633448C41745599574E-2
 3.89CC8433734C94638967945E-2
 6.41C25641025641C25641026E-3
```

```
GAUSS         N = 14

ALPHA

  6.85809565159383057920137E-3
  3.57825581682132413318C44E-2
  8.63993424651175C34C51026E-2
  1.56353547594157264925990E-1
  2.42375681820922954C17355E-1
  3.4C443815536C55119782164E-1
  4.45972525646328168966878E-1
  5.54027474353671831C33122E-1
  6.5955618446394488C217836E-1
  7.57624318179077045982645E-1
  8.43646452405842735C74C10E-1
  9.13600657534882496594897E-1
  9.64217441831786758668196E-1
  9.93141904348406169420799E-1

BETA

ZEILE 01

  8.77986508293796575795822E-3
 -3.28311623C42934086798688E-3
  2.43769977190523648369754E-3
 -1.9580992967758C446849838E-3
  1.61116775847946349648444E-3
 -1.330521562702915C6772693E-3
  1.0896388846622C974785039E-3
 -8.76302C05740451815114376E-4
  6.84693691039925453930883E-4
 -5.12348412842921048968187E-4
  3.58848231298344463716262E-4
 -2.25331C48392672084870453E-4
  1.14628208600992289517696E-4
 -3.272742044620176C7888581E-5

ZEILE 02

  1.899815359C1935692C32566E-2
  2.0C395217899400524514C83E-2
 -5.28828692877905772827155E-3
  3.55141173896972234311117E-3
 -2.718226486889443CCC8923CE-3
  2.16386C4352249803C367911E-3
 -1.73506596416364108314C36E-3
  1.37711257617749357667294E-3
 -1.0667364774638C315C42748E-3
  7.93568C26138729677545339E-4
 -5.53593219336437327C163C7E-4
  3.46681281269539277437669E-4
 -1.7605956067176C5C9587943E-4
  5.02217676C3297298C292478E-5

ZEILE 03

  1.68552230279503139456460E-2
  4.35673907696408731646234E-2
  3.03796426719757961723537E-2
 -6.93923175519035119345305E-3
  4.3344047055009054CC06756E-3
 -3.16351532295943580C63171E-3
  2.42277289C543591C2627536E-3
 -1.87121355C51888424772369E-3
```

```
LOBATTO       N = 14

ALPHA

  C.CCCCCCCCCCCCCCCC000CCC0CCE+0
  2.00324773663695493224499E-2
  6.6C994730848263744998899E-2
  1.355657CC4543369297C7664E-1
  2.24680298535676472341689E-1
  3.28637993328643577478048E-1
  4.418340655148C66170612E-1
  5.58165934441851933829388E-1
  6.713620C66713564225521952E-1
  7.753197C1464323527658311E-1
  8.644342995454663C7C292336E-1
  9.339C05269151736255CC011CE-1
  9.799675226336304506775CE-1
  1.0CCCCCCCCC0C0C0CCCC00CC0CCE+0

BETA

ZEILE 01

  C.CCCCCCCCCCCCCCCCCCCCCCCCE+0
  C.CCCCCCCCCCCCCCCCCCCCCCCCE+0
  C.CCCCCCCCCCCCCCCCCCCCCCCCE+0
  C.CCCCCCCCCCCCCCCCCCCCCCCCE+0
  C.CCCCCCCCCCCCCCCCCCCCCCCCE+0
  C.CCCCCCCCCCCCCCCCCCCCCCCCE+0
  C.CCCCCCCCCCCCCCCCCCCCCCCCE+0
  C.CCCCCCCCCCCCCCCCCCCCCCCCE+0
  C.CCCCCCCCCCCCCCCCCCCCCCCCE+0
  C.CCCCCCCCCCCCCCCCCCCCCCCCE+0
  C.CCCCCCCCCCCCCCCCCCCCCCCCE+0
  C.CCCCCCCCCCCCCCCCCCCCCCCCE+0
  C.CCCCCCCCCCCCCCCCCCCCCCCCE+0
  C.CCCCCCCCCCCCCCCCCCCCCCCCE+0

ZEILE 02

  7.72241998121637896071566E-3
  1.3962C68377116757390577C4E-2
 -2.398475862752984C8435374E-3
  1.16598169229456495553754E-3
 -6.76273226532430295430624E-4
  4.18869626892767337645833E-4
 -2.64342597244404679722339E-4
  1.649C46691247477999588764E-4
 -9.8909534105895720852677B5E-5
  5.51C97745373814220377082E-5
 -2.69955041874884633645833E-5
  1.0391036C051939C21427503E-5
 -2.271259C92794229590688 92E-6
  C.CCCCCCCCCCCCC00CCCCCCCCE+0

ZEILE 03

  3.8C7628159C465C864026966E-3
  3.895384454C0867354439141E-2
  2.63994112274251656325019E-2
 -4.429147CC160394599953175E-3
  2.1287C5E6C63165427595304E-3
 -1.2184763C2651815166728956E-3
  7.37957287048528401486038E-4
 -4.4938543C07152676988 4895E-4
```

```
     1.42453C06383964222688942E-3
    -1.04760430312298289632470E-3
     7.25153252625853259256047E-4
    -4.51771845981418753779398E-4
     2.28683634142081114593322E-4
    -6.51217733284800126896319E-5

ZEILE 04

     1.79971729465900660C94844E-2
     3.82681743915636711701172E-2
     6.61233345536871905749022E-2
     3.93007917895483836424005E-2
    -8.23373536491335826742210E-3
     4.85948742725785845597736E-3
    -3.39128378C7224448551703CE-3
     2.49119959912946624822510E-3
    -1.84021037875169195812940E-3
     1.32745819947615736530485E-3
    -9.07277121182312713726072E-4
     5.60545874372256964826230E-4
    -2.82277859465565741926730E-4
     8.01673175675880271268841E-5

ZEILE 05

     1.72547617984066298930832E-2
     4.12533979917853903899377E-2
     5.79204623738544047817453E-2
     8.55778714769197311989091E-2
     4.63845993694844534354291E-2
    -9.12812C003068821471244446E-3
     5.12982390658682692428320E-3
    -3.42399508689323368479918E-3
     2.40100771220400841219767E-3
    -1.67859385926087166843659E-3
     1.12473C16941185443769238E-3
    -6.86129552116775559C03003E-4
     3.42844909C38254845C86895E-4
    -9.69793854288979175266630E-5

ZEILE 06

     1.77874472666498987219916E-2
     3.92337598958662474135725E-2
     6.26327197421615393472332E-2
     7.4878715481176C31C33C6C9E-2
     1.01022753500743341641029E-1
     5.129961593032390C9951481CE-2
    -9.5863697595316C870951135E-3
     5.14289425654003773414846E-3
    -3.2729820C285945016C47811E-3
     2.17096714651606515875790CE-3
    -1.40979C76807348690C67732E-3
     8.43606984771863475C85729E-4
    -4.16706606795931371592766E-4
     1.171844685666714C8C63723E-4

ZEILE 07

     1.73819598204594481529414E-2
     4.07251338880214787650398E-2
     5.93916C61259882977498029E-2
     8.1078174713581C532747495E-2
     8.8347744362584110891C903E-2
```

```
     2.65484354574332361150689E-4
    -1.46463252113230207377837E-4
     7.1277C9C57C14183191936C3E-5
    -2.732C4489890383C63545441E-5
     5.957C1647286436297312194E-6
     0.000C000C000C0C000000000E+0

ZEILE 04

     6.93435887373515851183381E-3
     2.938C6585666598C691360497E-2
     6.621C15662767CCC60582129E-2
     3.725821C19348528835C458CE-2
    -6.05319346940940572509637E-3
     2.828415736C779363C496364E-3
    -1.56856C21680798580744807E-3
     9.112023082454698366C5247E-4
    -5.23397969267371C59149902E-4
     2.8366796C099956352401816E-4
    -1.36472925214236909C67468E-4
     5.193C1429161834720226655E-5
    -1.12753737921388141221930E-5
     C.00CCCCCCCCCCCC000000CCCCCE+0

ZEILE 05

     4.18958427791528429785002E-3
     3.68688553766C11218221152E-2
     5.27690848575753173528154E-2
     8.996236166711103053757647E-2
     4.59592845961C12824073357E-2
    -7.20C44922251166547013939E-3
     3.23872686052154638780638E-3
    -1.71574639003275705400132E-3
     9.37678167725979911252750E-4
    -4.93334756196322363364667E-4
     2.329527C86636147875771552E-4
    -8.76456308911753473950715E-5
     1.89C6023C9339442340773825E-5
     C.0CCCCCCCCCCCC00000CCCCCCE+0

ZEILE 06

     6.72494625542304043626238E-3
     3.02563542024318614062519E-2
     6.29494192693447888C18434E-2
     7.32500286643413C87476898E-2
     1.C8995924725699457534313E-1
     5.20343105051899414650434E-2
    -7.81856267299873140824937E-3
     3.34974601364CC0721271929E-3
    -1.6667270215768C884384472E-3
     8.33693928775C96C0698138E-4
    -3.82223084184252558338568E-4
     1.4125159965938C981C991137E-4
    -3.0169C54C363547273315475E-5
     0.0000000C0C0CCCCCCC0CCC0C0E+0

ZEILE 07

     4.29769154463831039130640E-3
     3.64465192871258572934048E-2
     5.40235946548265319870434E-2
     8.56617108217856337615890E-2
     8.96454403220031287430634E-2
```

1.1173735846979930C4747462E-1
5.38159633657894475489691E-2
-9.589445027467C6154293216E-3
4.9C242C83631428848742036E-3
-2.95118C84701215774738376E-3
1.81927648653469995209335E-3
-1.0563185246974520C915360E-3
5.1279723991808C511166827E-4
-1.42965263485369814388245E-4

ZEILE 08

1.770269954293613013303047E-2
3.95662463399962C2439516498E-2
6.18156C38686490C443538861CE-2
7.67823C7092562C673327076E-2
9.572C379585981C646182421E-2
9.7696811C24333513499554171E-2
1.172213717590459566400870E-1
5.38159633657894475489691E-2
-9.13812660915150276449998E-3
4.42145437638479597976803E-3
-2.47659113448428598994850E-3
1.367679217963294594490454E-3
-6.46090308141373862223136E-4
1.77770345416483362975C30E-4

ZEILE 09

1.74425456973C926C1C78527E-2
4.04957501866760C362744C94E-2
5.99156783591797288696217E-2
8.0C11374347170254185478 3E-2
9.05982315924528417121CC4E-2
1.058722138635C7252143440CE-1
1.02489C3247503885736379CE-1
1.172182964911105C3807450E-1
5.12996159303235C09914810E-2
-8.25355476177443477C17C29E-3
3.72286809792073625174004E-3
-1.873434398209947C0252579E-3
8.45283684C13857489244116E-4
-2.277171007739672C6C75141E-4

ZEILE 10

1.76567C95513C048294334431E-2
3.97361986708418500577297E-2
6.14454148960683679C371C4E-2
7.74768534C96849128471086E-2
9.44477952982297785392949E-2
1.00198224148443793570764E-1
1.11055921818472128782737E-1
1.02502102824992068173655E-1
1.11727351863716623454206E-1
4.63845993694844534354291E-2
-6.9762878978229639514108C8E-3
2.83882297C09718756296213E-3
-1.174354411905285487121C4E-3
3.04968367469301622833204E-4

ZEILE 11

1.74795628483083434887896E-2
4.03613214393456706447434E-2

1.223C452C2C9339752286139E-1
5.51559458698615174696598E-2
-7.882215029C15C4693459691E-3
3.16915692929613069793688E-3
-1.44323746552284460681881E-3
6.29551925362112576C96249E-4
-2.262C66C75489575796408400E-4
4.7587096C0C380C854291915E-5
0.CCCC00CCCCCCCCC000C00CCCCE+0

ZEILE 08

6.69131944437267861968262E-3
3.041946C34851983119286 73E-2
6.24178C3172677780C4917070E-2
7.48143111438127231870929E-2
1.0389562C839869245841944E-1
1.01C49623848174963187197E-1
1.291831177577530708849C6E-1
5.51559458698615174696598E-2
-7.397C5397704C0913000110 82E-3
2.724325677C67C2866214292E-3
-1.083722128C0832711195717E-3
3.71464678756296641887128E-4
-7.62822339647839376306641E-5
0.0C0CCCCCC0C0CCCCC00CC0000E+0

ZEILE 09

4.264C6473358794857472663E-3
3.648333689254892513C6198E-2
5.41442783133215378947632E-2
8.50885322727731635506197E-2
9.13984829109416407698164E-2
1.16724359020967680784920E-1
1.06807766928861107780888E-1
1.29273644198954675304271E-1
5.20343105051899414650434E-2
-6.401952192C00489264449582E-3
2.06551391002192267285007E-3
-6.4829328C548484966601036E-4
1.27762456736852824530484E-4
0.000000CC0C0C0CCCCCC0000E+0

ZEILE 10

6.799426711C9570471313899E-3
3.01815261744997271350169E-2
6.263136974688130C6855343E-2
7.479833115369C4322672950E-2
1.034C09149374C9876189025E-1
1.02798352045985598124441E-1
1.23512963496679535371752E-1
1.06576850501288734184072E-1
1.2259067201857C8463C5608E-1
4.59592845961C12824073357E-2
-4.971833766512210C1781024E-3
1.2738469251462C885CC42C5E-3
-2.320C307651350C8557138796E-4
0.00000000000C0C00000000C00E+0

ZEILE 11

4.05465211527583049915520E-3
3.698C8987534836692095513E-2

6.01987394695793353798812E-2
7.95088607002790799985270E-2
9.14417405394927495055534E-2
1.04439442239399493941091E-1
1.05140727132449428849713E-1
1.11023210512301339953109E-1
9.77397444333899435229847E-2
1.01002934103882265138280E-1
3.93007917895483836424005E-2
-5.36404920973559823019478E-3
1.81086918831643373269940E-3
-4.37442780714134493567937E-4

ZEILE 12

1.76248519392044115286061E-2
3.98503599457380237882233E-2
6.12110571899330110984868E-2
7.78764303264709140255449E-2
9.38168030420918897671830E-2
1.01174701796808159756073E-1
1.09503140282097779345662E-1
1.05209153841035304071663E-1
1.05762747183607237783594E-1
8.84347940334680014707907E-2
8.55408153342871184782540E-2
3.03796426719757961723537E-2
-3.48834718976076826180674E-3
7.04507137925617570270416E-4

ZEILE 13

1.75095083982726342178872E-2
4.02551035405518654124046E-2
6.04126040626820530672697E-2
7.91551767984332046118173E-2
9.19756307128301771933130E-2
1.03665968338111605133390E-1
1.06254814155401401521265E-1
1.09366996695742536181079E-1
1.00435371425422821679283E-1
9.54874252258583498717506E-2
7.50501718401270449416898E-2
6.60475722727306500729790E-2
2.00395217899400524514083E-2
-1.43842342431763768734014E-3

ZEILE 14

1.75924575863221332767053E-2
3.99644153712791126132989E-2
6.09846163923442644295779E-2
7.82427353477984228210847E-2
9.32815471518118279198265E-2
1.01914538169607876529031E-1
1.08508228737319346913053E-1
1.06542287846916685350088E-1
1.03929753423350717050689E-1
9.11580309804894433743739E-2
8.05596828758725717532993E-2
5.83215855720463558610099E-2
4.33621598103094457708035E-2
8.77986508293796575795822E-3

GAMMA

5.35514998985914027585478E-2
8.56419043011958026209725E-2
9.10667554317413838547350E-2
1.16516157297402369150357E-1
1.08284909088040041554685E-1
1.23985243288979533305787E-1
1.00305077945557820474992E-1
1.09528919450984184158291E-1
3.72582101934852883504580E-2
-3.22693077046594074778678E-3
4.87002551391685102591900E-4
0.00000000000000000000000E+0

ZEILE 12

7.18138279096448037071935E-3
2.92524911902554028600980E-2
6.38151538928503585823474E-2
7.35024957393158831162448E-2
1.04662308938414221152029E-1
1.01764929590432207811279E-1
1.24000141405254776581365E-1
1.07324081206225280676662E-1
1.18314315367416029865462E-1
8.31815978810834734197271E-2
9.08772259346700634645886E-2
2.63994112274251656325019E-2
-1.37500824913371803291456E-3
0.00000000000000000000000E+0

ZEILE 13

3.26659100779461005027335E-3
3.89154190024389310521205E-2
5.10261622716990519108080E-2
8.85396817489795489532783E-2
8.79771009696653078994807E-2
1.19610737788647331720218E-1
1.05413262529951020772942E-1
1.26298969866625694996819E-1
9.91955549352896130218257E-2
1.07470211855745859614244E-1
7.03431838258655169673697E-2
6.79485784537603898123996E-2
1.39620683771675739057704E-2
0.00000000000000000000000E+0

ZEILE 14

1.09890109890109890109890E-2
1.98680365998237555006756E-2
7.61900597937665894572510E-2
5.90437975164318454014151E-2
1.20548257290326979853628E-1
8.50275360172632529046907E-2
1.41031362762497434442721E-1
9.05814317059596244469073E-2
1.34098716992507501966472E-1
7.42778920830891387867034E-2
1.00978054246520297011406E-1
4.03965961049450620837457E-2
4.69692478978575291333950E-2
0.00000000000000000000000E+0

GAMMA

```
1.75597301658759315159164E-2      5.49450549450549450549451E-3
4.00790435798801049C28166E-2      3.34186422488406423170353E-2
6.07592853439515923447074E-2      5.82933279493558257704983E-2
7.86015835790967672848C10E-2      8.001C925881476071206410 5E-2
9.27691987389689068708583E-2      9.74130746867C80593201659E-2
1.0259923186064780C1982962E-1     1.09563126504885377435581E-1
1.07631926731578895C97938E-1      1.158C6397234228529444814E-1
1.07631926731578895C97938E-1      1.15806397234228529444814E-1
1.0259923186064780C1S82962E-1     1.09563126504885377435581E-1
9.27691987389689068708583E-2      9.74130746867080593201659E-2
7.86015835790967672848010E-2      8.001C925881476071206410 5E-2
6.07592853439515923447074E-2      5.82933279493558257704983E-2
4.00790435798801049C28166E-2      3.34186422488406423170353E-2
1.75597301658759315159164E-2      5.49450549450549450549451E-3
```

GAUSS   N = 15

ALPHA

     6.00374C989757285755521714E-3
     3.13633C3799647C4784461205E-2
     7.58967C829478639189S6758E-2
     1.37791134319914976291907E-1
     2.14513S1369573C576231387E-1
     3.02924326461218315C51396E-1
     3.99402S53C01282738849686E-1
     5.00000C0000000C0C0C0C0000E-1
     6.00597C46998717261150314E-1
     6.97075673538781684S48604E-1
     7.85486C863042694237 68613E-1
     8.62208865680085023708093E-1
     9.241032917052136C8100324E-1
     9.686366962003529S2153879E-1
     9.93996259C10242714244783E-1

BETA

ZEILE 01

     7.68831C499029317C886571CE-3
    -2.88207652296439580C63547E-3
     2.1497713568885C644287947E-3
    -1.73884965380298083558788E-3
     1.44470413S15726138708870E-3
    -1.20875124593688546658128E-3
     1.00730755285335470627173E-3
    -8.2919827995727C056165475E-4
     6.68820S755299171879540370E-4
    -5.23450351172725050581369 6E-4
     3.920467306916020141143 96E-4
    -2.74715621754918118582795E-4
     1.72538127706577C039763717E-4
    -8.77790602645868752S66820E-5
     2.50623437545120994878447E-5

ZEILE 02

     1.66362227509783404S84961E-2
     1.7591511872027C311773169E-2
    -4.66351386567139920S10945E-3
     3.15354205167060177481C28E-3
    -2.43709364541861248S27066E-3
     1.96545S95211755642319834E-3
    -1.60354180551517C935773759E-3
     1.30260473646139385678C5CE-3
    -1.041485562142035619322C7E-3
     8.1C228194455859749132304E-4
    -6.04288995C415227C5160130E-4
     4.22194C685220644C1364462E-4
    -2.64629686C30523967638173E-4
     1.34457272941865614537600E-4
    -3.83635400718623012778713E-5

ZEILE 03

     1.47596657S35835599495579E-2
     3.82453177464055777555361E-2
     2.67898C51167929837529674E-2
    -6.16125782189826452701946E-3
     3.8854C778485748995650797E-3

LCBATTC   N = 15

ALPHA

     C.00CCC0CC000C000000C0000E+0
     1.73770367480807136020743E-2
     5.7456977E885118505872992E-2
     1.18240155024C92399647941E-1
     1.96873397265077144438235E-1
     2.89680972643163759539052E-1
     3.9232302231810C880887160E-1
     5.000C00CC0C0C0C00000C00CCE-1
     6.07676977681897119112840E-1
     7.10319027356836240460948E-1
     8.0312660273459228555561765E-1
     8.8175984497590760C0352059E-1
     9.42541C2211148814S4127C1E-1
     9.82622963251919286397926E-1
     1.C0CCC00C0CCCCC0C00C00C0CE+0

BETA

ZEILE C1

     C.00CCCC0CC0CCC0C0C00C0000E+0
     0.000C000C0C000000000000CCE+0
     0.00CC0CCC0CCCCC0C00000000CE+0
     C.00CC00CC0C0C0C0000000C00C0E+C
     C.00CC0CCC0C0C0CC0C0C0C000CCE+0
     0.000C000C00000CCC00000000E+0
     C.00CC00CC0C0CCC0C00000C000E+C
     C.000C0CCC0C0C0C0CCC0C000CCE+0
     0.00CCC0CCC0C0C000CCC0C00CCE+0
     C.000C0C0C000000C0C000000000E+0
     C.000C000C0CCC0C000000000C0E+0
     C.00CC0CCC0C0C000000000C0CCE+0
     C.CCCC00CC0C0C0CCCC0CCC0000E+0
     C.000C000C000C0C0C0000000C0CCE+C
     C.000C000C0C0C0C0CCC000C00C0CE+0

ZEILE C2

     6.691C28880349243349C2825E-3
     1.212652C8761979313218392E-2
    -2.097C75217495918679600697E-3
     1.03C500711349307660082233E-3
    -6.0718261C4C88722896776771E-4
     3.8442951S88647641696704 6E-4
    -2.5CC407518557314C8525119E-4
     1.62621176855809975604458E-4
    -1.03458002983949962493035E-4
     6.287E775804755755580C739CE-5
    -3.535178839466461638235 59E-5
     1.74233911368216460983181E-5
    -6.7334789693037113S249636E-6
     1.4752666C88C81442107176CE-6
     C.00CCC00CC0C0C0C0CCC00CCC0CCE+0

ZEILE C3

     3.30439 7C78617383C4636384E-3
     3.38C975836618310071648 45E-2
     2.303406520C47711359485356E-2
    -3.9062824665572486816 9391E-3
     1.9C6942577181610CS0328970E-3

-2.87258727158500903381331E-3
2.23809184708612148925668E-3
-1.76882660434387913394492E-3
1.38957805663066645209915E-3
-1.06833441025736725849353E-3
7.90333943391873816513818E-4
-5.49070190929407584415480E-4
3.42837152366744899109634E-4
-1.73768948419062931349296E-4
4.95161011043642971631231E-5

ZEILE 04

1.57597621061541406071918E-2
3.35931318479854185736212E-2
5.83100851091268661824036E-2
3.48926694815385786119512E-2
-7.37940546173976384827297E-3
4.41096801812590706555516E-3
-3.13090802751342417934286E-3
2.35280924473860437078970E-3
-1.79283158915975579588627E-3
1.35144263633254211230346E-3
-9.86609667339780165472252E-4
6.79266000451239434163118E-4
-4.21563716075716397819729E-4
2.12853647458382933211580E-4
-6.05313101682632124896864E-5

ZEILE 05

1.51094077411841340124543E-2
3.62144152536475076570566E-2
5.10754948901790939145299E-2
7.59798064004408833045787E-2
4.15673014542484833883002E-2
-8.28277336540880503184845E-3
4.73286955554341243659739E-3
-3.23039674394951171049944E-3
2.33558196615176564298444E-3
-1.70522856069432033507453E-3
1.21948195415413587624329E-3
-8.28185709088390761404758E-4
5.09364129493923943341426E-4
-2.55738444847295467362462E-4
7.25131747848474283504476E-5

ZEILE 06

1.55763030989084244329229E-2
3.44401095551792856353578E-2
5.52331478312634465959559E-2
6.64782993761123615184062E-2
9.05323400785462625916173E-2
4.65402500389055275670001E-2
-8.83944340559603285861770E-3
4.84679298140696426300795E-3
-3.17822423571163094902466E-3
2.19973318684740140886794E-3
-1.52302038826284084666942E-3
1.01321847710032825541555E-3
-6.14961686883209505797296E-4
3.06254025292772587354958E-4
-8.64724368757241202958615E-5

-1.11561971893763338968474E-3
6.96246495451228592996616E-4
-4.41939855869830661414798E-4
2.76858189155711697943035E-4
-1.66556294996186759471629E-4
9.29946335080225281867392E-5
-4.56179438577536802644836E-5
1.75752519141119185618086E-5
-3.84362378510159253304004E-6
0.00000000000000000000000E+0

ZEILE 04

6.00164247273165188283666E-3
2.55291564994631505701088E-2
5.77066428319991468682218E-2
3.27469725696546464127307E-2
-5.40331053998067704842365E-3
2.57973352491834506448888E-3
-1.47380243390956417660072E-3
8.92109796972127082139880E-4
-5.43164102513638624322258E-4
3.20849642108327703053226E-4
-1.76984322437393276815696E-4
8.61179447301833453428391E-5
-3.30045353547437449102029E-5
7.19568210538271012640213E-6
0.00000000000000000000000E+0

ZEILE 05

3.64394236350317055844608E-3
3.19784736226797832710490E-2
4.60555360324113149904184E-2
7.89439544161025271050852E-2
4.08164594324478563106383E-2
-6.53226340461634630862223E-3
3.02535506723144499578973E-3
-1.66915933797967936908631E-3
9.66342063763620626118187E-4
-5.53715897701075467322406E-4
2.99555279808601835390236E-4
-1.43922789237252100951032E-4
5.47130058577217759451469E-5
-1.18725891945437846632584E-5
0.00000000000000000000000E+0

ZEILE 06

5.80855377678446860854866E-3
2.63171330227548450822559E-2
5.48266502639734802909738E-2
6.43939404965825363078082E-2
9.65845272791393780076037E-2
4.68658566102009580707441E-2
-7.24743254951603941675548E-3
3.23123990032161629217805E-3
-1.70168149394379154510410E-3
9.26052651775466344241475E-4
-4.85698345753057081773761E-4
2.28663197013133073246727E-4
-8.59554406131423907244050E-5
1.85232744439078958086940E-5
0.00000000000000000000000E+0

ZEILE 07

1.5220506796290960361667 9E-2
3.5751657792347683834301 9E-2
5.2370970499461507863078 5E-2
7.1987524544685473161622 9E-2
7.9168848880499761837171 4E-2
1.0137333529676784031488 1E-1
4.9607871331777894114029 6E-2
-9.0287755941210467820884 3E-3
4.7519548261731541441545 4E-3
-2.9816911414961563964910 4E-3
1.9570249045527315323748 0E-3
-1.2610232690339256367688 2E-3
7.5041569679005452727868 6E-4
-3.6932255182717491412632 3E-4
1.0365498841398C888598769E-4

ZEILE 08

1.5502500930295682928188 1E-2
3.4730560809307295822201 3E-2
5.4515278735106159489230 2E-2
6.8164319952359526823359 4E-2
8.5786000689348747941299 5E-2
8.8626498335584350521264 4E-2
1.0805970011326525177469 3E-1
5.0644560481390318220155 0E-2
-8.8439574497094635466333 5E-3
4.4540016721967549921358 7E-3
-2.6513977808517811646990 8E-3
1.6210190107176304CC54298E-3
-9.3566850152019198329541 4E-4
4.5246293912333277243240 5E-4
-1.2587993222370487508739C9E-4

ZEILE 09

1.5272966009644653288715 4E-2
3.5552346295881237268760 0E-2
5.2829194536795912978656 1E-2
7.1046362232111C828606712E-2
8.1177578003944235244225 6E-2
9.6C621911492772619C98913E-2
9.4463787837382634083904 6E-2
1.1031789655690168322239 9E-1
4.9607871331777894114029 6E-2
-8.2928352889867348014812 0E-3
3.9657540279972C4939429C5E-3
-2.2021855816083159377205 0E-3
1.2086397341244596428562 8E-3
-5.68634C482936214796682 42E-4
1.5611420176767381564632 0E-4

ZEILE 10

1.5463093434934358297610 1E-2
3.4876769718761336481084 1E-2
5.4194571920469177011732 1E-2
6.8772120485976828968486 8E-2
8.4657623296759807623269 8E-2
9.0880766820933704104532 3E-2
1.0239396689926741917708 4E-1
9.6442327981373672177302 2E-2
1.0805518606915182106C86677E-1

```
  4.6540250003890527567001E-2
 -7.39773717C04929581501684E-3
  3.307039586964795570549621E-3
 -1.653537597677747909C02110E-3
  7.42914188874776719275892E-4
 -1.99682100849790C255608728E-4

ZEILE 11

  1.53041C782327378867489637E-2
  3.54387621889013578219962E-2
  5.3C70246104092C435625933E-2
  7.06135246721655479853072E-2
  8.191512095434283C9C03571E-2
  9.47857285684754258484748E-2
  9.6880160697404C225850747E-2
  1.04519517706730148150810E-1
  9.44828731C8121663858 3222E-2
  1.01363273373189910545249E-1
  4.15673C14542484833883002E-2
 -6.19446743736372608C67629E-3
  2.50411534340687359140484E-3
 -1.03139150959344530242287E-3
  2.6721325687450C164859929E-4

ZEILE 12

  1.543715230822268973898039E-2
  3.49701700965956794214221E-2
  5.4C011739496616839C37545E-2
  6.910607296262591177897393E-2
  8.412121257583674694420727E-2
  9.1729057314485634C10968E-2
  1.010085742527155440C23945E-1
  9.8936311718042C320695204E-2
  1.023466506910692124C7402E-1
  8.86695319896551984478451E-2
  9.051401237C02367306248734E-2
  3.48926694815385786119512E-2
 -4.73047487554089867646882E-3
  1.58989189606864378101255E-3
 -3.83141108C9550C6429877574E-4

ZEILE 13

  1.53271C48969542698801511E-2
  3.53567926924731252859830E-2
  5.32367730812192226C68251E-2
  7.03344C91540065648C83179E-2
  8.2344268965105C929600866E-2
  9.41488344180384727718938E-2
  9.78261646069251217759600E-2
  1.03057947567124515574255E-1
  9.69776508164696667388C25E-2
  9.59530872793661145472136E-2
  7.92491951236394768200925E-2
  7.59465967849754217509219E-2
  2.67898C51167929837529674E-2
 -3.0622940023515154CC90243E-3
  6.16955204475074227756259E-4

ZEILE 14

  1.54149845381304964785921E-2
  3.50485664711121967400961E-2
```

```
  4.68658566102C09580707441E-2
 -5.72985089071469098169506E-3
  1.84013314796042081143177E-3
 -5.75742781143C95179228890E-4
  1.13247966584272640633703E-4
  0.000C000C0C0C00000000000C0E+0

ZEILE 11

  3.643954236350317055844608E-3
  3.17864292383120152565281E-2
  4.71227647608223317218229E-2
  7.46939313839286631206179E-2
  8.13333635850871107858864E-2
  1.04131747687694328059719E-1
  9.97461765125447995725892E-2
  1.15530250127600695448834E-1
  9.76871635090769752029177E-2
  1.10110295194609598901019E-1
  4.08164594324478563106383E-2
 -4.39394582141111608541827E-3
  1.21594173426873850734968E-3
 -2.03916973562311799184223E-4
  0.000C000C0C0C000000000000E+0

ZEILE 12

  6.00164247273165188283666E-3
  2.59475470577176930108200E-2
  5.4913456C195593953174717E-2
  6.54C78271945791094801187E-2
  9.18524085464851757421554E-2
  9.2534529C363986915690914E-2
  1.12378737726425312943660E-1
  1.01713573484471752666750E-1
  1.133C9376057821238495938E-1
  9.02756451535886742076557E-2
  9.70787347640284595137633E-2
  3.27469725696546464127307E-2
 -2.82619134791412604177049E-3
  4.2558624C359925150837584E-4
  0.000C000C0C0C0C0000C0000E+0

ZEILE 13

  3.30439707861738304636384E-3
  3.26165434973435633474416E-2
  4.605C5551490128599785094E-2
  7.58998397562801149786888E-2
  8.00936481211252333378492E-2
  1.05288815992186029187527E-1
  9.88337684076953918212720E-2
  1.15923983427416471041266E-1
  9.841438C1013998749262184E-2
  1.06237879416127475817740E-1
  7.82757001774516449627462E-2
  7.976C5042789796099801182E-2
  2.303406520C4771359485356E-2
 -1.197C5849262463896157591E-3
  0.000C000C000C000000C0000E+0

ZEILE 14

  6.691C2888034924334902825E-3
  2.42515664857870544994677E-2
```

5.38442399196164914735729E-2
6.93631448945550928225379E-2
8.37388919035384894817606E-2
9.22702718133252457642680E-2
1.0025722822569782384738lE-1
9.99865162263192425835296E-2
1.00819284468704497585797E-1
9.11150400556635490902019E-2
8.55716965539155792658711E-2
6.66317969114065554490921E-2
5.82431240992573667150442E-2
1.75915118720270311773169E-2
-1.25960175291970632118195E-3

ZEILE 15

1.53515586543041220778264E-2
3.52708028431864492299304E-2
5.34070721058793904661711E-2
7.0060054584832075342485lE-2
8.27425561778053647624860E-2
9.36039503589538305715369E-2
9.85469216880258710401188E-2
1.02118319242737906496476E-1
9.82084351107024335217874E-2
9.42892512537179909799816E-2
8.16989876933970538951l7E-2
7.15241886168801380594903E-2
5.14298388766974610630553E-2
3.80651002670184581552692E-2
7.68831049902931708865710E-3

GAMMA

1.53766209980586341773142E-2
3.51830237440540623546337E-2
5.35796102335859675059348E-2
6.97853389630771572239024E-2
8.31346029849696677660C4E-2
9.30805000778110551340C3E-2
9.92157426635557882280592E-2
1.01289120962780636440310E-1
9.92157426635557882280592E-2
9.30805000778110551340C3E-2
8.31346029849696677660C4E-2
6.97853389630771572239024E-2
5.35796102335859675059348E-2
3.51830237440540623546337E-2
1.53766209980586341773142E-2

GAUSS   N = 16

ALPHA

    5.29953250417503370192291E-3
    2.77124884633837119610058E-2
    6.71843988C6084128C597661E-2
    1.22297795822498483C52449E-1
    1.91061877798678125776664E-1
    2.7C991611117138630682879CE-1
    3.5919822461037C543384770E-1
    4.52493745C81181279907340E-1
    5.47506254918818720C92660E-1
    6.4C801775389629456615230E-1
    7.29008388828613693171210E-1
    8.09381222013218742233360E-1
    8.77702204177501516947551E-1
    9.32815601193915871940234E-1
    9.72287511536616288C38994E-1
    9.94700467495824966298C77E-1

BETA

ZEILE 01

    6.78811485293852371294514E-3
   -2.54981560166642C6C794569E-3
    1.9C909917813672352877801E-3
   -1.55293958635445852534157E-3
    1.3C038636167335289131149E-3
   -1.0S941397810467496743882E-3
    9.2881C382461165787713008E-4
   -7.78400292638016970213472E-4
    6.42913C730581915724804C2E-4
   -5.1S59176461730C727C73794E-4
    4.07121321C2035C344602879E-4
   -3.05112838734354656103913E-4
    2.13868739423092125277C34E-4
   -1.34342751558613532849595E-4
    6.83510931380568197932760E-5
   -1.95156840005830940114810E-5

ZEILE 02

    1.46883557390946385758643E-2
    1.55633809846619732157110E-2
   -4.14132717596763996878861E-3
    2.81624C66329179723974536E-3
   -2.19345482567798016982324E-3
    1.78743918153624175343072E-3
   -1.47829989566992546596209E-3
    1.22248349189014866625510E-3
   -1.00078933565830982842653E-3
    8.03884822279940961686355E-4
   -6.27151628945023668C236C5E-4
    4.68554602991504934816922E-4
   -3.27706017463433279300994E-4
    2.05533641770747263601026E-4
   -1.0446775626296C729780516E-4
    2.981197151199246C0C06782E-5

ZEILE 03

    1.3C3148875700S9239238C71E-2
    3.38360541380276180593656E-2

LCBATTC   N = 16

ALPHA

    C.000C000C0C0C00000000000E+0
    1.52159768648S1C335238786E-2
    5.039S7334532639535026859E-2
    1.039S5854069C92468034456E-1
    1.738C5648558753455266058E-1
    2.5697028S0564311941C9055E-1
    3.50C84765549618395950823E-1
    4.49336863239C25276078483E-1
    5.50663136760974723921517E-1
    6.49915234450381604049177E-1
    7.4302971C943568805890945E-1
    8.26194351441246544733942E-1
    8.960C41459309075319655 44E-1
    9.496C0266546736046497314E-1
    9.84784023135108966476121E-1
    1.00CC000C000C0C0000000000E+0

BETA

ZEILE C1

    0.000C000C0C0C000000C000CE+0
    0.000C000C000C0C000CC00C0E+0
    C.000C00CC000C000000C00C0E+0
    0.000C000C000C000000000000E+0
    C.000C00CC0C0C0000000000CE+0
    0.0C0C00CC0C0C000000000C0E+0
    0.00CCC0CC000C0C0C00C0000E+0
    0.000C000C000C000000000000E+0
    0.000C000C0C0C0000000000C0E+0
    0.000C000C000C000000C00000E+0
    0.00CC000C000C000000000000E+0
    0.000C000C0C0C0000000000 00E+0
    0.000C000C0C0C000000C00C0E+0
    0.000CC0CC0C0C000000000000E+0
    C.000CC0CC0C0C000000C0000E+0
    0.000C000C000C000000000000E+0

ZEILE C2

    5.85341820543212749458769E-3
    1.06295256918146643C174779E-2
   -1.848C8027362987111730147E-3
    9.16C43634035883676151058E-4
   -5.46555122642446923337619E-4
    3.52C66072544727727668082E-4
   -2.34378094934244391087921E-4
    1.572794766476C8227CC2416E-4
   -1.0442000822346078459903E-4
    6.73730812013264923752034E-5
   -4.13516079911168691836344E-5
    2.340953C3377155182074507E-5
   -1.15928062147558428458330E-5
    4.494421797C9986431802423E-6
   -9.865616162C26716928C7714E-7
    C.000C000C000C000C00C0000E+0

ZEILE C3

    2.89449802793689356355223E-3
    2.96189862110264879024977E-2

2.37896279206231962C24813E-2
-5.50189263400219470130650E-3
3.49652217282333762047568E-3
-2.61183969113449188384121E-3
2.06262230133837007802009E-3
-1.65927082379871426C00051E-3
1.33445175087720853587420E-3
-1.05910023568189585536303E-3
8.19360728618994732230323E-4
-6.08529289730636770195139E-4
4.23816016176219956789938E-4
-2.65040935248507636968788E-4
1.34461891657845C9651754E-4
-3.83332614651404512547243E-5

ZEILE 04

1.39145629895638718504512E-2
2.97200191888691588371486E-2
5.17801403483892024C10294E-2
3.11572428138834680131191E-2
-6.63991736447016847C48676E-3
4.00953505144565374307933E-3
-2.88422816336006468552573E-3
2.20571795868412616231539E-3
-1.72022146419669039973097E-3
1.33820251837444408737247E-3
-1.02127769889472877941833E-3
7.51328230970276417977418E-4
-5.19808800401357381093297E-4
3.23598124258300232159741E-4
-1.63692712837770082722149E-4
4.65948C22207611067739920E-5

ZEILE 05

1.33402027362754284C67901E-2
3.20395557786961649790658E-2
4.53551063258562077032403E-2
6.78462253281563804520835E-2
3.73989972041441830203754E-2
-7.52716211388616522865857E-3
4.35798231923588344843112E-3
-3.02623842372018278324271E-3
2.23860976756049347672081E-3
-1.68603154C196616C0337826E-3
1.25982769450141872687683E-3
-9.13650835738432921668044E-4
6.25934326460294421810833E-4
-3.87087528108609216C96438E-4
1.94986345721210110687337E-4
-5.53795862795328163738965E-5

ZEILE 06

1.37527040949456381585720E-2
3.04689428780194995C10284E-2
4.90485387199112662446557E-2
5.93603918C70741529829473E-2
8.145474794895469C0C93435E-2
4.22891298487506345473280E-2
-8.13602844568463378C31887E-3
4.53707368665636325875087E-3
-3.04264485970265102C36783E-3
2.17120C95070617941C88325E-3

2.026509C9981493669144297E-2
-3.46654076068900877955600E-3
1.71344764306C136199910952E-3
-1.01975655119862414351925E-3
6.51314769810803799292088E-4
-4.265C0181819418613976848E-4
2.78782085850486630089868E-4
-1.78008931500111633074768E-4
1.08474406004307832714692E-4
-6.11CC924C243916053663971E-5
3.01531268014781758346776E-5
-1.16630154536758773 9896328E-5
2.5565893C922313464833441E-6
0.000C000C000C0C000000000E+0

ZEILE 04

5.24571408648274907686399E-3
2.23848013027620780862164E-2
5.07249471050622767638540E-2
2.898C51219979519125405C7E-2
-4.841266C9412099759836132E-3
2.35089336243787855098780E-3
-1.37421947447411017115950E-3
8.57950782180731255308038E-4
-5.44868618668157095221984E-4
3.41510276448530020081447E-4
-2.05516032088389953778835E-4
1.14768779675107095496504E-4
-5.63043793421608611576546E-5
2.16932212066845871108229E-5
-4.74424826494297583459288E-6
0.000C000C000C00000000000E+0

ZEILE 05

3.19749717638655493585719E-3
2.79956927699272141963407E-2
4.05281337003590318588404E-2
6.97755781993911310850120E-2
3.64234118684577368 7C5779E-2
-5.92772407611500100834363E-3
2.80809493089946578 59492E-3
-1.59737388448281035266 16E-3
9.64261185002414174084240E-4
-5.85957081076893228486948E-4
3.45624157863977863596422E-4
-1.90437117328318221330 5015E-4
9.25853282371775355104033E-5
-3.54615631621671070979997E-5
7.72840616893076014402424E-6
0.000C000C000C0C000000000E+0

ZEILE 06

5.06950262863192597171007E-3
2.30941019299920681355450E-2
4.81674593494830160924779E-2
5.69956810895137506642312E-2
8.60390372623692976940858E-2
4.2289645C145926979919356E-2
-6.68695765531742929 5C5384E-3
3.072207 6C7038815673158 11E-3
-1.686C25095528829740393 17E-3
9.72356266930490190787385E-4

-1.569620687322661188109903E-3
1.11414665170165347439732E-3
-7.52443887085733211963937E-4
4.60929012640643666572498E-4
-2.30806350741480777897191E-4
6.53498025627462459581940E-5

ZEILE 07

1.34381190018423601612728E-2
3.16307469463899425607317E-2
4.65043796221450675754502E-2
6.42830051583429101538245E-2
7.12277617588559187531155E-2
9.21151518921634601747533E-2
4.56508537612308972166909E-2
-8.44642793523074838713993E-3
4.54380119920973210288173E-3
-2.93743652117923594369544E-3
2.011313948527317222720980E-3
-1.38126417498597858451123E-3
9.13338905274806437438626E-4
-5.51919591017902593455886E-4
2.74062032275837566195147E-4
-7.726139344738410359920452E-5

ZEILE 08

1.36877916707669093796073E-2
3.07250535496773673535468E-2
4.84126854179133763310679E-2
6.08634670250274359810761E-2
7.71876047046273585479674E-2
8.05272007369102555810476E-2
9.94428614738752770173381E-2
4.73626526137671240713492E-2
-8.44803342103768353509485E-3
4.37957742267448243151601E-3
-2.71671446709042054123135E-3
1.76767465118347190532671E-3
-1.31637585645932220063565E-3
6.70277294016365106867028E-4
-3.28859657486953683278381E-4
9.21436520028463808704116E-5

ZEILE 09

1.34840860538742010450199E-2
3.14556216268109001147003E-2
4.69089785472300272980955E-2
6.34461232134128682468738E-2
7.30303197571048941354242E-2
8.72949741645916896358874E-2
8.69221300997873120018658E-2
1.03173338648571931677793E-1
4.73626526137671240713492E-2
-8.14115395141348258395631E-3
4.05105896059101351360844E-3
-2.38961029633899250721652E-3
1.45101860273950004516208E-3
-8.3342957666983726105394E-4
4.01708419646579077875119E-4
-1.11561964889861953717012E-4

ZEILE 10

-5.55603144503936276499949E-4
2.99931667378686512386274E-4
-1.43874008756358834257705E-4
5.46330705025373524185754E-5
-1.18469858955380234765466E-5
0.000000000000000000000000E+0

ZEILE 07

3.30240647624341108461929E-3
2.76216355829347949501223E-2
4.15655818596512029976461E-2
6.63465564872671832333502E-2
7.10647907012114662691171E-2
9.88623266311296880811333E-2
4.63391726229675627458951E-2
-7.09172239575930066215417E-3
3.13819220793603717912344E-3
-1.64389902356669655322652E-3
8.91075702216856610149538E-4
-4.65967210383029514743412E-4
2.19084546705963104352888E-4
-8.21564075917197159988220E-5
1.76877746902461414370255E-5
0.000000000000000000000000E+0

ZEILE 08

5.01305033227555895950989E-3
2.32948161322178060046495E-2
4.76577479817554911676436E-2
5.83315828437472334633482E-2
8.18705392789296422287970E-2
8.21397995948483432021681E-2
1.07726877816186789216053E-1
4.84062437112241345389664E-2
-7.12901140129939307465087E-3
3.00971289077535022859878E-3
-1.48177028680467552124545E-3
7.35410394230418259390429E-4
-3.35243053298067095482969E-4
1.23398545111680925841392E-4
-2.62915408744569338963388E-5
0.000000000000000000000000E+0

ZEILE 09

3.32028300105777437382345E-3
2.75422355769655828064361E-2
4.18013344569733084941729E-2
6.57311858589502272558505E-2
7.26392958316900298134827E-2
9.41338613805679056828799E-2
8.97548164937851689893486E-2
1.12274832157080995485917E-1
4.84062437112241345389664E-2
-6.80138337554372411708722E-3
2.70002270309255193727315E-3
-1.21826469768580948602519E-3
5.27856463114704725820561E-4
-1.88783657909100105398184E-4
3.96008376109735260556849E-5
0.000000000000000000000000E+0

ZEILE 10

```
1.36534910593508884618823E-2
3.08526993704810886652268E-2
4.81311754322642949584184E-2
6.14011467224921295887995E-2
7.61792585832743446252621E-2
8.25669457489739518674462E-2
9.42391440436410C3C3770773E-2
9.01815C4028324516C398166E-2
1.03171733162764996529838E-1
4.565085376123089721669C9E-2
-7.53689219466215108C09727E-3
3.57023264943244728763535E-3
-1.96851953C575974127580639E-3
1.07487621910132482951240E-3
-5.03984977C65996129309826E-4
1.38110704C346872646174477E-4

ZEILE 11

1.35108799C331430011799321E-2
3.13575683200654272C93191E-2
4.71183268286C574873839C1E-2
6.3C669295148526692382C21E-2
7.36838477565867125663535E-2
8.614788038482353C9757551E-2
8.91305C65717556150224986E-2
9.776795CC872368991630662E-2
9.018823154087788488839475E-2
9.9437735968146428213700C7E-2
4.228912984875C6345473280E-2
-6.65675354066632396859260E-3
2.954093820692783C4329079E-3
-1.46928287866487383969319E-3
6.57819C91304446930393476E-4
-1.76474389C6859C732681683E-4

ZEILE 12

1.36316C929215658O2422642E-2
3.09317756236027363207346E-2
4.79663433693550C16210590E-2
6.16885513C13066416C44273E-2
7.57116452440267989624189E-2
8.331843200299985C3677792E-2
9.298773906265841C4367601E-2
9.24866954599737546659776E-2
9.775154365125443C9259411E-2
8.694372520322551C98495C7E-2
9.210542181138743432331460E-2
3.73989972C41441830203754E-2
-5.53173970C38944442584534E-3
2.22414951539018470172225E-3
-9.12793809372218547643911E-4
2.36026969601690191002200E-4

ZEILE 13

1.35296349C36562863191163E-2
3.12904546821617165141441E-2
4.72556577169880C921728C28E-2
6.28342944281682934C73314E-2
7.4046666177318C896227734E-2
8.55995373963959978740C744E-2
8.99635C50C408735C346CC94E-2
```

```
5.03C926857C8992224871404E-3
2.32725700416722420568111E-2
4.76C967C7678C23790082907E-2
5.85713258272296138889294E-2
8.11950967904757416744702E-2
8.38662448753697564903460E-2
1.026555776C2835425378350E-1
9.358629C775052425200C5935E-2
1.12325547591C0C709771636E-1
4.63391726229675627458951E-2
-6.127733817C1217588055314E-3
2.233C6052586C102386801C8E-3
-8.81584722653661877096198E-4
3.006C11C6068938701114134E-4
-6.15323933773777451254628E-5
C.000C0CCC0C0C0000000C00C0E+0

ZEILE 11

3.2638307C470140736162327E-3
2.766724125877555C6165262E-2
4.16852047106786248568167E-2
6.57578034359C93183986679E-2
7.2832074C775176640117432E-2
9.34682265070226655937045E-2
9.15199721363754500139781E-2
1.071C97551624685648C91C0E-1
9.346237C4442513207473345E-2
1.078846130772150734C72C2E-1
4.2289645C145926979919356E-2
-5.144C622C01C136740257027E-3
1.64577161584738812089496E-3
-5.135998C4733377310661054E-4
1.00864803047824674650247E-4
C.000C00CC0C0C0000000C00C0E+0

ZEILE 12

5.13583615694677839747614E-3
2.302337916C3252029353664E-2
4.79065798053C26273985276E-2
5.8292725C647138225143750E-2
8.137C5941875771252877942E-2
8.392753C8557C87807821183E-2
1.021C3411684256424591217E-1
9.52437632455606147732693E-2
1.07347657636115123577112E-1
8.93644797289341063755882E-2
9.91464824542463676637045E-2
3.64234118684577368705779E-2
-3.905506459828C3278536101E-3
9.94445383431308840782169E-4
-1.8043933C5014424886C06257E-4
C.000C000C0C0C000C00000000E+C

ZEILE 13

3.08761924685C58425646934E-3
2.80954216027594160799668E-2
4.114100849C6206C902134C9E-2
6.635C6621122658767025925E-2
7.22596662667260209897019E-2
9.393137C6333291044687052E-2
9.13C132876539C2403341473E-2
```

```
9.64455266S173C9385424293E-2
9.25195872688501219803830E-2
9.41859356858218591189C76E-2
8.0568724646055615351 5767E-2
8.14379117727585345112376E-2
3.11572428138834680131191E-2
-4.2C08845071428C99960 6686E-3
1.40674278C45478759427332E-3
-3.38333283686824424560 9C6E-4

ZEILE 14

1.361456296734218787714 5CE-2
3.09923C0077666105921770 2E-2
4.78442S6776494940C04 19313E-2
6.18906696115907160694482E-2
7.54065236S8019C028109460E-2
8.37588589688822743624257E-2
9.23608C775814369C2887449E-2
9.33908534766570396C68242E-2
9.638457605133 29624C26989E-2
8.92390852211234243553617E-2
8.719009938863576C9784972E-2
7.130147223546 5C284202752E-2
6.78163782617691307275446E-2
2.37896279206231962C24813E-2
-2.7C92921687036716279 4369E-3
5.44740948 8741235C2C832C8E-4

ZEILE 15

1.35464177343 65C549658896E-2
3.12312297255869071612C24E-2
4.7373722199475645 1413615E-2
6.26421916452303693C55391E-2
7.4329439805296 8611C59339E-2
8.52054113264462927626796E-2
9.04978227C01818534716955E-2
9.5726094563192555797 11249E-2
9.3502821735644C994764433E-2
9.27800C74181317198 993439E-2
8.27908205159650273412253E-2
7.69914492339663462105741E-2
5.94982449644751387864928E-2
5.17205830 17214C323737512E-2
1.556338C98466197321 57110E-2
-1.11212603321759114 997397E-3

ZEILE 16

1.359574538987763C5199018E-2
3.10584108761858896116286E-2
4.77135S8592805C059378121E-2
6.21006168883438439C09611E-2
7.51031C724702272C6S68548E-2
8.41711383764809187500532E-2
9.18212S9287079C951604556E-2
9.40823921544760565702180E-2
9.55037C55201722651129118E-2
9.03728S7140000628645688E-2
8.56776736756059440620949E-2
7.34976C8046615C131494394E-2
6.38674252141213945515797E-2
4.56701566631096688761845E-2
3.3676577570990367039367 6E-2
```

```
1.068360892123375978041 49E-1
9.4805155C023796995249642E-2
1.034214C425783892413 3844E-1
8.1415165428025532235 1615E-2
8.64938118548841503288078E-2
2.898C51219975S1912540507E-2
-2.4939551495095876938125372E-3
3.748E234866335421 2896345E-4
C.000C000C00000000000000 0E+0

ZEILE 14

5.4388353C539643976978110E-3
2.228C072S572403640828833E-2
4.8875178345C857430361823E-2
5.7185147C99136886859 1003E-2
8.2543916C58249912645 8691E-2
8.2766313124370911 4249515E-2
1.0315624637C523678067976E-1
9.443760621895467657 37534E-2
1.0766842C0552441268899333E-1
9.006C4716163692140 8272C6E-2
9.563 8824525275301869287E-2
6.983C718C298786235760327E-2
7.05C662266726476209 41573E-2
2.026509C9981493669 144297E-2
-1.0512547516561697 1678439E-3
0.0CCC00CC0C0C0C0C0C0CC0000E+0

ZEILE 15

2.479S1512790120583874565E-3
2.9592833731242822 0399819E-2
3.9167826126294978766675E-2
6.8652557786532652398788CE-2
6.9738375694729709 4C80153E-2
9.65718136930 8817779115630E-2
8.8645676386C622684367473E-2
1.0938729225388703 8535861E-1
9.25181564559186854C47958E-2
1.C521135245287423 3778879E-1
8.06093852340623306531 0283E-2
8.481175C7047393C28 1275986E-2
5.469837351816C3 181174431E-2
5.2069457C5146859348 13681E-2
1.062925 6S181466430174779E-2
C.00CC00CC0C0C0CCCC00C00CCE+C

ZEILE 16

8.33333333333333333333333E-3
1.5132549542138202264093CE-2
5.83437116515434899045804E-2
4.60383971276549669 1C4636E-2
9.49268C46C9738 1543617C6E-2
6.951642681168562C5267185E-2
1.16932841137512435399416E-1
8.046704850798767224 43331E-2
1.21491259670242199244866E-1
7.67571826876911489174980E-2
1.079754865800C18504774357E-1
5.91CC1CC34619046537 94743E-2
7.8216985C04859131439 0727E-2
3.1049985674387311 0864717E-2
3.57178114637817031391519E-2
```

        6.78811485293852371294514E-3   0.000C000C0C0C000000C00C0E+0

GAMMA   GAMMA

        1.35762297058770474258903E-2   4.16666666666666666666667E-3
        3.11267619693239464314219E-2   2.54251805029599527016225E-2
        4.75792558412463924C49626E-2   4.46968486629654004955260E-2
        6.23144856277669360262381E-2   6.2127691C6625704917476820E-2
        7.47979944082883660407509E-2   7.70134904035821404078225E-2
        8.45782596975012690946560E-2   8.87459566958520626505378E-2
        9.13017C75224617944333818E-2   9.68450119126C17921584568E-2
        9.47253C522753424814.26984E-2   1.0097915408911493574460CE-1
        9.47253C522753424814.26984E-2   1.0097915408911493574460CE-1
        9.13017C75224617944333818E-2   9.68450119126C17921584568E-2
        8.45782596975012690946560E-2   8.87459566958520626505378E-2
        7.4797994408288366C407509E-2   7.70134904035821404078225E-2
        6.23144856277669360262381E-2   6.2127691C6625704917476820E-2
        4.75792558412463924049626E-2   4.46968486629654004955260E-2
        3.112676196932394643140219E-2   2.54251805029599527016225E-2
        1.35762297C587704742589030E-2   4.16666666666666666666667E-3

GAUSS   N = 17

ALPHA

```
4.71226234279133216228299E-3
2.46622391156161193886415E-2
5.98804231365070489385222E-2
1.09242998C51599296537385E-1
1.71164420391654617C74849E-1
2.43654731456761516C56877E-1
3.24384118273061842351407E-1
4.10757909252076072C74661E-1
5.00000C00C0000C00000000C0E-1
5.89242C90747923927925339E-1
6.75615881726938157648593E-1
7.56345268543238483943123E-1
8.28835579608345382925151E-1
8.90757001948400703462615E-1
9.40119576863492951C61478E-1
9.75337760884383880611358E-1
9.95287737657208667837717E-1
```

BETA

ZEILE 01

```
 6.03707571713698299C02751E-3
-2.27155284108545390355598E-3
 1.70607356797474400422806E-3
-1.39428814627546593357151E-3
 1.17505931298195C889854415E-3
-1.00191159133605213505581E-3
 8.5577571625685C188708096E-4
-7.27395376333159861722017E-4
 6.11868908353285914430402E-4
-5.06517169974448722753594E-4
 4.09921556445611886192253E-4
-3.21449702C89708050253651E-4
 2.41016157948171126931932E-4
-1.68979966366674069246251E-4
 1.06157253071394686152461E-4
-5.40131486776742430696937E-5
 1.54220947610193862966386E-5
```

ZEILE 02

```
 1.30632356657418752680168E-2
 1.38648823434968002823600E-2
-3.70085C008024147555150966E-3
 2.52843634712765574937107E-3
-1.98193291159683147436CC9E-3
 1.62876184702874733942639E-3
-1.36186864667889136395944E-3
 1.14216206062703618C81556E-3
-9.52222618997895889572875E-4
 7.83397506526168111150426E-4
-6.31198199769339167359973E-4
 4.93378826295219119759222E-4
-3.69055926498614759270550E-4
 2.58309952267475255139270E-4
-1.62082384143498945C85342E-4
 8.24037790116637212389989E-5
-2.35185167972984875183289E-5
```

ZEILE 03

LOBATTO   N = 17

ALPHA

```
0.000C000C000C0C0C00000000000E+0
1.34339116842C9084292151C2E-2
4.456C002C422132021880987E-2
9.21518743891148464466247E-2
1.544E550968615764730254CE-1
2.293C730C334949230438133E-1
3.13912783217261479046383E-1
4.05244013240841305847868E-1
5.000C000C000C000000C0000E-1
5.94755986759158694152132E-1
6.860E7216782738520953617E-1
7.70692699665C50769561867E-1
8.45514490C313842352697460E-1
9.07848125610885153553375E-1
9.55439997957786797811901E-1
9.86566088315709157078490E-1
1.00CC00CC0C0C0C0C00000000E+0
```

BETA

ZEILE 01

```
C.000C000C0C0C0C0000C00CCE+0
C.000C000C0C0C0C0000C00C0E+0
C.000C000C000C000C00C00C0E+0
C.000C000C000C000C0000000E+0
C.00CC00CC000C0C0000C00C0E+0
C.0CCCC00CC000C000C00C0000E+0
C.00CC000C0C0C000C0000000E+0
C.000C000C000C000000000C0E+0
C.000C000C0C0C0C0000000C0E+0
C.000C00CC000C000000CC00CCE+0
C.000C000C0C0C00000000C00E+0
C.000C000C000C0000000000E+0
C.000C00CC0C0C000000C00C0E+0
C.000C00CC0C0C000000C00C0E+0
C.0CCCC00CC000C000000C00C00E+0
C.000CC0000U0UC000000000000E+0
C.000CC00C0C0000000000C00CE+0
```

ZEILE 02

```
 5.16388637790579151482715E-3
 9.39224984169590535302671E-3
-1.64024304453905852641692E-3
 8.18793767375717336849796E-4
-4.93520582992877187595652E-4
 3.22329427951511053099981E-4
-2.18557706628714198090223E-4
 1.50258076845056899812086E-4
-1.03016278415586160310990E-4
 6.94163095796112669003495E-5
-4.52615427413586828319505E-5
 2.79903521864647724465155E-5
-1.59314309725611149659533E-5
 7.91961638794678210728965E-6
-3.07823492955441610432234E-6
 6.76735582548228756385716E-7
 0.000C000C0C0C000000000C0E+0
```

ZEILE 03

      1.15896659295706061772180E-2
      3.01434135150564241760221E-2
      2.12590370792947952208838E-2
     -4.93939271467700778197657E-3
      3.15903933486587799380648E-3
     -2.3796029619256083858802E-3
      1.89972369971520706755019E-3
     -1.54973949823200965491962E-3
      1.2691268548421020541 8689E-3
     -1.03150358442518719707911E-3
      8.24024026414951038986851E-4
     -6.40153295044273777822312E-4
      4.76715002436735415785831E-4
     -3.32592428301413101623748E-4
      2.08224104081033799413611E-4
     -1.05708136155036527128018E-4
      3.01462089898448738057594E-5

ZEILE 04

      1.23750857808028649631329E-2
      2.64764480252829364326906E-2
      4.62722079501815434600943E-2
      2.79709617983509927736971E-2
     -5.99844641380708218883516E-3
      3.65232941748921088733969E-3
     -2.65563606368798112423626E-3
      2.05919870619669143017242E-3
     -1.63500276406017647070853E-3
      1.30225665465496222387154E-3
     -1.02598129583707884031414E-3
      7.89276707883048818326063E-4
     -5.83658929756923702245340E-4
      4.05172187801323823204012E-4
     -2.52783397886921372281378E-4
      1.28041256577525335319503E-4
     -3.64715685856395118424343E-5

ZEILE 05

      1.18641732581547523240140E-2
      2.85431435558624733347573E-2
      4.05302115242460835313340E-2
      6.09082348093384707648597E-2
      3.37840921171313683215800E-2
     -6.85538530902561511697515E-3
      4.01127273588270344658393E-3
     -2.82374870983925890172879E-3
      2.12610849232071187254663E-3
     -1.63903849820262522636416E-3
      1.26387630217295975783983E-3
     -9.58062334596693246716890E-4
      7.01185793572272582747034E-4
     -4.83230437890587557108026E-4
      2.99978518822461544433093E-4
     -1.514559360853411555248801E-4
      4.30685776471918836072959E-5

ZEILE 06

      1.22312116765420279272586E-2
      2.71433781167491915673590E-2
      4.38316596087300029348179E-2
      5.32892269980426909354320E-2

      2.55624937395349150309280E-3
      2.61601998303125769947110E-2
      1.79613323318041327387426E-2
     -3.09423748218401793732905E-3
      1.54491949020919320104127E-3
     -9.32185396385573253421477E-4
      6.06363556692187163845977E-4
     -4.06757064765227344048923E-4
      2.74527568173662242424707E-4
     -1.83043502578541212950684E-4
      1.18475105226997867669815E-4
     -7.28845614700475373253369E-5
      4.13294333654562527447402E-5
     -2.04910750687440374455745E-5
      7.95043626839409284945780E-6
     -1.74600134073854650257602E-6
      0.00000000000000000000000E+0

ZEILE C4

      4.62444802558251396562299E-3
      1.97852511469094062934968E-2
      4.49261751161682157245679E-2
      2.580999195576393932851196E-2
     -4.35504223645309375294315E-3
      2.14373533208652280534736E-3
     -1.27604601608424416144551E-3
      8.15971147466549728797340E-4
     -5.34983250228378036633452E-4
      3.50049014966469729402058E-4
     -2.23684998053452068315864E-4
      1.36381380389309744845635E-4
     -7.68477785072507047356854E-5
      3.79328204077896990201281E-5
     -1.46741569669952082169607E-5
      3.21688375208940269528005E-6
      0.00000000000000000000000E+0

ZEILE C5

      2.82779564273920093777970E-3
      2.47193201200251181228138E-2
      3.59271475628288846430571E-2
      6.20782392025602292244972E-2
      3.26587012563639927052269E-2
     -5.38707854104027334033529E-3
      2.59800066333233976944356E-3
     -1.51331140099091828436436E-3
      9.42791215067388338751864E-4
     -5.97906786555865008773353 4E-4
      3.74337935002672832009935E-4
     -2.25081206346498064419574E-4
      1.256010531382091636044466E-4
     -6.15911166735613563788254E-5
      2.37210892527485612947563E-5
     -5.18648078990333514737026E-6
      0.00000000000000000000000E+0

ZEILE C6

      4.46363723903442961764978E-3
      2.04250420205162662391269E-2
      4.26428354726123288277906E-2
      5.07655283979311381615076E-2

```
7.35820587390748129660199E-2          7.7038399986310126253923lE-2
3.85114402692025720203579E-2          3.8260430205287737820258bE-2
-7.4866248C602109884692213E-3         -6.1575070496890788646196lE-3
4.23124949C24145112876388E-3          2.89567638197709882045667E-3
-2.88732635437509218521721E-3         -1.63941424938580014244001E-3
2.10813981062925950535271E-3          9.8631686530487C108646170E-4
-1.57204998385208859130716E-3         -5.9785150C572324974067498E-4
1.16571368301783876621677E-3          3.5195760675722633656844CE-4
-8.4045846999528C309760319E-4         -1.93637668419567453877445E-4
5.73253778363094260156166E-4          9.4035633130l8l6488882439E-5
-3.53376621C93603927329189E-4         -3.59883000298285066153C8E-5
1.77626163278712465863186E-4          7.839294157580888983325S7E-6
-5.039064177297456C1852382E-5         C.000C000C0C0C00C00000C0000E+0

ZEILE 07                              ZEILE C7

1.19511453235989144565384E-2          2.9271463336030151831l2l5E-3
2.81793286752804214828616E-2          2.4368555415277503540448lE-2
4.15565191476279688691955E-2          3.686860733319447839422 37E-2
5.7710468386604C2C1134590E-2          5.89957814333479616877174E-2
6.43416628368315842858848E-2          6.37224596537376355605189E-2
8.38874915885929463462386E-2          8.927676180686915517740 80E-2
4.2C010255391125111274927E-2          4.2412828C84796820550412 9E-2
-7.8735894653568C642612646E-3         -6.641365CC50184975282884E-3
4.30828569850118188864736E-3          3.03CC565611548635791735CE-3
-2.84841200900627379165048E-3         -1.65471359816449597937207E-3
2.01063591625831978523413E-3          9.508281816Cl6570563S2197E-4
-1.44143882860532263510873E-3         -5.41750762789359981948839E-4
1.01661597232925252C36481E-3          2.91823766621138064773150E-4
-6.83261498102171523112444E-4         -1.39759209988557503158569E-4
4.17084C379950254749254C7E-4          5.301C15792194251804296C2E-5
-2.0836369262172537887C7C1E-4         -1.1486934870429C485319663E-5
5.89206440219957554338C77E-5          0.0C0000000000000000000000E+0

ZEILE 08                              ZEILE C8

1.21736365651591335772160E-2          4.4C5C7159464994242589938E-3
2.73710C3927072436531661E-2           2.062402C99953339362084212E-2
4.3264459855108739CC171C6E-2          4.2162412432211219997059 7E-2
5.46370553182844753471CC4E-2          5.1988762720C22193144827E-2
6.97294C59108461864160068E-2          7.326556757547467910576 59E-2
7.3331239958502921957479CE-2          7.4313566590024C105472301E-2
9.14939805C9903534358114CE-2          9.835601577932111699413l7E-2
4.41406763417481615813177E-2          4.49658496252871619141986E-2
-8.00466567441317949615367E-3         -6.823629794177CCC14290273E-3
4.24142979138213611C875C1E-3          3.C0049617921366441812240E-3
-2.71033965610163484690086E-3         -1.56445396662313095819754E-3
1.839289905021C16C9235C7E-3           8.45C115C11624717466778 29E-4
-1.254476192845C5780253341E-3         -4.4068701512778854266326bE-4
8.25210988C91527456746350E-4          2.0678183820C3C60228638014E-4
-4.96792862414306850C9C472E-4         -7.7433032C532950C1543620S1E-5
2.4607C4084386921919957570E-4         1.66562135390376C644C7198E-5
-6.92758417C869514C6248473E-5         0.0CCCCOCCOCOCOCCCOOCOOCOE+0

ZEILE 09                              ZEILE C9

1.199181158281C55768C4188E-2          2.954483C3222656250CCCOCOE-3
2.80240575655554357919966E-2          2.4269790756830490895230 7E-2
4.19166599360226017872387E-2          3.711559869850822415123 85E-2
5.69613384620475099434813E-2          5.84C680C8947824C34838628E-2
6.5967C689C91893504189569E-2          6.518388746239C3221756172E-2
7.95015C48593736254318129E-2          8.494854223224472490987 31E-2
7.99684823533937018185134E-2          8.214677495301722206908 83E-2
9.61573806946753735280136E-2          1.039515863727695521C0469E-1
4.48616175890516313645664E-2          4.582723339424971126602 83E-2
```

-7.87602801117905036537814E-3
4.03356872483132043647195E-3
-2.47862432096848139109709E-3
1.60111532507338622420314E-3
-1.01941486534552439608710E-3
6.01414222566988654529033E-4
-2.94292878561835227276473E-4
8.23398514634082996361964E-5

ZEILE 10

1.21434272759826611206799E-2
2.74836942785549083727225E-2
4.30148670210038972518582E-2
5.51167126086104580906478E-2
6.88226604271077944456934E-2
7.51835906333841424314807E-2
8.67123907343266571018862E-2
8.40399228921141870517605E-2
9.77279008525164422252865E-2
4.41406763417481615813177E-2
-7.49192943167851210312864E-3
3.69164057990222204323684E-3
-2.16122167658344977284683E-3
1.30486827841751020029383E-3
-7.46385696519148559942887E-4
3.58760759921164001553984E-4
-9.94851308851675971609625E-5

ZEILE 11

1.20152307902519702246212E-2
2.79381283796153259435908E-2
4.21009901205945649668423E-2
5.66251850948041570705066E-2
6.65515682619334841227952E-2
7.84643193670104666758245E-2
8.19914151619667024697512E-2
9.11297646925025969542860E-2
8.54149494796020808404855E-2
9.61549421488531295887620E-2
4.20010255391125111274927E-2
-6.84611050187800230552285E-3
3.22652139743115235727524E-3
-1.76854478990203456606479E-3
9.61555010961621572572209E-4
-4.49563988286820918141522E-4
1.23006110675051523516605E-4

ZEILE 12

1.21245420760469405402403E-2
2.75521385237148880988569E-2
4.28714507796831943690969E-2
5.53686698183388912872380E-2
6.84086427042580169529203E-2
7.58571668553873052744990E-2
8.55741010620771108462925E-2
8.61732128728670636572828E-2
9.26105615324783549143500E-2
8.40501031932548720338716E-2
9.14886758842461211019075E-2
3.85114402692025720203579E-2
-6.01387450481207632285991E-3
2.65269659865929461196224E-3

-6.70031696180894701452919E-3
2.81300548634030686762352E-3
-1.37916033157821938734548E-3
6.82326422491854024564334E-4
-3.10315599221362270621848E-4
1.14034904109960098996899E-4
-2.42717173528058700963703E-5
0.00000000000000000000000E+0

ZEILE 10

4.40507159464994242589938E-3
2.06434187137973567684183E-2
4.20677747139227737096638E-2
5.22639934190433084459118E-2
7.25908688290197711825021E-2
7.59493804021941398188722E-2
9.36413751530090552796888E-2
8.69312030713606594102748E-2
1.05864714455790535093276E-1
4.49658496252871619141986E-2
-6.27909859293519267264041E-3
2.48082531333260101831990E-3
-1.11538570770049046592711E-3
4.82012537044149360067151E-4
-1.72070750341741302832044E-4
3.60539278024581664377814E-5
0.00000000000000000000000E+0

ZEILE 11

2.92714633360301518311215E-3
2.43245745514513516163919E-2
3.70869067287587041004278E-2
5.83422623963869229840733E-2
6.54559671943815365975493E-2
8.42388090180967706439943E-2
8.38748279879919840444336E-2
9.90439221110259948775579E-2
8.84852075947887860733522E-2
1.04030573517913348651015E-1
4.24128280847968205504129E-2
-5.57970355156174451536249E-3
2.02533130726503910180361E-3
-7.97278246949596206802707E-4
2.71309553486168224247031E-4
-5.54677986965809725881763E-5
0.00000000000000000000000E+0

ZEILE 12

4.46363723903442961764978E-3
2.05074779463531863959951E-2
4.22185374372531896874735E-2
5.21496088290382548539327E-2
7.25975266477366240263058E-2
7.61689028038182493039487E-2
9.29621180754593563736541E-2
8.86498641699980373259986E-2
1.00978724091293177563564E-1
8.67405046533258086141881E-2
9.85217736245761102642062E-2
3.82604302052877378202586E-2
-4.63451100699306968149474E-3
1.47811606423729834131340E-3

-1.31358545C14041249305023E-3
5.86386570244408997361075E-4
-1.5706C242268061947203560E-4

ZEILE 13

1.2031082856626774C964477E-2
2.7881224047847C121199689E-2
4.22180956397671288973346E-2
5.6425154C345925731C45022E-2
6.6866958440690464C604130E-2
7.79809428730018372874327E-2
8.2738174776052C624971455E-2
8.99203911816989483889997E-2
8.75971273288711915418782E-2
9.1105101393335582C643643E-2
7.99907783423423188C84214E-2
8.387826584743C7591576910E-2
3.37840921171313683215800E-2
-4.96631121263648521746546E-3
1.9878626343435C691C43373E-3
-8.13378868668872770C37203E-4
2.0997817611921365641C10E-4

ZEILE 14

1.2110623CC28596058918974E-2
2.7601723430416C0752294C06E-2
4.2770857556476511814C491E-2
5.55367514C89C0661724192C2E-2
6.81518431640196603454053E-2
7.62336C3830522C952223897E-2
8.5028032374062101C952995E-2
8.697909602884136C9387640E-2
9.13582379421634391998413E-2
8.62221539772996317224631E-2
8.6657687141913C033792216E-2
7.33705511209159331533761E-2
7.35666306480698188319951E-2
2.79709617983509927736971E-2
-3.75413379159195301832666E-3
1.25331666171C66413202947E-3
-3.00934346528898983C779C5E-4

ZEILE 15

1.20440C52252841211C62493E-2
2.7835472823148637C918481E-2
4.23098500545085566423541E-2
5.62745160250033986490179E-2
6.7091469231826C012273742E-2
7.76630338334494178185381E-2
8.3178C2705181CC712159985E-2
8.93128562679215103597146E-2
8.84541C832326116C6749459E-2
8.98310921817283328175551E-2
8.21023273785098151874351E-2
7.94024835C03307448793038E-2
6.44091448993968586493535E-2
6.08813163113789933293708E-2
2.12590370792947952208838E-2
-2.41364882C62823611302C4E-3
4.84485504703359 8C2837C33E-4

ZEILE 16

-4.6028633536212199C978537E-4
9.02752199945010458515311E-5
0.000C000C0C0C000000000E+0

ZEILE 13

2.8277956427392C093777970E-3
2.456384C8685576403914274E-2
3.679C1352941764524750310E-2
5.86493987190755375633739E-2
6.51917919813458937744093E-2
8.43861579671518949015691E-2
8.396386585249649499C4728E-2
9.84884320553179177038920E-2
9.0066564C926671758139986E-2
9.94C383666975297090C5228E-2
8.174C2031241668280530391E-2
8.95481553018456701774848E-2
3.26587012563639927C52269E-2
-3.49C4316C0158253C1750216E-3
8.867C882C600316393268620E-4
-1.60665732257381066533855E-4
0.000C000C0C0C000000000E+0

ZEILE 14

4.62444802558251396562299E-3
2.01146216348167231782606E-2
4.272499C95423C242192193E-2
5.1582051C948709968712192E-2
7.317737111724848C4871131E-2
7.563341C4649531108217784E-2
9.33769506255671C311113283E-2
8.84746918468945776894332E-2
1.00693166107459396159294E-1
8.800876971439449769C0379E-2
9.44293116435978952044580E-2
7.36260565132558977612769E-2
7.7455655751943235353206E-2
2.58C99919576393932851196E-2
-2.21585867771218671356558E-3
3.32587371699406287459099E-4
0.000C000C0C0C000000000E+0

ZEILE 15

2.55624937395349150309280E-3
2.52315858622416160082821E-2
3.59147142273398713846357E-2
5.96614164323925951036732E-2
6.40997312115675263569025E-2
8.55C22211876C66102329877E-2
8.288741911887C1221414289E-2
9.4437725752693846737855E-2
8.93520727845383491899186E-2
9.9667486137456C708C48837E-2
8.23995306674C49328452528E-2
8.6361522C225221359490839E-2
6.25961411547237894086060E-2
6.27351628395078690C35567E-2
1.79613323318C41327387426E-2
-9.30359969411699532931476E-4
0.000C000C0CCC000C00000000E+0

ZEILE 16

81

1.20976995107126446775733E-2
2.76473609079819368434811E-2
4.26801565427330893868530E-2
5.56836136444345102922549E-2
6.79372401607613514024305E-2
7.65295017121099249209566E-2
8.46332492779943614223453E-2
8.74979551769701550514851E-2
9.06754577971011626187057E-2
8.71391906228692869818199E-2
8.53639197249039136189448E-2
7.53941186913763967012894E-2
6.95501171458595681175201E-2
5.34134872495743297980231E-2
4.62189241666137379932773E-2
1.38648823434968002823600E-2
-9.89084231467909287961775E-4

ZEILE 17

1.20587293395129465937584E-2
2.77837778356712748077898E-2
4.24119169055181957556152E-2
5.61109035630686596166404E-2
6.73271680763145655162281E-2
7.73443302404948520909694E-2
8.35921295217794103687931E-2
8.87878698534707718853891E-2
8.91113662697499768147024E-2
8.90087480598294830243575E-2
8.31462753619681720662772E-2
7.80247921297411961757716E-2
6.63931249212808277446158E-2
5.73362117429774514809657E-2
4.08120005906148464375396E-2
3.00013175280790544682761E-2
6.03707571713698299002751E-3

GAMMA

1.20741514342739659800550E-2
2.77297646869936005647201E-2
4.25180741585895904417677E-2
5.59419235967019855473942E-2
6.75681842342627366431600E-2
7.70228805384051440407158E-2
8.40020510782250222549853E-2
8.82813526834963231626355E-2
8.97232351781032627291328E-2
8.82813526834963231626355E-2
8.40020510782250222549853E-2
7.70228805384051440407158E-2
6.75681842342627366431600E-2
5.59419235967019855473942E-2
4.25180741585895904417677E-2
2.77297646869936005647201E-2
1.20741514342739659800550E-2

5.16388637790579151482715E-3
1.87838229478092624772970E-2
4.44837853883606859395664E-2
4.95200005446812214110523E-2
7.54533085286324553765897E-2
7.32223486752942566721309E-2
9.58452174705121151437271E-2
8.60333557119666888047529E-2
1.03008101377904437807808E-1
8.59525139447012431718411E-2
9.60185136343994706589853E-2
7.29280095995292103914774E-2
7.59308976806527714492194E-2
4.87091263936934508563098E-2
4.61209501979701900498790E-2
9.39224984169590535302671E-3
0.00000000000000000000000E+0

ZEILE 17

0.00000000000000000000000E+0
3.15481643702949854826881E-2
2.75332719974819280020353E-2
6.95546377193330088145094E-2
5.30673560547246480052946E-2
9.73683277279496585734963E-2
7.04639598326275302393357E-2
1.12159387675677301955385E-1
7.66097892438218778545119E-2
1.12159387675677301955385E-1
7.04639598326275302393357E-2
9.73683277279496585734963E-2
5.30673560547246480052946E-2
6.95546377193330088145094E-2
2.75332719974819280020353E-2
3.15481643702949854826881E-2
0.00000000000000000000000E+0

GAMMA

3.67647058823529411764706E-3
2.24609702716271048237005E-2
3.95991352518435959951322E-2
5.52964545035140806878864E-2
6.89938731009632795281008E-2
8.01973300988107697581642E-2
8.50212675782893521847290E-2
9.36081698388096179460442E-2
9.53309373767347166497036E-2
9.36081698388096179460442E-2
8.50212675782893521847290E-2
8.01973300988107697581642E-2
6.89938731009632795281008E-2
5.52964545035140806878864E-2
3.95991352518435959951322E-2
2.24609702716271048237005E-2
3.67647058823529411764706E-3

GAUSS   N = 18

ALPHA

    4.2174157895345266349920CE-3
    2.2C880252143011224C94021E-2
    5.3698766751222130396S697E-2
    9.8147520513738442158791CE-2
    1.5415647846982339606255C4E-1
    2.201145844630262326S6064E-1
    2.941244192685786769820C4E-1
    3.7405688715424724520551C4E-1
    4.5761249347913234932788669E-1
    5.4238750652086765062111131E-1
    6.2594311284575275479C486E-1
    7.0587558073142132301796CE-1
    7.7988541553697376730393CE-1
    8.458435215301766035S7446E-1
    9.0185247948626155784120CE-1
    9.4630123324877786S60303CE-1
    9.77911974785698877590598E-1
    9.9578258421046547336500C8E-1

BETA

ZEILE 01

    5.4C40033816208275783356CE-3
   -2.036252074901137256S7150E-3
    1.533358641937227917360C73E-3
   -1.2580394223851605582379CE-3
    1.065907964345845281662459E-3
   -9.152179163240297034063C44E-4
    7.88758C01793884885420363E-4
   -6.781003344657308642583C64E-4
    5.78711520243084904726962E-4
   -4.88040954469886616790292E-4
    4.04655386263491336264461E-4
   -3.278073575372917857536C3E-4
    2.572084813064026629657C21E-4
   -1.929134105093132571417C44E-4
    1.3527794719763285326508C4E-4
   -8.49917512683729867553341E-5
    4.3245456393459C6C3732321E-5
   -1.23477697C64068160675539E-5

ZEILE 02

    1.1693374395450354254124C8E-2
    1.2428637223742449113333C7E-2
   -3.326151204611294653851S9E-3
    2.28129780758100598233107E-3
   -1.7977471611112330270642C7E-3
    1.48772116266617305657238E-3
   -1.25508413936938608430410C1E-3
    1.0646C8364305453296683180E-3
   -9.0045283190154910642157C7E-4
    7.5463864117696164627635C1E-4
   -6.22897252192960130769647E-4
    5.029421345641151C5C70C28E-4
   -3.936607935432958C8686222E-4
    2.9472025C47012330840781SE-4
   -2.063932136210880002756775E-4
    1.29549160119240946C619710E-4
   -6.58762894C37776739C324650E-5

LOBATTC   N = 18

ALPHA

    C.OOCCCOCCOCOCOOOCOOCOOCCE+0
    1.19472212939C072856774C5E-2
    3.9675407326233C630810727E-2
    8.2203232390C9548931431768E-2
    1.3816033535837865934689SE-1
    2.057475828406691194132G2E-1
    2.82792481543S38012328856E-1
    3.66818673560859507916167E-1
    4.5512545325767394448867TE-1
    5.4487454674232605551132G3E-1
    6.33181326439140492083833E-1
    7.172C7518456C619876711444E-1
    7.94252417159330880586768E-1
    8.618396646416213406531C5E-1
    9.177S67676C9C45106856823E-1
    9.603245926737669369189Z7E-1
    9.880527787C6C9927143225SE-1
    1.00CC000C000C0000000000CE+0

BETA

ZEILE C1

    C.OOCCCOCCOCOCOOOOOOCOOCCE+0
    0.OOCCOCCCOCOCOOOCOOCOOOOGE+0
    C.OOCCCOCCOCOCOCOOOOOOOOOE+0
    C.OOOCOOOCOOOCOOOOOOCOOOOE+0
    0.OOCCCOCCOCOCOCOOOOOOCOE+0
    0.OCCCCOCCOCOCOOOOOOOOOCOE+0
    C.OOCCCOCCOCOCOOOOOOOOOOE+0
    C.OOOCOOOCOCCCOCOOOOOOCOE+C
    C.OOOCOOOCOCOCCOOOOOCOOCCE+0
    0.OOCCCOCCOCOCOOOOCOCCOOCOE+0
    C.OCCCCOCCOCOCOOOOOOOOOOE+0
    0.OOOCOOOCOOOCOCOOOOOOOOE+0
    C.OOOCOOOCOCOCOOOOOOCOOCOE+0
    C.OOCCCOOCOCOCOOOOOOCOOCCE+0
    C.OCCCCOOCOCOCOCOOOOOOOOE+0
    C.OOOCOOOCOCOCCOOOOOOOOOCE+0
    0.OCOCOOCCOCOCOCOCOOOCOOCOE+0
    C.OCCCCOLCOCOCOCOCOOOCOOCCE+0

ZEILE C2

    4.58945925163574320719483E-3
    8.356670274623941371000110E-3
   -1.465115344928812619700055E-3
    7.356637748C011232718C1426E-4
   -4.4713496603795433612C69C1E-4
    2.9534316C18683166108S7315E-4
   -2.032424676560640795895Z8E-4
    1.42437351627343786449354E-4
   -1.0C12213182969C2532166S6E-4
    6.97154582787856393906534E-5
   -4.75C1788888128924497237CE-5
    3.122419793873125870486C6E-5
   -1.942427C792010369927050C1E-5
    1.11C37255479160566603835SE-5
   -5.5368070829023362000537C4E-6
    2.15659495831410865520330C4E-6
   -4.747185C727682670637649CE-7

1.88032354941983453038413E-5

ZEILE 03

1.03743164205452585991948E-2
2.7C20918892127C574159316E-2
1.91064325637222641322824E-2
-4.45643912665493941583728E-3
2.86525828217870287624241E-3
-2.17329C019136039785559793E-3
1.75046742422335859192393E-3
-1.44415930C43598167407928E-3
1.19973471399945313220675E-3
-9.932108259287010014395C5E-4
8.1274C456227231656745572E-4
-6.5210872566492C189611439E-4
5.080564974142493279215C9E-4
-3.790651301685724C5150416E-4
2.64797419384013148551777E-4
-1.65915C60483827932353991E-4
8.42710698814457081979955E-5
-2.40388C00C792178855919C3E-5

ZEILE 04

1.1C774C68671517078180684E-2
2.37337218941053163347304E-2
4.158694594388254571817C7E-2
2.52355110265717913907035E-2
-5.44021279781503185C869C8E-3
3.33520400811301664350426E-3
-2.4464421271237C322611759E-3
1.91828331096258278171611E-3
-1.54490813847145184629132E-3
1.25315903583184479261511E-3
-1.01114236960678968566055E-3
8.03216466421502697705461E-4
-6.21251129930928512959524E-4
4.61063106988041999229566E-4
-3.20838222415854364C27586E-4
2.00484707C93155042320673E-4
-1.01649868506243536199141E-4
2.89688C048693999621519152E-5

ZEILE 05

1.06200C42981197216398959E-2
2.55865310130771195815926E-2
3.64260829705680646C48563E-2
5.4951828825208698846C553E-2
3.06388C16778696150461298E-2
-6.25934519663805034445812E-3
3.69440328876663958C47238E-3
-2.62951693222737561601745E-3
2.0C785193C05514419558436E-3
-1.57605986366193193924C28E-3
1.24435773955087544C60881E-3
-9.73727122743237570C33771E-4
7.45122163996331075570638E-4
-5.48750624189262257934675E-4
3.79752551769877266274989E-4
-2.36385953438111868563267E-4
1.19553340C45587847547613E-4
-3.40256363063094653866992E-5

0.000C000C0C0C0000000C0000CE+0

ZEILE C3

2.27390556249250257747175E-3
2.327264823C1380702881438E-2
1.60253047933C3841086407CE-2
-2.77690262854337747564127E-3
1.398C217C0264024844O0379E-3
-8.530578295959763819S7178E-4
5.631231C4017C345323122220E-4
-3.85C453165735187620619742E-4
2.6641835924C29118394209 6E-4
-1.8354062C14999261563396CE-4
1.24126886141C83393477326E-4
-8.115475811328584584C0318E-5
5.0288578C14232164131913 9E-5
-2.8665376C0327504040000012E-5
1.4264776886096625917 4141E-5
-5.5484625C5712314322323811E-6
1.220327221024821120703 96E-6
0.000C0CCC0000C000C0GC0000CE+0

ZEILE C4

4.10758766619317521369398E-3
1.76120164513107C141C0083E-2
4.00598053010304570137340E-2
2.312C081C012711254352072E-2
-3.93346981847920759558165E-3
1.95781736855113850768669E-3
-1.18253373258646732C15332E-3
7.70684104640382707373291E-4
-5.17944456032571327573658E-4
3.501C69352165923517 81877E-4
-2.3371420C436927257370918E-4
1.514C5466027636536591003E-4
-9.32C2314838597C376084346E-5
5.28742852383221052767647E-5
-2.62229242000960241795254E-5
1.01763418073781361255353E-5
-2.235C8375814971183432785E-6
0.00CC00CC0C0C0C0CC0CC00C0E+0

ZEILE 05

2.51833231446448463179051E-3
2.1983031C478C34789149216E-2
3.20591166278848563454453E-2
5.556154C44663974834450576E-2
2.94186463551371999024504E-2
-4.9062751E2C1C61797233054E-3
2.40C50079269344125785077E-3
-1.42483886095513198255721E-3
9.0971801C004397440C93283E-4
-5.9587C614278383583653195E-4
3.89617232917206251C50689E-4
-2.4883250448275638534044CE-4
1.5164488E439743770797794E-4
-8.54162033430833944131473E-5
4.21495219606C49776944673E-5
-1.63016847082943427646574E-5
3.57315C207953C13816661676E-6
0.0C0C0CCC0C0C0CCCC00CC00C0E+0

ZEILE 06

1.0948670535073C881C28481E-2
2.43313538C38943752199557E-2
3.93938266478164275343446E-2
4.8C772839C51623214159025E-2
6.67319509583103363629215E-2
3.51607286676626628C11828E-2
-6.893798827016985C4559753E-3
3.93869102704798683952571E-3
-2.72509267319706536678291E-3
2.02538574253911912496481E-3
-1.5459447655822419C331115E-3
1.18292147518096949328452E-3
-8.91311749082520862277696E-4
6.49294C01391531629127587E-4
-4.458835278365780C4306742E-4
2.76079238805251413441096E-4
-1.39151473179224390804949E-4
3.95314760367779316462C23E-5

ZEILE C7

1.069778379757307C12672C7E-2
2.52606508923152965849424E-2
3.73480C4073339C523286860E-2
5.20674883410807791264074E-2
5.83505625331058448746977E-2
7.65894600278567640383642E-2
3.86711687815663112313545E-2
-7.32685585381967139638738E-3
4.06381397483159422947533E-3
-2.73408C503204439393209636E-3
1.97463468351737348C83954E-3
-1.46007188489156442891103E-3
1.07553979707526934151734E-3
-7.71474800C14676210516964E-4
5.2415219487149C948560869E-4
-3.22190194496288755827268E-4
1.61642C07C03721678715877E-4
-4.58085991312508235C88466E-5

ZEILE 08

1.0897233326094C873267434E-2
2.45350948915653499599641E-2
3.88847259234850294C12708E-2
4.92923C53301637384524714E-2
6.32393C2217513374C619414E-2
6.69494C4480284716861C6C4E-2
8.42413914727511432343912E-2
4.1C6912093645818C7465134E-2
-7.54681C55349231444178848E-3
4.06756395771785691493447E-3
-2.65811179836289666495811E-3
1.8593393135C468711C59275E-3
-1.3235380548303C873195105E-3
9.28328367617341438416714E-4
-6.2131C946906443378401216E-4
3.781C818358494C865761267E-4
-1.88505714236014649416565E-4
5.32458213347766979675466E-5

ZEILE 09

ZEILE C6

3.96081359868879267846732E-3
1.819C7694325299445036028E-2
3.801C6684508710539860229E-2
4.54782923330884688728604E-2
6.93165476273293025822755E-2
3.47190034653459918323521E-2
-5.66775494197471407941877E-3
2.71522015113233791370601E-3
-1.57497211785246006896779E-3
9.78327733594878519161563E-4
-6.19C97067289983448153967E-4
3.86949798403C04889797844E-4
-2.32354979656826710953031E-4
1.29534683640382224021521E-4
-6.34648321285104119424870E-5
2.44288202922675178475635E-5
-5.33921534481138744751689E-6
C.000C000C000C0C0000000C0E+0

ZEILE C7

2.61144104122354218613069E-3
2.16590556891590806919655E-2
3.29146174199470427049481E-2
5.27865637764C45104117001E-2
5.74019617763C95249552055E-2
8.08920063638347826920531E-2
3.885C8923812960471526830E-2
-6.19568773311066777446477E-3
2.89483826713662131786466E-3
-1.63152714749135254776639E-3
9.7825298C609C70815924484E-4
-5.91414878727165585199651E-4
3.474576815849800958632C0E-4
-1.90859022984896376743370E-4
9.25753331826441680728761E-5
-3.53992792506627526246543E-5
7.70689481491C173244C3012E-6
0.000CC0CC000C000C0CC0000E+0

ZEILE C8

3.90269221368635461851277E-3
1.83828249741C37110C44938E-2
3.75621826455C47175036767E-2
4.659723C64C7C82228142305E-2
6.58937045140449351242560E-2
6.7433377C991388098559710E-2
8.99199509324255617612411E-2
4.168154C4442594813392549E-2
-6.47489919927229560677897E-3
2.93650785520743692213400E-3
-1.59657721359393913148084E-3
9.14324637295952288986443E-4
-5.19583417427473490897423E-4
2.79314181046506493C11225E-4
-1.33563586654299425846986E-4
5.06C524541215589C0520793E-5
-1.0958405C263300446488180E-5
0.000C0CCC0C0CC00C0CC0000E+0

ZEILE C9

1.07340487414238351346281E-2
2.51219367134111036207683E-2
3.76707739021510534172507E-2
5.139300377482553535571552E-2
5.98227775218879425503495E-2
7.25873883786971351665074E-2
7.36258843983018001142253E-2
8.94679452831716467669341E-2
4.22855957407858979601641E-2
-7.54771419307931881587551E-3
3.950548009784014646932C2E-3
-2.5C038C7265704C4C7828156E-3
1.68412C49761148494846679E-3
-1.14196299588911C0839480023E-3
7.47869531285332312424085E-4
-4.48774939426049736341959E-4
2.218043695943466734253E-4
-6.2370528831899265381621E-5

ZEILE 10

1.0870377292073554422C530E-2
2.4635470077890551552S232E-2
3.866164006687057800C09068E-2
4.972315252185825046898 29E-2
6.24195663516303384870598E-2
6.863733683771384C6538989E-2
7.9842718289703C2654099C6E-2
7.81876538631323468460949E-2
9.2118SC567465111473620 37E-2
4.22855957407858979601641E-2
-7.32970341C25528527390726E-3
3.716453164830821348483 68E-3
-2.26593104337180956414170E-3
1.45482583385128754191003E-3
-9.2198172168195257574819 7E-4
5.4209122529347484731410 2E-4
-2.64662265926205394100803E-4
7.39580218178200220432236E-5

ZEILE 11

1.07547609419068784587038E-2
2.504578016172091287608 40E-2
3.78347569438595873988036E-2
5.10923330000500C26159808 2E-2
6.034927498812188865384 28E-2
7.164499535015563433431 67E-2
7.54829982496279353521162E-2
8.479635367127925815798 5CE-2
8.0503627523853539C0C539 38E-2
9.21180C2035064110362116 7E-2
4.1C6912093645818074651 34E-2
-6.859C539096185207716821 6E-3
3.3720528550406C87413C521E-3
-1.96169886177414396968188E-3
1.1787167229798443289356 2E-3
-6.71860796040501136705986E-4
3.221795559195482667033 31E-4
-8.92265628524321700720677E-5

ZEILE 12

1.08538153623727290598018C2E-2
2.46956324404811765479516E-2

2.64353905497697389874962E-3
2.155186879210199271173257E-2
3.316C645177353881191 3753E-2
5.222C0651431C59170485421E-2
5.87519069698220193481848E-2
7.693C63022720173616475 74E-2
7.524285735069242173396 42E-2
9.6112870S440683282096925E-2
4.31199789318211954100560E-2
-6.49817527159694667487043E-3
2.8421254728465481039 3734E-3
-1.47589556337717667203361E-3
7.94689398973943986310789E-4
-4.13446078217C634122097 04E-4
1.93649226171873369258925E-4
-7.242257287547359346575 88E-5
1.55660546037736591024 283E-5
C.0000C0000C0C0C0C00000000000E+0

ZEILE 1C

3.89240865744132675484516E-3
1.8425549215247C989356985E-2
3.74438193065219793728004E-2
4.6884C0395426C341064576 27E-2
6.524C8624879239072363051E-2
6.896596871C520488355 3267E-2
8.5553856177159772997 57258E-2
8.05739023527850919253919E-2
9.927408C84765763814 85772E-2
4.3115997893182119541C0560E-2
-6.26678928024374222840738E-3
2.6186992730895142266 7027E-3
-1.2793267628939C05233 9169E-3
6.312C9753438237C911116222E-4
-2.86482594378398669140156E-4
1.05124974633278028513044E-4
-2.2355251C38799174527 4391E-5
C.0000C00CC00C0C0CC000CC00C0E+0

ZEILE 11

2.63325549873194603 5C82C0E-3
2.15659027174577980C068536E-2
3.3181357980863733570 6428E-2
5.21121721480C570118C4942E-2
5.9058972592049309857 4363E-2
7.621939217220454755 25059E-2
7.689604430448360868 97889E-2
9.149560581453120246 35854E-2
8.324563111030292631 C8788E-2
S.93C4623673465C14667 5850E-2
4.1681540444259481339 2549E-2
-5.79080263660263347568970E-3
2.27877571988638406542377E-3
-1.02145815417365121130715E-3
4.40432515443177825545918E-4
-1.56978986146941965148535E-4
3.285952437888717C9C062C9E-5
C.CCCC00CC0000CCC0000CC00C0E+0

ZEILE 12

3.9245066711947584674 6408E-3
1.83540314328E777C9625072E-2

3.85350553219408170203921E-2
4.99468698582720918328461E-2
6.20490781557539063027765E-2
6.92459175382500562608483E-2
7.88024094480241868916200E-2
8.01636071893989880121873E-2
8.73052719847762353134246E-2
8.05073775067402016908529E-2
8.946509777267360328894143E-2
3.86711687815663112313545E-2
-6.26800269253143843599860E-3
2.92704082263338521756184E-3
-1.59646628793719634500044E-3
8.64861054105475935878866E-4
-4.03376444830398358274944E-4
1.10222965668585029950655E-4

ZEILE 13

1.07684752872048772250252E-2
2.49964259206641226174724E-2
3.79367858886392768511237E-2
5.09169055809801607857137E-2
6.06283093543476984631320E-2
7.12127690844078464646433E-2
7.61594160879516529694245E-2
8.36841866384986033963380E-2
8.25458057390326767953634E-2
8.72962841547688612871111E-2
7.81995508458683746535012E-2
8.42361363901496075083065E-2
3.51607286676626628011828E-2
-5.454347602577110627066192E-3
2.39373814798126136550447E-3
-1.18097152037189966977980E-3
5.25880643590523006711809E-4
-1.40663771831432946176787E-4

ZEILE 14

1.08420323995479646220581E-2
2.47377211074393103791199E-2
3.84492510808826401335281E-2
5.00912695013737055151320E-2
6.18263539799284923501942E-2
6.95763351713289945267950E-2
7.93160646858758600327428E-2
8.08938841333654860524181E-2
8.61472513452337278595685E-2
8.25633395515166517247439E-2
8.47677588051437371090443E-2
7.36479342743659828822366E-2
7.65808025319633759468238E-2
3.06388016778696150461298E-2
-4.48080677206511606464828E-3
1.78678215687646365970851E-3
-7.29256565592221354925130E-4
1.88002465121933516775413E-4

ZEILE 15

1.07790379627547151945194E-2
2.49589243159911417628666E-2
3.80123804203513732222442E-2
5.07918602755594371454346E-2

3.75123174045817083680263E-2
4.68601808383799660869176E-2
6.51582029366269274921972E-2
6.92618011022774664169379E-2
8.48291473537375605441604E-2
8.22725118294712601200976E-2
9.45754173867634310788624E-2
8.31771349332943824448582E-2
9.62070324124865628490571E-2
3.88508923812960471526830E-2
-5.08930357389496122185101E-3
1.84122744301554419273698E-3
-7.23048230464318272266951E-4
2.45631340355576678873246E-4
-5.01652059476956901175870E-5
0.00000000000000000000000E+0

ZEILE 13

2.57513411372950797512745E-3
2.17040151947931961879048E-2
3.30164618530461524164578E-2
5.22682954546418743618894E-2
5.89553787688779986198283E-2
7.62063096227671110292520E-2
7.71341127106450895889487E-2
9.08173751927401025278144E-2
8.49036234918218295530918E-2
9.47088743321388342905332E-2
8.03486112128737690172479E-2
9.00862096705291088649989E-2
3.47190034653459918323521E-2
-4.19092794688058316272898E-3
1.33314876190096957161626E-3
-4.14392238575808921105385E-4
8.11834989357368335391171E-5
0.00000000000000000000000E+0

ZEILE 14

4.01761539795381602180426E-3
1.81279114903283278941199E-2
3.77993123458910602508975E-2
4.65482056490285263627635E-2
6.54586566260357838529087E-2
6.90184403518489347288783E-2
8.49500252634093352971551E-2
8.23817587565168754119263E-2
9.40270445286965333476864E-2
8.46749715152805350896924E-2
9.19155723609734641732096E-2
7.48378236859824690946612E-2
8.11481514955242074556577E-2
2.94186463551371999024504E-2
-3.13562390126077291090190E-3
7.95039596566042745644816E-4
-1.43886877425693685258942E-4
0.00000000000000000000000E+0

ZEILE 15

2.42836004622512543990079E-3
2.20638766206657761026436E-2
3.25481983732154845397943E-2
5.28023326391606475481887E-2

```
    6.0816540248751188053C3C0E-2
    7.09427084652562541153252E-2
    7.65391210967111197650035E-2
    8.31493842425231511786874E-2
    8.3318C324457399511277131E-2
    8.61160996200432477666196E-2
    8.02199585619537787113108E-2
    7.97887796902563256888266E-2
    6.69862533272123089588614E-2
    6.67178161535542619431286E-2
    2.52355110265717913507035E-2
   -3.37408C81643801745360587E-3
    1.12355255337958189193711E-3
   -2.69400103910052661397045E-4

ZEILE 16

    1.08320455632495769452305E-2
    2.47730C33776034525184695E-2
    3.83787801879283561969188E-2
    5.02062246337595696324552E-2
    6.1566684859078024974100E-2
    6.98134C0837911C762744441E-2
    7.79944462887975426523204E-2
    8.1325501416689129836281 3E-2
    8.55644C23075004969217677E-2
    8.33714567675723427881215E-2
    8.358240117335234316710 62E-2
    7.55918701389092638707851E-2
    7.24947473544613653879636E-2
    5.84123450735605272160172E-2
    5.49274611797985221972443E-2
    1.91064325637222641322824E-2
   -2.16364444464215918926414E-3
    4.33690342696396557476604E-4

ZEILE 17

    1.07892035277474568113675E-2
    2.49231507368886759C05707E-2
    3.80833159673252873185029E-2
    5.06774152667646707841638E-2
    6.09828831C52691067C38517E-2
    7.07151181288686254110519E-2
    7.6839395428568507357639CE-2
    8.27611391251093216237965E-2
    8.38165528403948342740519E-2
    8.54716443134733450267498E-2
    8.10736335C861C9081963437E-2
    7.85974259770695610711394E-2
    6.88337361726591525457933E-2
    6.30753505168504631193238E-2
    4.81897242455625767990759E-2
    4.15390163320558229184168E-2
    1.24286372237424491133337E-2
   -8.85367631261887384574452E-4

ZEILE 18

    1.0820354532948C619727389E-2
    2.48140289910914391662942E-2
    3.82978568787129012513202E-2
    5.03357441C59459949928149E-2
    6.14705167662485433494013E-2
    7.00642488540189229393999E-2
```

```
    5.83921949368529604006749E-2
    7.67594582016C60937017833E-2
    7.663907C8416524217860822E-2
    9.1187687839847387C054764E-2
    8.4763713542075C685394608E-2
    9.44199874184439927301498E-2
    8.15374517454C53835551356E-2
    8.63315746625C88982618068E-2
    6.67878883184836328111416E-2
    6.96989337293550253530263E-2
    2.312C081C0127112543 52072E-2
   -1.981C1313041965469043091E-3
    2.96970822695738336781657E-4
    0.000C00CC0C0C000C0000000E+0

ZEILE 16

    4.262C42149925798076123C2E-3
    1.75258079659602412712528E-2
    3.85921C576153169514C7321E-2
    4.56247241520235316196738E-2
    6.64674553856939531220456E-2
    6.7966889C18230013908311 8E-2
    8.59950121177576000910473E-2
    8.13887692975765806982606E-2
    9.48939197192C28700692905E-2
    8.40390659814C991365622C2E-2
    9.213425862231208068C8962E-2
    7.54585367739411404868072E-2
    7.82478418071539982925567E-2
    5.63737214230123973377470E-2
    5.61541854171365516244736E-2
    1.60253047933038410864070E-2
   -8.290477124C52702429181 46E-4
    C.000C00CC0C0C0C000C00C0E+0

ZEILE 17

    1.94648846078255744639994E-3
    2.3253762598C1734602223034F-2
    3.09720777212C58807635114E-2
    5.46572037419828546075048E-2
    5.63333031725C59171661994E-2
    7.89585632598486869114018E-2
    7.436C6762772280871007616E-2
    9.34824872420035710645588E-2
    8.25222344567556523513476E-2
    9.6524C356564983345562973E-2
    7.96846866847134400841035E-2
    8.775C8592300917349844498E-2
    6.617747942455875978C4412E-2
    6.831326120C95121040180C0E-2
    4.36289410078C17268513179E-2
    4.11280479143734557688601E-2
    8.358670274623941371C011CE-3
    C.0C0C00CC0C0C00000C00000E+0

ZEILE 18

    6.53594771241830C65359477E-3
    1.19037622658520609452727E-2
    4.606196314C5407648888468E-2
    3.6788415199238C669511748E-2
    7.6351613C269683738344357E-2
    5.72916613273324536761626E-2
```

7.76701449206699142484626E-2
8.173358648665287C1567624E-2
8.50592324360416825371185E-2
8.39924799613287110156013E-2
8.28163422073820923572853E-2
7.655357956133873375772886E-2
7.12366752516493553C5772CE-2
6.02116953913933848105971E-2
5.172906147552874333396450E-2
3.66795C648550730C3472041E-2
2.68935265223860354836390E-2
5.40400338162082757833568E-3

GAMMA

1.08080C676324165515566714E-2
2.48572744474848982266675E-2
3.82128651274445282645648E-2
5.04710220531435827814C70E-2
6.12776C335573923C0922596E-2
7.03214573353253256C23657E-2
7.7342337563132622462709CE-2
8.21382418729163614930269E-2
8.45711914815717959203282E-2
8.45711914815717959203282E-2
8.21382418729163614930269E-2
7.7342337563132622462709CE-2
7.03214573353253256C23657E-2
6.12776C335573923C0922596E-2
5.04710220531435827814C70E-2
3.82128651274445282645648E-2
2.48572744474848982266675E-2
1.0808CC676324165515566714E-2

GAMMA

9.72365055065415216645581E-2
6.98C5240587856085419260C4E-2
1.06610843190821288461477E-1
7.24C50202488817938323420E-2
1.034568689C160C140591354E-1
6.47C30117310609675997686E-2
8.812C30C246469814306840 6E-2
4.78589201059987264289606E-2
6.22278565182647354432488E-2
2.45752037450929CC11C3761E-2
2.8C66866545C62CC51923265E-2
C.00CC000C0C0C0C0000C00C0E+0

GAMMA

3.26757385620915032679739E-3
1.99853144054570330687996E-2
3.53185834428168324996115E-2
4.95C8135858751401197211 8E-2
6.21052665664835501316982E-2
7.270598C7869C113399150 16E-2
8.096975861880124463216 34E-2
8.66310547447281130053072E-2
8.95079317198515411469094E-2
8.95079317198515411469094E-2
8.66310547447281130053072E-2
8.096975861880124463216 34E-2
7.270598078690113399150 16E-2
6.21052665664835501316982E-2
4.95C8135858751401197211 8E-2
3.53185834428168324996115E-2
1.99853144054570330687996E-2
3.26757385620915032679739E-3

```
GAUSS        N = 19                        LCBATTC      N = 19

ALPHA                                      ALPHA

 3.79657807820779840549116E-3              C.CCCCC00C0C0CCC0C000C00C0E+0
 1.989592393258498457361C6E-2              1.069411688895999524236830E-2
 4.8422048192591C491786695E-2              3.55492359237C687814102599E-2
 8.86426717314285875105388E-2              7.37697111016769345457022CE-2
 1.39516911332385310691452E-1              1.24252898723693492918181E-1
 1.997273476691594882651811E-1             1.85545931367389751116584E-1
 2.677146293120195527141366E-1             2.55885357159643248611045E-1
 3.41717950018185084C04941E-1              3.33247576087756948507500E-1
 4.198206771798873120C65952E-1             4.15406988295359214312423E-1
 5.00000C00C000000000C00C00E-1             5.0CC000C0C0C0C0C0C00C00000E-1
 5.8C179322820112687934C48E-1              5.845930117046407856875777E-1
 6.58282C49981814915995059E-1              6.667524239122493051492500E-1
 7.3228537068798C472858634E-1              7.441146428403567751388955E-1
 8.0C27265233084C511734819E-1              8.14454068632610248883416E-1
 8.6C483C886676146893C8548E-1              8.757471012763065070818l9E-1
 9.113573282685714124894461E-1             9.26230288898323046542978E-1
 9.51577951807C4C89508213390E-1            9.6445C764076293121858970E-1
 9.8C104C76C674150154263891E-1             9.89305883111040047576317E-1
 9.962034219217922C15945C9E-1              1.0CCC0CCC0C0C0C000000C00CCE+0

BETA                                       BETA

ZEILE 01                                   ZEILE C1

 4.86544705743161925907801E-3              C.CCCCC0CC0C0CCCCC0CC0000E+0
-1.83554480674766732467075E-3              0.00CC000C0C0C000000C00000E+C
 1.38529125687051492446653E-3              C.C0CCC0CC0C0C0CC0000C00C0E+0
-1.14031271851214978782844E-3              C.00CCCC0CC0C0C0C0C0CC00C0E+0
 9.70505999458107952475645E-4              C.000C00CC0C0CCC0C0C0CC00C0E+0
-8.38181586071198950787274E-4              0.000C000C000C0C0C000C00CCE+0
 7.27742862106657534300163E-4              C.000CCCCC0C0CCC00C0CCC00CE+C
-6.31501736301838369038394E-4              0.0CCC0CCC0C0C0C0CCC0CC00CCE+C
 5.45274918899326019377763E-4              C.C0CC0CCC0C0C0CCC0C0CC00C0E+C
-4.66660818319698124677243E-4              0.00CC000C0C0C0000000C00000E+0
 3.94258026148556438517525E-4              C.00CCCC0CC0C0CCC0C0C0CC00CE+0
-3.27273334153626115612214E-4              0.00CCCC0CC0C0CCCCC0CC00CCE+0
 2.65311942009520745809058E-4              C.0CCC0CCC0C0C0CCCC0CC00C0E+0
-2.08262866094126350900113E-4              C.000C000C0C0C000000C00CCE+0
 1.56241571946943682106697E-4              C.C0CC00CC0C0CC0C0C000C00CCE+0
-1.09576646685601016359052E-4              C.00CCCCCC0C0C0CCCCC0CC00CE+0
 6.98485006242661112066184E-5              C.CC0C0CCC0C0C0CCCC0CC00C0E+0
-3.50323640727266935460077E-5             C.000C000C0C0C0C0000C00C00E+0
 1.00027620054644074722499E-5              C.C0CC00CC0C0CCCC0000C00CCE+0

ZEILE 02                                   ZEILE C2

 1.05280290180685607760488E-2              4.10585984542455234036983E-3
 1.12035566914249000832095E-2              7.48635295924505520273944CE-3
-3.00493553325950850829997E-3             -1.31627255859940657824318E-3
 2.06777252998293875675303E-3              6.64172455197250448090878E-4
-1.63678543872617159492244E-3             -4.06501266230416385071896E-4
 1.36242166275372181508315E-3              2.71016624488042816066716E-4
-1.15790573991607511863902E-3             -1.88773568899988348858 7174E-4
 9.91343819722372688269319E-4              1.34366770084658054259383E-4
-8.48307605048968523988892E-4             -9.63427432870680287113118E-5
 7.21448670620363344272186E-4              6.88191413568943598326 89E-5
-6.06753105869476511788973E-4             -4.84759651531184362703782E-5
 5.01978963966365379283607E-4              3.33170689547132086189747E-5
-4.05919469462209002459508E-4             -2.20403937220142087036213E-5
 3.18031957921850120914427E-4              1.37765180276890997144134E-5
-2.38251090856112548266722E-4             -7.90300558733792734150447E-6
```

```
   1.66915289696360C7C5942C13E-4        3.95C82185479C1274811400C2E-6
  -1.04795772759201384136979E-4        -1.5415359C7656C6961879523E-6
   5.32968C94680019531383176E-5         3.396885289159882518281B3E-7
  -1.52137251427278342643359E-5         0.0C0C000C0C0C0C000000000E+0

ZEILE 03                             ZEILE C3

   9.34041799598805933681957E-3         2.03581245663393944109591E-3
   2.43575C4493636C9774496533E-2        2.0837331377833799586781CE-2
   1.72611356844103066451771E-2         1.43834846365638669614619E-2
  -4.03921496776535280943978E-3        -2.5C46384C14225C3533171C8E-3
   2.60857600665386443948508E-3         1.269691673988624713C5452E-3
  -1.9900743795559970914443C2E-3       -7.819679C4046C91125152917E-4
   1.61472C99416C6C5499958C0E-3         5.22457417947553806281792E-4
  -1.3445286234758463648673CE-3        -3.628C846791852985C1C5308E-4
   1.12998C79976983400585789E-3         2.56049336647224314539695E-4
  -9.49224690555192316337649E-4        -1.8C946925183916158872140E-4
   7.913532044235015C6954C23E-4         1.2650844766754693553 9768E-4
  -6.50526557325371888C23523E-4        -8.6466185338627242C115772E-5
   5.23544333866827863940327E-4         5.697C2054824889293657655E-5
  -4.08728C6392152591CC191681E-4       -3.55C33068939831875137419E-5
   3.05377397248611984360915E-4         2.03217968694C255229966335E-5
  -2.13520569491591585579366E-4        -1.0142933415476C9C28964C7E-5
   1.33867616447118517250878E-4         3.95324279813386330842270E-6
  -6.8C19C11181853431478C385E-5        -8.7C544506575775579143143E-7
   1.94065292629300395728672E-5         C.00CCCCCC000C0C0C0C00CCE+0

ZEILE 04                             ZEILE C4

   9.97346182C60636967153667E-3         3.672953825984C92711426CCE-3
   2.13942638347215776C66445E-2         1.57770358264659690990944E-2
   3.75705354912105625733761E-2         3.59377027919631808672318E-2
   2.28725C54C56124998661155E-2         2.082C95C97C7C820386C54C2E-2
  -4.95258247C6758C742925078E-3        -3.56675C830C69548101 56197E-3
   3.05371344C98788953745625E-3         1.79166C26524282631276654E-3
  -2.25634431906584074567781E-3        -1.0952108C468398808247247E-3
   1.785506452750949C9668724E-3         7.2483603E44612C8669C1378E-4
  -1.45459554626387743340107E-3        -4.9681694C0233825449C4777E-4
   1.19712590480875164661802E-3         3.444466976945 7C412519987E-4
  -9.83966164947909935563405E-4        -2.376733495517C63855827403E-4
   8.0C681342952991577557697E-4         1.6C932496384412991574670E-4
  -6.39603481550132572584207E-4        -1.0531479904166951739 2078E-4
   4.96578633173907670C93974E-4         6.5303646C6252191756245277E-5
  -3.69489897667537602326C32E-4        -3.7242301158893716360 6029E-5
   2.57567979657715011850845E-4         1.85392044816636649640455E-5
  -1.61137C27C13338933206850CE-4       -7.2126 74C10CC2041694148 79E-6
   8.17595133377873159546854E-5         1.586563689938612654C1229E-6
  -2.33091812C79694113424960E-5         0.0CCC000C000C0C0000000000E+0

ZEILE 05                             ZEILE C5

   9.56159815598169911751464E-3         2.2567762C845824923247962E-3
   2.3C645793616646715S73763E-2         1.967688136C05C2146645044E-2
   3.2907918470674325864 5048E-2        2.87779C33131C52316748799E-2
   4.98063669191027458C61129E-2         5.C0C11753205661C367892 58E-2
   2.78916613868334986790C60E-2         2.6616847C652326937662655E-2
  -5.73050922C70669583C42430E-3        -4.479608449593346274165C5E-3
   3.4C672254663269816818C29E-3         2.2178253C3037517188278 30E-3
  -2.44682C04C6341853687 9C39E-3       -1.336628859C2423827131191E-3
   1.88970848373681692599155E-3         8.70236637472880992859836E-4
  -1.50475397817638579C69518E-3        -5.84543853152651953462434E-4
   1.2100284366311374C972255E-3         3.94594722356383272841464E-4
  -9.6974C6778572254344 12356E-4       -2.63612CCC114244154623934E-4
   7.66220407720796297440544E-4         1.7C73591C647133040134259E-4
  -5.9C140697923735873849944E-4        -1.05C8041741111C0339552734E-4
```

    4.36530379109084910318189E-4
   -3.02999508150826993741711E-4
    1.88986574126562979234656E-4
   -9.57009898471063748C90166E-5
    2.72549234674345987725659E-5

5.96C1955C053649996131502E-5
-2.95549271991554332927975E-5
1.14680141880607332725363E-5
-2.51857993160389946464874E-6
C.CCCC000C000C0C0000C0000E+0

ZEILE 06

    9.85758934198054154852585E-3
    2.19329C76019869911646648E-2
    3.55894523148721523797367E-2
    4.35751C23809551958635775E-2
    6.07488685201677098960419E-2
    3.2188490634834C569188789E-2
   -6.35600932535513060399420E-3
    3.66399299539100851315243E-3
   -2.56361C694931266C0C46047E-3
    1.93252627147379499477287E-3
   -1.50200111202251631336263E-3
    1.17674453912758185185876E-3
   -9.15214222029220049C69839E-4
    6.96979C966712590067396363E-4
   -5.11363C428904170609517253E-4
    3.52858964417870547327294E-4
   -2.19181155445073088439291E-4
    1.10694506C17202541937268E-4
   -3.14799460622539464461351E-5

ZEILE C6

3.53879893C05373499446359E-3
1.63022726131833711055221E-2
3.40897535688727438729251E-2
4.095823C4385721066310225E-2
6.26559818764592936123302E-2
3.16048318080941269800497E-2
-5.22CC903C0503C79374997C2E-3
2.53861C29472C97412241187E-3
-1.50126542371376611772086E-3
9.561C9396549736253476933E-4
-6.251C0633240354853366924E-4
4.0814510885867C443705934E-4
-2.60368632113757678768833E-4
1.58530162940564850311781E-4
-8.9229497454424698066538CE-5
4.40C656533338641506678C4E-5
-1.70130265560406145485509E-5
3.72811733246517276605744E-6
0.000C000C0C0C000000C0000E+0

ZEILE 07

    9.63157776260110689119306E-3
    2.27709870919244294550775E-2
    3.37404871259246129161453E-2
    4.71925794555634579818474E-2
    5.31181141891813719192373E-2
    7.01155712104143002190671E-2
    3.56516755434016529439365E-2
   -6.81426170371584083439356E-3
    3.82135686925919972C90946E-3
   -2.6C698491453269077641001E-3
    1.91667510956286338352845E-3
   -1.45056528657268689808644E-3
    1.1C249829299115320461742E-3
   -8.2631C796495138983429815E-4
    5.99443359508114041C14380E-4
   -4.10340716564485636C99131E-4
    2.53479525C41623793841774E-4
   -1.27560394257954169615833E-4
    3.62075887844379689855777E-5

ZEILE C7

2.34356179527890184605832E-3
1.93781546C04499666817794E-2
2.95570071960185285246691E-2
4.74895832201806657075373E-2
5.19356426941072078773567E-2
7.3546153C711965742565561E-2
3.564149734489115400C9582E-2
-5.76871308521672864454659E-3
2.747C5652046330160049905E-3
-1.58684439723480227190110E-3
9.826784378495102369C5699E-4
-6.20360704151355745986907E-4
3.870C82CC940126637C60362E-4
-2.32041884215737783873539E-4
1.292C79556C9529894641833E-4
-6.32480546925121424746511E-5
2.432S78556C75832232689976E-5
-5.31553739184C387463C3104E-6
0.00CC0C0C0C0C000000CC000E+0

ZEILE 08

    9.81134493294041621580677E-3
    2.21163C06725181388587007E-2
    3.512994806679737C57757212E-2
    4.46756892410635945627877E-2
    5.75702611567001871203981E-2
    6.12889C22C12218397163587E-2
    7.76644466298551999722355E-2
    3.81915105164649166547139E-2
   -7.09408254C12312510211529E-3
    3.87600449C07548255132986E-3
   -2.5775351C563565769685220E-3
    1.84461966C3208C319426979E-3
   -1.35409891497CC10C4353167E-3

ZEILE C8

3.482474287C1471471542609E-3
1.64849560902254588794164E-2
3.3673C6935686C7471665121E-2
4.1982427C458466541866586E-2
5.9541834C177574446145362E-2
6.13827474235189756199791E-2
8.23618073465182837399214E-2
3.861C7427C69217432435158E-2
-6.111C55325852C2747872281E-3
2.8392873C898C06489450763E-3
-1.5936209719689856141315CE-3
9.5248592793683787598953 9E-4
-5.743S42C531CC08788582589E-4

9.91781421187064326836877E-4
-7.08211805557454164148657E-4
4.79519874893927563833320E-4
-2.94013696249711114421925E-4
1.47256542217028701895081E-4
-4.16933255349279288764709E-5

ZEILE 09

9.66413873832507379331873E-3
2.26462561517603135122631E-2
3.40314896158888346260871E-2
4.65821621368454687102127E-2
5.44570978852441548997887E-2
6.64533317565533623836913E-2
6.78753139361333325623185E-2
8.32002997436859961491C290E-2
3.97422108484885869124891E-2
-7.18858310974136194613179E-3
3.82719456628678568296938E-3
-2.4769623277559952C6945404E-3
1.71939803220201929959888E-3
-1.21651885226424860769786E-3
8.49215549472601014472774E-4
-5.66293896243237678234993E-4
3.43706470883625450C10028E-4
-1.71047173123367829133559E-4
4.82671C724539985835549430E-5

ZEILE 10

9.78728531690562912606580CE-3
2.22063665897289042832766E-2
3.49292C694108327C6553474E-2
4.50649608342229215405990CE-2
5.68257C53584187432965780CE-2
6.28320353498426068380980CE-2
7.36117227C663071298795040E-2
7.27064888692157371929735CE-2
8.65799148278397743541826E-2
4.02636124621959239947909CE-2
-7.095493130C8626C052952C442E-3
3.67653216371409619645416E-3
-2.30837161982740710C077310E-3
1.54494591982550C699565985E-3
-1.0423825847517459385660C5E-3
6.8C049977C02078191640635E-4
-4.06935572262657364993271E-4
2.00746793120895883142481E-4
-5.63912C20423906079C97804E-5

ZEILE 11

9.682627007617838659801C8E-3
2.25781605559731679955526E-2
3.41785648579369878403441E-2
4.63113C47C7468237410466CE-2
5.49341C72241943963435392E-2
6.55935C01219323624454558E-2
6.95839530546C12865882742E-2
7.88599833606858254588817E-2
7.56572271306903881420C088E-2
8.77158C8C341332099357136E-2
3.97422108484885869124891E-2
-6.81727871C75612810160125E-3

3.367891469785C47255891C2E-4
-1.847120913858358216266C2E-4
8.948851135926789C6666677E-5
-3.419C2726741651837787155E-5
7.439785C23C2C18487361466E-6
0.000C00CC0CCC0CC000C00CCE+0

ZEILE C9

2.377722030818755C1223879E-3
1.92686695954762936C3564785E-2
2.979573338746549C9332440E-2
4.69627602857220C054C6997E-2
5.318C403C6262656542121 94E-2
6.99166038542165167719697E-2
6.90218681846C65217626484E-2
8.88514C582909872632 45341E-2
4.04271578276921495660723E-2
-6.238519C9562213420C6790383E-3
2.814872600206430092C9508E-3
-1.52451769588036655898638E-3
8.70411519050C978538367266E-4
-4.93447398673253215341306E-4
2.64770061101381936753399E-4
-1.264303836C9772135731491E-4
4.78545487170864275756543E-5
-1.035626920801539351C3284E-5
0.000C000C000C0C0000000000E+0

ZEILE 10

3.466288248697916666667E-3
1.654C515C99C687136629431E-2
3.35437839439843509330072E-2
4.226807916506C0C697739687E-2
5.892C51899867393554 99251E-2
6.281C62479963974C8381585E-2
7.832433C5023283347468142E-2
7.46291272C9013325261 5364E-2
9.28299464680497850886438E-2
4.103849151711132414097062E-2
-6.14878324119897318144317E-3
2.677C991C745466284440012E-3
-1.38533632014654888934046E-3
7.43885658615717969968482E-4
-3.861511839C8353363005785E-4
1.80592898725447251649611E-4
-6.74625232175906846186113E-5
1.4489652C46224121020016CE-5
C.000CC00C0C0C0000000C00CCE+0

ZEILE 11

2.377722C3C8187550C1223879E-3
1.9258471521645695836C645E-2
2.9844735C225C90526026993E-2
4.68249088033227284312998E-2
5.3499638528889809584676E-2
6.92249692378395357521286E-2
7.05846734196831351323847E-2
8.452985840119C8702273389E-2
7.8039443C55177869040049 6E-2
9.41847144426591567CC1163E-2
4.04271578276921495660723E-2
-5.846C6512378822265618154E-3

3.42803715C66997332555459E-3
-2.07635C48688524854593342E-3
1.32622488842284245822329E-3
-8.37151325620468977581688E-4
4.9078175293177866426701317E-4
-2.39142768910513345844012E-4
6.67553765381647248372875E-5

ZEILE 12

9.77258744C39816644703249E-3
2.22598568406327714645240E-2
3.48162850650703244C47761E-2
4.5265490936331C721683977E-2
5.64915345792244515221606E-2
6.33851598484810495109210E-2
7.265745C0017733159314047E-2
7.45384C1372609C3C1951579E-2
8.2C61956802612C315218304E-2
7.665122C4343163654382520E-2
8.65785C42371002989270935E-2
3.81915105164649166947139E-2
-6.36109554305189408436244E-3
3.08807906844627412139915E-3
-1.78693838303318976238614E-3
1.06932157C1614C516944332E-3
-6.0767697976757285367109E-4
2.9C812710331661307718372E-4
-8.04508180771776976507462E-5

ZEILE 13

9.6946865260788C054917044E-3
2.25346737771077543360349E-2
3.42687918437789894965124E-2
4.6155315277894853683302E-2
5.51838794141588833169976E-2
6.52032920661632528211877E-2
7.0200852793812152632556E-2
7.78335863195025202875141E-2
7.5677465874143104414498E-2
8.3134209838924538765918E-2
7.56630648277179741C40688E-2
8.3197282736645674223821E-2
3.5651675534016529439365E-2
-5.73858594C7461863813C0919E-3
2.6652085844856254387746BE-3
-1.44756864433845824961637E-3
7.817842428960C0374208845E-4
-3.63873709C746292886584336-4
9.9316352262131626962963E-5

ZEILE 14

9.762374C6C92549246460216E-3
2.22964188768325976244818E-2
3.47414525242656863787934E-2
4.539215184680712918490C38E-2
5.62946858165574144189292E-2
6.368C0C2172996854770361E-2
7.22185653C88325259369429E-2
7.520627649380225149575689E-2
8.09864228C89996901383408E-2
7.85946986529180529948C89E-2
8.2048032391908439825438E-2

2.43321675412759190810366E-3
-1.185C82C1505C234423518236E-3
5.83330851363797474001634E-4
-2.64281866C9C442245131456E-4
9.68561837606480970308947E-5
-2.058C695191679913924252E-5
C.0000000C0CCC0C000000C0000E+0

ZEILE 12

3.48247428701471471542609E-3
1.65C752C7418179837255880E-2
3.35637986869936071735116E-2
4.22959926069548462113169E-2
5.8785974512061C810884311E-2
6.314C743628889217271118E-2
7.7594929375703997552242E-2
7.62689994859C664861104206E-2
8.83614243834120113586441E-2
7.915C42561359444944C8655E-2
9.287885873729505322323546E-2
3.8610742706921743243515BE-2
-5.34127217612429497626148E-3
2.09478535234874623272177E-3
-9.365715970821993477317C2E-4
4.03C54072467459915324901E-4
-1.434609425413C51767791776-4
3.00C44366155450310452229E-5
0.0000000C0CCC0C0000000000E+0

ZEILE 13

2.34356179527890184605832E-3
1.93379431396976565171137E-2
2.97557988971302830320520E-2
4.689C8940973528935829586-2
5.348482C218262450428252E-2
6.912C02322769124331335426-2
7.089598648884218136485606-2
8.38C45449990330340549295E-2
7.96887852C110836711C365E-2
8.97172211666540909558457E-2
7.79244071574970453474431E-2
8.895289738CC9840695348926-2
3.564149734489115400C9582E-2
-4.652171727210687270753%E-3
1.67838547976477244553806E-3
-6.577418651378884491716145E-4
2.23121486672512830651903E-4
-4.552699814415055212870466-5
C.0000000C0C0C0C000000000C0E+0

ZEILE 14

3.538798930C5373499446359E-3
1.637188536276CC4327974C9E-2
3.3732051C581625316766110E-2
4.212158C8781164355373324E-2
5.894133220596149328C7739E-2
6.305113345324768910978760-2
7.75646524854288C84C70728E-2
7.651845646758675691942810-2
8.7694397C582595794631833E-2
8.0725918474095100C3355365E-2
8.857C5618487329907275372E-2

7.27190280375388248762753E-2
7.76593604121584364518673E-2
3.21884906348340569188789E-2
-4.96554574650071253802998E-3
2.16990843026980386865353E-3
-1.06718094605153908938254E-3
4.742057808628090017542332E-4
-1.26695227117303030369825E-4

ZEILE 15

9.70363919139580391938345E-3
2.25028143726969065412281E-2
3.43332843946940503111195E-2
4.60480103193758267259728E-2
5.53467923945579124476938E-2
6.49671219675918497116078E-2
7.05371306790825095904325E-2
7.73527617107870588238401E-2
7.82743932603460364152557E-2
8.20319789025682337802770E-2
7.75947132132403568949867E-2
7.88298410735640187582181E-2
6.78966285401706077196928E-2
7.01074904903748096681822E-2
2.78916613868334986790060E-2
-4.06135610787774607388186E-3
1.61435289814628742584935E-3
-6.57465978814871430957245E-4
1.69295958881539400641384E-4

ZEILE 16

9.75420329607120792949852E-3
2.23253538695120128504644E-2
3.46834083958339522235610E-2
4.54874428315672847203802E-2
5.61528126713345349603380E-2
6.38804026364942061676639E-2
7.19429545683534384604573E-2
7.55823396899768418118700E-2
8.04683878619250837605416E-2
7.93300990195830963429638E-2
8.09390172432410512583793E-2
7.45975145801788842927405E-2
7.35596954058691466335509E-2
6.13232678286802243030016E-2
6.07359052443428047872627E-2
2.28725054056124998661155E-2
-3.04826412238994928302192E-3
1.01284954812822255977463E-3
-2.42567705743131153380654E-4

ZEILE 17

9.71148758560030847858315E-3
2.24751323940316535978971E-2
3.43884037523734947731033E-2
4.59585313807165913178104E-2
5.54779453764183853736510E-2
6.47857093335896429379496E-2
7.07798067529364780239327E-2
7.70335475902552052774512E-2
7.86930684925536723180242E-2
8.14764496149470403059195E-2

7.43879912817244532407222E-2
8.25243741538181301033010E-2
3.16048318080941269800497E-2
-3.80387916795222502962286E-3
1.20735704877715321376 69E-3
-3.74715537266252810862672E-4
7.33408669091373469848070E-5
0.00000000000000000000000E+0

ZEILE 15

2.25677620845824923247962E-3
1.95498535389341176020738E-2
2.94829488151844069424323E-2
4.72002107084252774811811E-2
5.31740921754600225329179E-2
6.94117973053947648128955E-2
7.06750559025926307978725E-2
8.39021563315928204284843E-2
7.98119254326665739813059E-2
8.91828416606532478923221E-2
7.93366835175500762612875E-2
8.49751731905028145445172 2E-2
6.86279665102022466497285E-2
7.37863253375770107475078E-2
2.66168470652326937662655E-2
-2.83051953933999816310 3744E-3
7.16513516267236000824907E-4
-1.29546401047700961895284E-4
0.00000000000000000000000E+0

ZEILE 16

3.67293820598420927114260CE-3
1.60421664016406260813817E-2
3.41638586885689897126735E-2
4.16233627369347440561164E-2
5.94772049384931924162005E-2
6.25064189495275518125147E-2
7.80853573877294275812923E-2
7.60633915337666616640373E-2
8.00249873358493152961407E-2
8.06183431854184018129518E-2
8.82841309526355633985218 1E-2
7.54954879591704958288710 6E-2
7.90752533925717461463727E-2
6.078006233034724741731006E-2
6.30067134674038468014019E-2
2.08200950570082003860540 2E-2
-1.78100567774041931962524 2E-3
2.66717138864595594941386E-4
0.00000000000000000000000E+0

ZEILE 17

2.03581245663393944109591E-3
2.00948693542476386600573 4E-2
2.87630160303296000596154E-2
4.80434500100941339457097 5E-2
5.22450083430257052876142E-2
7.03930812625597892463114E-2
6.96756645568859537549009 E-2
8.48818512094192784548450CE-2
7.88976429611342846523564E-2
8.99706129300977549186387E-2

```
7.83544408972073398191203E-2
7.77275496564056797542950E-2
6.96886300926427003879151E-2
6.6367055649228C847522CC9E-2
5.31747467670131329185269E-2
4.97842257789903525416708E-2
1.72611356844103066451771E-2
-1.95039111C786297582234200E-3
3.90476118875179181336450E-4

ZEILE 18

9.74610784C00596635242036E-3
2.23538165733817982132808E-2
3.46270671415798146744911E-2
4.55780955215286390262890E-2
5.6C215738645231099C62787E-2
6.40589493117462637168435E-2
7.17092705562655149128696E-2
7.58810420689634680101441E-2
8.0C911748C284665C3367672E-2
7.98057762537714846453096E-2
8.033272930202614234896710E-2
7.53916772132074607C11584E-2
7.24612608267193810C65121E-2
6.3C145596C69143920226747E-2
5.74201C82123931689529344E-2
4.3677238281242C6C9754780E-2
3.75272C69C20801217986541E-2
1.12035566914249000832C95E-2
-7.9713490320532225789280C2E-4

ZEILE 19

9.72089135285777411C68377E-3
2.24421456892570728357737E-2
3.445342286819634711791475E-2
4.585458745791C60C7485901E-2
5.56270812C17200536759C53E-2
6.45852441357622401886580E-2
7.1C38C391447937851420640E-2
7.671029436708345959C50399E-2
7.90901636708286173864607E-2
8.099388574271154811425S1E-2
7.89391467780778478C560C5E-2
7.70145227692316717584661E-2
7.05756C822469664483535729E-2
6.52151628557393127886362E-2
5.48128167742088893655363E-2
4.68853235297371495200595E-2
3.31369801119500983658876E-2
2.42426581895974674910898E-2
4.86544705743161925907801E-3

GAMMA

9.73089411486323851815602E-3
2.24071133828498001664191E-2
3.45222713688206132903541E-2
4.5745C108112249997322310E-2
5.57833227736669973580120E-2
6.43769812696681138377579E-2
7.13033510868033058878731E-2
7.6383C21032929833894277E-2
7.94844216969771738249782E-2
```

```
7.876E1C2C721546072733564E-2
8.515E1934919991810629388E-2
6.921C17734412353049857 49E-2
7.11395458597118971839506E-2
5.09956384659C64831268563E-2
5.05379455689483668999789E-2
1.43834846365638669614619E-2
-7.4333256E09273670178672CE-4
C.0CCCC00C0C0CC0C000000C0E+0

ZEILE 18

4.10585984542455234036983E-3
1.49723662963721880665370E-2
3.558343336271627669517855E-2
3.99478079699617816268224E-2
6.13451254062216995707852E-2
6.0499054545099459084265C8E-2
8.01830274446234543980255E-2
7.39244756568574501639157E-2
9.01531245971371959946088E-2
7.85597916869609870887512E-2
9.02009873752711455870497E-2
7.38234295557275005318 2753E-2
8.0349760619813236779091E-2
6.0241814438634237126 2985E-2
6.17437236668647780285156E-2
3.92875863366193213062126E-2
3.68981646499854517466C4099E-2
7.486352992455C520273 9440E-3
0.000C0000C000C0C000C00000E+0

ZEILE 19

C.000C000C0C0C0C0C00C0000E+0
2.513C59448544218668675C6E-2
2.2C6475325659C9537831471E-2
5.598120C9893C490786789C2E-2
4.3343470S7393466847C1434E-2
8.00395101011697701876875E-2
5.9476749C2402948907348C1E-2
9.54537426637215C61143541E-2
6.8126909970574612416138E-2
1.00766137017498113149866E-1
6.8126909970574612416138E-2
9.54537426637215C61143541E-2
5.9476749024029489073 4801E-2
8.00395101011697701876875E-2
4.3343470S7393466847C1434E-2
5.598120C9893C49C786789C2E-2
2.2C6475325659C9537831471E-2
2.513C59448544218668675C6E-2
C.00CCC00C000C0CCC00C00CCE+0

GAMMA

2.92395766C8187134502923S8E-3
1.78966825930882385577128E-2
3.16909458613148684258478E-2
4.45658785496035422240044E-2
5.615767C7386525220354550E-2
6.61326402243753884630234E-2
7.42069712979694425048 4C3E-2
8.0145462C2203062098995 55E-2
8.37782922635714336350686E-2
```

```
8.05272249243918479895818E-2        8.50009596424136173223364E-2
7.94844216969771738249782E-2        8.37782922635714336350686E-2
7.63830210329298333894277E-2        8.01454620220306209899555E-2
7.13033510868033058878731E-2        7.42069712979694425048403E-2
6.43769812696681138377579E-2        6.61336402243753884630234E-2
5.57833227736669973580120E-2        5.61576707386525220354550E-2
4.57450108112249997322310E-2        4.45658785496035422240044E-2
3.45222713688206132903541E-2        3.16909458813148684258478E-2
2.24071133828498001664191E-2        1.78966825930882385577128E-2
9.73089411486323851815602E-3        2.92397660818713450292398E-3
```

GAUSS   N = 20

ALPHA

```
3.43570C40745253760693881E-3
1.80140363610431043661669E-2
4.38827858743370470661238E-2
8.04415140888905883C27355E-2
1.268340467699246C3692847E-1
1.81973159636742487273582E-1
2.44566499C24586450997818E-1
3.13146955642290219663726E-1
3.86107C744291774609959752E-1
4.61736739433251333122680E-1
5.38263260566748666877320E-1
6.13892925570822539C40248E-1
6.86853C4435770978C336274E-1
7.55433500975413549C02182E-1
8.18026840363257512726418E-1
8.73165953230075396307153E-1
9.19558485911109411697265E-1
9.56117214125662952933876E-1
9.81985963638956895633833E-1
9.96564299592547462393061E-1
```

BETA

ZEILE 01

```
 4.40350178478802957796549E-3
-1.66299605568026076387465E-3
 1.2574521846013C8843716829E-3
-1.0379957748608C2C1461144E-3
 8.86797910771023561574550E-4
-7.69671786748617635610960E-4
 6.72428730241273345773205E-4
-5.88038645167818627344013E-4
 5.12642908654601302660146E-4
-4.43993607637948773C68826E-4
 3.8074486710369520C0118919E-4
-3.22096266024418990703922E-4
 2.67600176430177228160874E-4
-2.17053410240785285186057E-4
 1.70437C18697317193484233E-4
-1.27888212281017017288430E-4
 8.97006031764448132488490E-5
-5.63627726189739179331274E-5
 2.86797C69004217320152816E-5
-8.188952651115760C0960772E-6
```

ZEILE 02

```
 9.52845659576615571146303E-3
 1.01503574500967353327600E-2
-2.72761C291413777C8981867E-3
 1.88220742974783532707016E-3
-1.49556862498304101174487E-3
 1.25101C17842054716788111E-3
-1.06983570326293887386665E-3
 9.23039517885833556936910E-4
-7.97455111C80777642846129E-4
 6.86311C53204751147228998E-4
-5.85854899608311600514608E-4
 4.93931555372248830175277E-4
-4.09311661360798419257183E-4
```

LOBATTO   N = 20

ALPHA

```
C.000C000C0C0C000C00C0000E+0
9.628147553C4291403727678E-3
3.20327505936672821419092E-2
6.656101C9550249293450764E-2
1.123158695523972C64792841E-1
1.68111798854844355076798E-1
2.325C3567984C56869175932E-1
3.038234C8143C45350306763E-1
3.80224147038506752408799E-1
4.59727031380589C81C12028E-1
5.4027296861941C918987972E-1
6.197758529614932475912C1E-1
6.96176591856954649693237E-1
7.67496432015543130824068E-1
8.31888201145155644923202E-1
8.876E413C476C27935207159E-1
9.33438985044975C70654924E-1
9.67967245406332717858091E-1
9.90371852446957085962723E-1
1.CCCC000C0CCCC0C0000000000E+0
```

BETA

ZEILE C1

```
C.000C000C0C0C0C0C00000000E+0
C.000C000C000C000000000000E+0
C.000C000C0C0C0CC0000C00000E+0
0.00CC00CC0C0C0CCC0C00C000CE+0
C.0CCCC00C0C0C0C0C000000000E+0
0.C00C000C0C0000C000000000E+0
C.C0CC000C0C0C0CC000000000E+0
C.000C0CCC0C0C0C0C0C00C000CE+0
C.000C000C000C000C000C000C0E+0
0.000C000C000C0C0000000000E+0
C.000C000C0C0C0CC000000000CE+0
C.00CC00CC0C0C0C0CCC00C00CCE+0
C.00CC00CC0C0C0C00CC0C00000E+0
0.00CC000C0C0C0C0C00000000E+0
C.0C0C000C0C0C0C0C00000000CE+0
0.0CCC00CC0C0C0C000000C00CCE+0
C.0C0C000C000C0C0C00000000E+0
0.000C000C000C000000000000E+0
C.0C0C000C0C0C0C0C00000000E+0
C.000C00CC0C0C0C000000C000CE+0
```

ZEILE C2

```
 3.694E9277964335792C87173E-3
 6.73491323438024846585 47E-3
-1.18877002951815026027905E-3
 6.023269986610885113419 25E-4
-3.70815586152907996512416E-4
 2.49159980422512145014713E-4
-1.75302949028584317276044E-4
 1.263805011387252108C8513E-4
-9.2087238826682712961827CE-5
 6.71328945427566112838052E-5
-4.85381055114174449041007E-5
 3.45020839619C99704383538E-5
-2.38722687644925813210148E-5
```

        3.31348390366397C2C14019E-4
       -2.59795582350063529310200E-4
        1.94716598397878846465594E-4
       -1.36457443890157273515107E-4
        8.56895016411313480510693E-5
       -4.35846306371116392237931E-5
        1.24420387305671762179924E-5

ZEILE 03

        8.45359607220764339615898E-3
        2.20677686460557530998646E-2
        1.56680120835272658923766E-2
       -3.67665271322416637449923E-3
        2.38341724531193582325637E-3
       -1.82721291004157893257335E-3
        1.49175C77627261732837036E-3
       -1.25171463887440942777945E-3
        1.06204471866616624194175E-3
       -9.02774407644631539532240E-4
        7.63861407C66517256910811E-4
       -6.39851C961930828926922l7E-4
        5.27668252177748873835383E-4
       -4.25594C37675328176C84373E-4
        3.32756209292738787895518E-4
       -2.48871C92447112494614552E-4
        1.74132644658205663454365E-4
       -1.09223548149631463587402E-4
        5.55130457355586066446067E-5
       -1.58407823851626032427814E-5

ZEILE 04

        9.02655184491254679C82462E-3
        1.93830479576380386744589E-2
        3.41029834907293091559850E-2
        2.08191853941761871811895E-2
       -4.52491C33097394375881025E-3
        2.8C358103252042554C99794E-3
       -2.08424315918853020766441E-3
        1.66194162981079541404556E-3
       -1.36679369600575862796947E-3
        1.13816C06754731515522178E-3
       -9.4937018745558C743136561E-4
        7.87109749483287319486070E-4
       -6.44201529444660426528241E-4
        5.16635101277429449969916E-4
       -4.02203281894296955426305E-4
        2.99836363601933481939469E-4
       -2.09287487861896544413750E-4
        1.31047989101654520219085E-4
       -6.65295882613673726199096E-5
        1.89727291777002549665631E-5

ZEILE 05

        8.65376C693384874512937C9E-3
        2.08964389574964978C50361E-2
        2.98705727277119313C17591E-2
        4.53352151457014320703790E-2
        2.54825299543101087591875E-2
       -5.26073420828065251230524E-3
        3.146447446730172C4980458E-3
       -2.27700185475568545524370E-3
        1.77509725C20694528456123E-3

        1.58736390275247050689097E-5
       -9.96057125818106280643497E-6
        5.7306034C661705458053259E-6
       -2.87089139961730439674786E-6
        1.12180888294338773699851E-6
       -2.47419622512645996536973E-7
        0.000CC00C0C0C0C0000000000E+0

ZEILE C3

        1.83319704522632852899375E-3
        1.87646520531640607683195E-2
        1.29796610582074959748726E-2
       -2.26956948433223976501706E-3
        1.15724079670185969637144E-3
       -7.18265890850C68464171192E-4
        4.84726801507199632243149E-4
       -3.40914971822C57541400119E-4
        2.44491803384C419338C6917E-4
       -1.76325024427230459910748E-4
        1.26517049231255259734700E-4
       -8.94337417458427612652988E-5
        6.16255027972295864467012E-5
       -4.085C6546570C45934517248E-5
        2.55737057766247820861230E-5
       -1.46876465909390391216206E-5
        7.34878874825757835982995E-6
       -2.869C3371746576132073832E-6
        6.32437065776786332954098E-7
        0.000C000C0C0C0C0000000000E+0

ZEILE C4

        3.30391518942866449674963E-3
        1.42137926366549894607512E-2
        3.24165312924932523419591E-2
        1.88421515253456902598784E-2
       -3.2465262C2C9230595862794E-3
        1.64339192874567743839814E-3
       -1.0146232609428557863461 5E-3
        6.8CC4848615170179536764lE-4
       -4.73625845504325824180149E-4
        3.35077276229524482032975E-4
       -2.37260657946532887008291E-4
        1.66135469428237149351750E-4
       -1.3685245286790363993740E-4
        7.49716205233122971713537E-5
       -4.67531508089C269363373C2E-5
        2.67743735389C513878818391E-5
       -1.33682355646219013720089E-5
        5.21155637994447514943988E-6
       -1.14780174863457535312561E-6
        0.000C000C0C0C000000000000E+0

ZEILE C5

        2.C337766C276892554050461E-3
        1.7715259482971C252250683E-2
        2.597165C4343595046892216E-2
        4.52223463571837621909928E-2
        2.41820854511784933946295E-2
       -4.101C1786265C8C811558341E-3
        2.0504573C7131157328C68727E-3
       -1.25135821038112661793809E-3
        8.27749170657583386222459E-4

-1.430038318687853C5810059E-3
1.166844487860574573C4612E-3
-9.52634579712951958S90873E-4
7.71047276422372686457868E-4
-6.13302579651361539250981E-4
4.74537702132237158843412E-4
-3.52141C12557673678592144E-4
2.44965819835657439315584E-4
-1.53019158250511960192081E-4
7.75607C84C49010800709215E-5
-2.20996883764108664755263E-5

ZEILE 06

8.92170434398250C957564733E-3
1.98709758835421045451206E-2
3.23048945023769608722209E-2
3.96630417332775732857541E-2
5.55018794998284335397628E-2
2.95486329903796043280943E-2
-5.86972704886192175862391E-3
3.4C89684386973740C5223241E-3
-2.40732589103026478573939E-3
1.83569987847334253C37176E-3
-1.44746825965293287342900E-3
1.15501700301461846262671E-3
-9.19991745228429789560075E-4
7.23356792900916808494444E-4
-5.54953C530151C2623537072E-4
4.09237923560499469327 6C3E-4
-2.83381796194420225613069E-4
1.76442284479447959656664E-4
-8.92433171330715463794484E-5
2.53994733452454471540094E-5

ZEILE 07

8.71706289895691632520893E-3
2.06305600540010381315447E-2
3.06260838270677701173240E-2
4.29563962535313193755401E-2
4.85296351899750C82184898E-2
6.43655233600763332574914E-2
3.29221596122941567246236E-2
-6.33885918778200473694232E-3
3.58724393816619037417016E-3
-2.47513624233965820462638E-3
1.84578460293613157935939E-3
-1.42242622065889626541541E-3
1.10687338677626208644501E-3
-8.56216513307285459956112E-4
6.49234577750647497868116E-4
-4.74710697629487042742984E-4
3.26707666851150286309669E-4
-2.02544808830951742619543E-4
1.02159294600988349414074E-4
-2.90319678491778776682603E-5

ZEILE 08

8.87989590240464974139847E-3
2.00369728148668841960202E-2
3.1888C57835553393C5586117E-2
4.06643744960878326134112E-2
5.25984267403558496198730E-2

-5.67293694857990640624147E-4
3.93315835175896188595142E-4
-2.714C319765542294299056 3E-4
1.83773926655230815585417E-4
-1.20260424678564897651720E-4
7.45682425616116C44798930E-5
-4.25236450898676242652895E-5
2.11671081473167333381256E-5
-8.23466762973C22482696096E-6
1.81130945723786739629156E-6
C.000CC00CC000C0C0000C0000E+0

ZEILE C6

3.181C810611613168676411 6E-3
1.46920655858243049190821E-2
3.074239076C4173997298596E-2
3.70673272794285084444800E-2
5.68798020C7C68046204746 30E-2
2.88615174334844707485416E-2
-4.813622457339229096297C8E-3
2.37CC820856839454173753 1E-3
-1.42379062437123447141962E-3
9.25C205797C5524392619830E-4
-6.20395587898818080858617E-4
4.18730882177436113905080E-4
-2.79192022657764311442285E-4
1.80688906962576169561679E-4
-1.11136657953539444430995E-4
6.30C534796C6933C86527172E-5
-3.123C33CC762974079619272E-5
1.21146544644130139906857E-5
-2.6601128C981328396399377E-6
0.000CC0CCC0C0C0C0000CC00C0E+0

ZEILE C7

2.114459457279791C606C8547E-3
1.74398344129571858383391E-2
2.66830463242C125567609592E-2
4.294C15421736531933S7396E-2
4.71850191443S63801351698E-2
6.70941093364482732369653E-2
3.27593311159968355961294E-2
-5.36739121275767577339393E-3
2.59577234586374776191756E-3
-1.52927852975C94284856036E-3
9.712431095429842C0063198E-4
-6.33630097511614242049783E-4
4.13CC69340356636684C8625E-4
-2.631C7319669C3C552461389E-4
1.60C2011161720581610107IE-4
-8.99897769986210744C8863E-5
4.43512297816562C3305028CE-5
-1.71379734756227595131112E-5
3.75435543531784156819018E-6
C.000CC00CC0C0C0C0000C000CCE+0

ZEILE C8

3.12723329046742946792828E-3
1.48644134180173595715598E-2
3.0356043553C6826C01371233E-2
3.80C62566393430760618553E-2
5.40379133820803287973421E-2

```
5.62617103C63907128755234E-2
7.17189046707647690480915E-2
3.55240273295955128323246E-2
-6.65775720739307497245075E-3
3.67824698326847912817196E-3
-2.48040339864829293644558E-3
1.8C697632675226017739929E-3
-1.35758254632363074241003E-3
1.02580323936665626474727E-3
-7.65242583047050572657993E-4
5.53097C66819705633825944E-4
-3.77540275720561031661244E-4
2.32730159632742807428705E-4
-1.16953509599508532594839E-4
3.31712511823529551190905E-5

ZEILE 09

8.74647186C274012C5479909E-3
2.05177637002284038524526E-2
3.08898273085270975617203E-2
4.24013918158347505234183E-2
4.97521333615333721444961E-2
6.10046673387217180709532E-2
6.26775309127586371392475E-2
7.73899629250734474C44139E-2
3.72932466181509366569572E-2
-6.81928C25066026862C88158E-3
3.68047162720168870267946E-3
-2.42387200021772445262845E-3
1.72125202916061122240656E-3
-1.25570571939564778661794E-3
9.15156941662359272697568E-4
-6.50936601514114630513469E-4
4.39408881930929828377801E-4
-2.68820647595000C3C1357855E-4
1.34436722397626320686365E-4
-3.80323948953740435547939E-5

ZEILE 10

8.85820051336611711480377E-3
2.01182953115261805914178E-2
3.17064167480208781578223E-2
4.10178787416722687714205E-2
5.19193037385285755393479E-2
5.76768739879303294732835E-2
6.79781332620536576C89937E-2
6.76264311177946430229200E-2
8.12459357514068042628791E-2
3.81883467826814626745211E-2
-6.81982C06031704896C96030E-3
3.59420471499924214467097E-3
-2.30735094722569911C10745E-3
1.59125C22231484616191870E-3
-1.11999371465602843C68806E-3
7.86184037538189930C91334E-4
-5.17569248357854491746030E-4
3.13399C01642195842323392E-4
-1.55718619576685087878128E-4
4.39037256936288446456652E-5

ZEILE 11

8.76309984388243031128532E-3
```

```
5.60525781424188088680390E-2
7.56036341932405256278114E-2
3.5774599C440449959273625E-2
-5.749C51768C80569408C9611E-3
2.72327545788602628718945E-3
-1.567C535184166C102446363E-3
9.67541659899768230198096E-4
-6.09366599590751967853033E-4
3.79431481956913598249281E-4
-2.27154896200380049065188E-4
1.26335818619590185269677E-4
-6.17858307376841987141730E-5
2.37518225596275C49146743E-5
-5.18714753137330988793599E-6
0.000C000C0C0C000000C0000E+0

ZEILE C9

2.149107834C8931267158933E-3
1.7331581C484778609030607E-2
2.6911322C193C222680C0390E-2
4.24482094993823976327748E-2
4.83326986677122699337939E-2
6.37627946570191554377502E-2
6.34354065661630315776821E-2
8.21896587864810987485629E-2
3.78292361881846612632267E-2
-5.94964613300572460332467E-3
2.75C88072265489582877329E-3
-1.53831089893035747425235E-3
9.16757505353432902036217E-4
-5.51564895332C62770549299E-4
3.228C3986696242181858833E-4
-1.76783759137159770434216E-4
8.55235138963640996939C4E-5
-3.266C4877476183305515982E-5
7.10337975345306679418284E-6
0.00000000C000C000000000000E+0

ZEILE 10

3.10776117383607831646482E-3
1.49266602C4563372353C5757E-2
3.02231893521536926745028E-2
3.8283985C109C16828149732E-2
5.34518936908113237642256E-2
5.73795268091782126416483E-2
7.187C2284529290878964366E-2
6.91350744275790904408671E-2
8.66828811087C03468819411E-2
3.887C0321232772267256159E-2
-5.96451909751744570347525E-3
2.67963406499591189568399E-3
-1.44634653508C94673125009E-3
8.23554795308114530916977E-4
-4.65882426086607386725680E-4
2.49558614773754312886673E-4
-1.19014273049946975569857E-4
4.50063765490630635529712E-5
-9.7343343C328168124313597E-6
0.000C000C000C00000000000E+0

ZEILE 11

2.15539672090C76378879834E-3
```

2.04564335197701557533981E-2
3.10226251654123359424299E-2
4.21559400367102288541251E-2
5.01864415048663985252837E-2
6.02172596954152370868767E-2
6.42530690022734672873286E-2
7.33554C56C64167247747566E-2
7.09922885213026312492434E-2
8.31965136256799743100025E-2
3.81883467826814626745211E-2
-6.65944251510493086896470E-3
3.42162354139638264172915E-3
-2.13381403746534415974648E-3
1.42039199282887918290514E-3
-9.54243829908358020972868E-4
6.20492046680105590958548E-4
-3.70392580966346373C69014E-4
1.82419588667290C074102226E-4
-5.11969437900579588727853E-5

ZEILE 12

8.84503596447143319948578E-3
2.01662781777958443448336E-2
3.16048448146495320861111E-2
4.11989619064214445340013E-2
5.16159965101343321488885E-2
5.81821C90390968493834911E-2
6.71000249439839612358652E-2
6.93268C26300304144422426E-2
7.70103652365195978465428E-2
7.26962219381612366463627E-2
8.31959738160231939699237E-2
3.72932466181509366969572E-2
-6.34190826588242173976478E-3
3.16678831182967630999980E-3
-1.9074013579625C941476453E-3
1.21292654708684537387896E-3
-7.63021C27482376161C39262E-4
4.46196858527434223C32995E-4
-2.17048800034933186932661E-4
6.05317C93020471011318894E-5

ZEILE 13

8.7738322783937C62CC81189E-3
2.04176684C97929791981148E-2
3.11032940C74217889773246E-2
4.2015911C6407293539404C3E-2
5.04119628418005118845491E-2
5.98625C85638062592288467E-2
6.481851598522165718450C0E-2
7.24056372C55146564C7C592E-2
7.27795169C95496132165151E-2
7.88570969640112182854877E-2
7.269844658209444622087C2E-2
8.12442504436949483663651E-2
3.55240273295955128323246E-2
-5.87458544617645559884425E-3
2.83555567436849578C66526E-3
-1.63336683173563210149798E-3
9.73996292264541748967903E-4
-5.52073668479398773858446E-4
2.63742C85326586469499781E-4
-7.28923328285905854674917E-5

1.73067919513C92588186067E-2
2.697633115C1336738452940E-2
4.22987123855637212479714E-2
4.86499948355834900360268E-2
6.31CC94446951958889588171E-2
6.49C3433E35463C597132424E-2
7.81553191562945639474471E-2
7.30131402657907805135996E-2
8.89681412388C87412599702E-2
3.887CC321232772267256159E-2
-5.79555279201155213305486E-3
2.51350702212411815764892E-3
-1.29673472497607765081518E-3
6.94638776063530885689988E-4
-3.59947441717752429357939E-4
1.68080872704146057402083E-4
-6.27247512696C35785960916E-5
1.34635258492408236656756E-5
C.000C000C000C0CC000C0000E+0

ZEILE 12

3.114C5006064752943367383E-3
1.49173979230883426229648E-2
3.02138541433497491602854E-2
3.83418983157514599670717E-2
5.32964142458134480788545E-2
5.77212439671115389924651E-2
7.11570622558160402693530E-2
7.07C243434C5546732189723E-2
8.24599411700365221059689E-2
7.49544285473054831943062E-2
8.8987623250891C945879719E-2
3.78292361881846612632267E-2
-5.44729656147237905485835E-3
2.25957843207717541329498E-3
-1.09761498215221151264442E-3
5.39170545062257441567023E-4
-2.4389617C4C3890865C39037E-4
8.928645266246837498C8015E-5
-1.8959162C3C7151012145965E-5
0.00CC00CC0C0CC000000C00C0E+0

ZEILE 13

2.1359246C426941263733488E-3
1.735C436C046326C450713598E-2
2.69334028712579347029084E-2
4.23176993976359250853587E-2
4.86874996471C49631935230E-2
6.29554693783438688538535E-2
6.52484651339706823008274E-2
7.74217225824175859278411E-2
7.46190244217764275355296E-2
8.46778865959892774C5935E-2
7.49091778587773960044074E-2
8.67425883338798608CC5383E-2
3.5774599C440449959273625E-2
-4.931C4845044393703710723E-3
1.9283350C411242742660237E-3
-8.60249148354C66492353546E-4
3.69593785878286196276965E-4
-1.313961193318996340192782E-4
2.746C9133703507227934117E-5
0.00CC00CC0C0CCC0000000C00C0E+0

ZEILE 14

8.836035537425237C3359924E-3
2.01985556055924823161059E-2
3.15385E89758854835273728E-2
4.1311663121501224C760694E-2
5.14397706062497045611181E-2
5.84480314C30085611583206E-2
6.67005357378955989C92034E-2
6.99411812724147635782042E-2
7.6C089194569607696593298E-2
7.45309089624267937696828E-2
7.88518298077025835536685E-2
7.09992492981356830197442E-2
7.7386913846973C3C4C15915E-2
3.29221596122941567246236E-2
-5.268257379317112460130270E-3
2.4354247186452C929988525E-3
-1.31802546517894501316100E-3
7.09940339986761667429224E-4
-3.29845153807567466024701E-4
8.99406706191428267220467E-5

ZEILE 15

8.78160409623081370877697E-3
2.03899582173265422118994E-2
3.1159581882575C838250966E-2
4.19217525845467945879921E-2
5.0555821985059718C490475E-2
5.96522190337743112797258E-2
6.51209624316873966407528E-2
7.19680464C44194554542092E-2
7.34314762332872549312877E-2
7.78241618250158582224712E-2
7.45409936868895828186704E-2
7.69938191273321381796538E-2
6.76390862204936516124168E-2
7.17140462734502352C78712E-2
2.95486329903796043280943E-2
-4.53681959120821602138770E-3
1.9753290550748C107662497E-3
-9.68870335322429087467643E-4
4.29739C166513661203994C5E-4
-1.1470077440645C419716344E-4

ZEILE 16

8.82910325795247002240651E-3
2.02231541917885695854491E-2
3.14890433253050437449453E-2
4.13934C49685167169230635E-2
5.13172C09211778911969672E-2
5.86227282786269714973453E-2
6.64576218C42396749884982E-2
7.02770C73827686529781913E-2
7.55391278160148253529052E-2
7.52098490775023507753960E-2
7.78067318840507784C71428E-2
7.28113959860949281C93531E-2
7.33250565139467111198929E-2
6.26978717778581413994427E-2
6.43580C01890398611684939E-2
2.54825299543101087591875E-2

ZEILE 14

3.148698437457C5104457769E-3
1.48349962158681249696271E-2
3.03125375482347205072982E-2
3.82474828615C29578122763E-2
5.33621446924822936432228E-2
5.77180959254904505499235E-2
7.10449274463995438499834E-2
7.10222619C9575087355468E-2
8.17442456497317549471893E-2
7.65425849712751572400821E-2
8.47587368367785504161418E-2
7.28737147493915986911129E-2
8.22937121586813291841515E-2
3.27593311159968355961294E-2
-4.26299774488120450356020E-3
1.53432484027200401282956E-3
-6.00224312530330210544054E-4
2.03356228606471496009356E-4
-4.14617957716871579292962E-5
C.000C000C000C0C0000000000E+0

ZEILE 15

2.082C768335755252376200E-3
1.74811759842388674070394E-2
2.676755C2198312428234423E-2
4.24979084681160998279951E-2
4.85137874547483896885560E-2
6.30973294196593230467774E-2
6.517318C79171113897965866E-2
7.73774421203929193547264E-2
7.48741292017289397838838E-2
8.40288135999806158238951E-2
7.64098477960584268720704E-2
8.27110331879403457318006E-2
6.88932218874977253540535E-2
7.576C235117389447615S9296E-2
2.88615174334844707485416E-2
-3.465C951739387293608S046E-3
1.09775857865129228026369E-3
-3.402535C714622956253898lE-4
6.65417312355824494474773E-5
C.000C0000000000000000000E+0

ZEILE 16

3.22938129196791656475855E-3
1.46372585138866661758010E-2
3.05695762693494974469211E-2
3.79548677041964293583556E-2
5.36698524421836965187875E-2
5.74171556478828812810385E-2
7.1312669C2353955715 82974E-2
7.08230895C01792174089502E-2
8.18220933895805824802493E-2
7.66746255880922408261544E-2
8.42426386594356026336013E-2
7.42016632848927442346887E-2
7.86060488544635042081155E-2
6.30576164527316189484478E-2
6.73185216C0881C403294947E-2
2.41820854511784933946295E-2

-3.696844357349057707999992E-3
1.465451439342660048299412E-3
-5.957240573030271395161350E-4
1.532428761911846425938880E-4

ZEILE 17

8.788030840398358900966442E-3
2.036724448845483803381399E-2
3.120497617795287726453420E-2
4.184765827621427090667928E-2
5.066522354501828403643560E-2
5.949946926265350561161500E-2
6.532768412331088309927730E-2
7.169225618863568600911774E-2
7.379938348681858607442830E-2
7.326063752818506090921787E-2
7.523853349781561019382040E-2
7.595328693230763202188380E-2
6.938611302938023025060360E-2
6.792856238377684365691170E-2
5.629368494823878311519070E-2
5.548997023959416127718530E-2
2.081918539417618718118950E-2
-2.766959323674777371231710E-3
9.176669425554319910611250E-4
-2.195482753364876346893637E-4

ZEILE 18

8.822844351961221759173760E-3
2.024520185445791205885540E-2
3.144524771520416324834070E-2
4.146423814369416869589247E-2
5.121393100106733001298960E-2
5.876450977146646986829320E-2
6.626991326226364162533160E-2
7.052038640701327679081380E-2
7.522634433249495628660660E-2
7.561283215829640809213140E-2
7.279467973007556888574400E-2
7.352448517635707115197260E-2
7.229976929806543509242860E-2
6.435256844831569612087690E-2
6.092447889080078758876200E-2
4.858164266330828169511870E-2
4.531502350157654073687830E-2
1.566801208352726589237660E-2
-1.767053745862282434344620E-3
3.534074973684157597720060E-4

ZEILE 19

8.794561530845491979571299E-3
2.034429953083058230478380E-2
3.125033466541340043670220E-2
4.177482823224253163589420E-2
5.077034331022233867190950E-2
5.935706156310927218549890E-2
6.551297083422191644723320E-2
7.145736632055182408390630E-2
7.409256168092962456373910E-2
7.696254846497123694955680E-2
7.569038251215817420181320E-2
7.538394834738265103676050E-2

-2.566617172075320077909630E-3
6.488100914875540934379430E-4
-1.172061178259877766605680E-4
0.000000000000000000000000E+0

ZEILE 17

1.959242705308177760851353E-3
1.778366395621277612440100E-2
2.636557476906657415782480E-2
4.296082918095284452639200E-2
4.800529170086791974579680E-2
6.362120153128840130960380E-2
6.465380520858717558167340E-2
7.786409895131939404613606E-2
7.445674107127747822503730E-2
8.432451061292668567723440E-2
7.632095915663607173546760E-2
8.243085195227409760796100E-2
6.993109191685797392197860E-2
7.258632879055655239728220E-2
5.549138731944954904506150E-2
5.720195982713629675783050E-2
1.884215152534569025987840E-2
-1.609515490372944970179710E-3
2.408143973698104818059890E-4
0.000000000000000000000000E+0

ZEILE 18

3.429560849510513576269410E-3
1.414202614353875007317190E-2
3.122534904486929981632910E-2
3.718360125681264995840480E-2
5.452498544785487391030440E-2
5.650556981991150740909660E-2
7.225399227754519707280250E-2
6.988030033547233179740280E-2
8.273416029434368026151460E-2
7.583293919428307058113890E-2
8.496015516875865362676390E-2
7.369088429149360772411370E-2
7.876054320446932197226360E-2
6.360261393432879237818690E-2
6.489634959383666137241820E-2
4.632396110148502111622700E-2
4.571038343489093537302930E-2
1.297966105820749597487260E-2
-6.701874452796461362193330E-4
0.000000000000000000000000E+0

ZEILE 19

1.568265115093484184391420E-3
1.875038795612354044444306E-2
2.508494743449887215797260E-2
4.448065048068389357778000E-2
4.630521743826458800470090E-2
6.545681011176234687513120E-2
6.272325009244883249673930E-2
7.985010431620776491563090E-2
7.245583560211891652879590E-2
8.629649112354826718520940E-2
7.442820047526614265613760E-2
8.418185220022134333718975E-2

```
7.01250151413051921C77122E-2
6.69141549278512523231139E-2
5.78462558C23386614E83C76E-2
5.24606285336032585301199E-2
3.97561633586045390353089E-2
3.40636344584683088745719E-2
1.01503574500967353327600E-2
-7.21453026190096555532044E-4
```

ZEILE 20

```
8.81519252222717491594C59E-3
2.02720351932930489335047E-2
3.13923869396735057C26864E-2
4.15486701851759295491302E-2
5.10929481209C12345356635E-2
5.89268289620618914E27045E-2
6.60613726348290987344333E-2
7.07804544827608484364883E-2
7.49085895C232629238846183E-2
7.59959486982592261489232E-2
7.68206871730008741221110E-2
7.40738503276472720912542E-2
7.16360933043588442919932E-2
6.51718904943470401C34740E-2
5.98669377675078262917996E-2
5.00782619978491939564005E-2
4.26763665632131763769905E-2
3.00785719824532233475850E-2
2.19637109558737314293946E-2
4.40350178478802957796549E-3
```

GAMMA

```
8.80700356957605915593098E-3
2.03007149001934706655200E-2
3.13360241670545317847533E-2
4.16383707883523743623791E-2
5.09650599086202175183751E-2
5.90972659807592086561887E-2
6.58443192245883134492472E-2
7.10480546591910256646492E-2
7.45864932363018733939144E-2
7.63766935653629253490422E-2
7.63766935653629253490422E-2
7.45864932363018733939144E-2
7.10480546591910256646492E-2
6.58443192245883134492473E-2
5.90972659807592086561887E-2
5.09650599C86202175183751E-2
4.16383707883523743623791E-2
3.13360241670545317847533E-2
2.03007149C01934706655200E-2
8.80700356957605915593098E-3
```

```
6.84C89415223348282695947E-2
7.37366615762764116C52486E-2
5.50132181077480471420903E-2
5.60473672439325186210122E-2
3.55516578407897425800537E-2
3.32845029137C316C71193231E-2
6.74349132343802484658547E-3
0.000C000C0C0C000000C00C0E+0
```

ZEILE 20

```
5.26315789473684210526316E-3
9.60570758442C90315786278E-3
3.72649550943821285945431E-2
3.00156671308502981438156E-2
6.258C1938031399913418359E-2
4.77519184244470919219022E-2
8.1542132C0723586662625584E-2
6.02089277968664364647492E-2
9.26436728476578107168141E-2
6.58284549535632703200838E-2
9.49148314342824786876429E-2
6.39364297998176764413558E-2
8.81526262740503893499638E-2
5.47583503514883182272224E-2
7.29573092042276331775275E-2
3.94113058963108243419454E-2
5.06160968652693050009613E-2
1.99168470331846974102106E-2
2.26314156040680383337422E-2
0.000C0000000C00000000000E+0
```

GAMMA

```
2.63157894736842105263158E-3
1.61185615942444707458025E-2
2.859C901C637834130023768E-2
4.03158819980598015723884E-2
5.09957498497254078418906E-2
6.03546138143373625497149E-2
6.815C24117936209224489C4E-2
7.418C7770354584129073565E-2
7.829C051323737743579C849E-2
8.03716431939228745038634E-2
8.03716431939228745038634E-2
7.829C051323737743579C850E-2
7.418C7770354584129073565E-2
6.815C241179362C9224489C4E-2
6.03546138143373625497149E-2
5.099574984972540784189C6E-2
4.03158819980598015723884E-2
2.859C901C637834130023768E-2
1.61185615942444707458025E-2
2.63157894736842105263158E-3
```

RADAU I   N = 01
ALPHA
 0.0000000000000000000C000000E+0
BETA
ZEILE 01
 0.0000000000000000000000000E+0
GAMMA
 1.0000000000000000000C000000E+0

RADAU I   N = 02

ALPHA

   0.000000000000000000000000E+0
   6.666666666666666666666667E-1

BETA

ZEILE 01

   0.000000000000000000000000E+0
   0.000000000000000000000000E+0

ZEILE 02

   3.333333333333333333333333E-1
   3.333333333333333333333333E-1

GAMMA

   2.500000000000000000000000E-1
   7.500000000000000000000000E-1

RADAU II   N = 02

ALPHA

   3.333333333333333333333333E-1
   1.000000000000000000000000E+0

BETA

ZEILE 01

   3.333333333333333333333333E-1
   0.000000000000000000000000E+0

ZEILE 02

   1.000000000000000000000000E+0
   0.000000000000000000000000E+0

GAMMA

   7.500000000000000000000000E-1
   2.500000000000000000000000E-1

```
RADAU I     N = 03

ALPHA

  0.00000C0000000C0C0C00000E+C
  3.55051025721682190180272E-1
  8.44948974278317809819728E-1

BETA

ZEILE 01

  0.00000C0000000C000C00000E+C
  0.00000000000000000C00000E+C
  0.00000C000000000000C00000E+C

ZEILE 02

  1.52659863237109041309297E-1
  2.20412414523193150818311E-1
 -1.80212520386200019473362E-2

ZEILE 03

  8.73401367628909586907029E-2
  5.78021252038620001947336E-1
  1.79587585476806849181689E-1

GAMMA

  1.11111111111111111111111E-1
  5.12485826188421613838813E-1
  3.76403062700467275C50075E-1


RADAU II     N = 03

ALPHA

  1.55051025721682190180272E-1
  6.44948974278317809819728E-1
  1.000C0000C000000000000000E+0

BETA

ZEILE C1

  1.79587585476806849181689E-1
 -2.45365597551246590014177E-2
  0.000C0000C000C000000000000E+0

ZEILE C2

  4.24536559755124659001418E-1
  2.20412414523193150818311E-1
  C.000C000C000C000000000000E+0

ZEILE C3

  2.95875854768C68491816893E-1
  7.04124145231931508183107E-1
  0.000C000C000C000000000000E+0

GAMMA

  3.7640306270046727505C0075E-1
  5.12485826188421613838813E-1
  1.11111111111111111111111E-1
```

RADAU I   N = 04

ALPHA

    0.00000C00C0000C000C000C0E+C
    2.12340538239152943574758E-1
    5.90533135559265289135074E-1
    9.11412040487296052604454E-1

BETA

ZEILE 01

    0.00000C000000000000C000C0E+C
    0.00000C0000000C0C0C00000E+C
    0.0000000000000C000C000000E+C
    0.00000C0000000C000C000000E+C

ZEILE 02

    8.66821C489983293951694266E-2
    1.39807801810003401471356E-1
   -1.79297950242014304449663E-2
    3.78042655351803343142597E-3

ZEILE 03

    4.64525771934837269633720E-2
    3.76701448C286CC462794298E-1
    1.81300894907812980675587E-1
   -1.39217845706318812981832E-2

ZEILE 04

    7.24046765072664238586941E-2
    3.03041942559723352908349E-1
    4.28502689566694086515782E-1
    1.07462731853612189281628E-1

GAMMA

    6.25000C000000000C0C00C00E-2
    3.28844319980059743944289E-1
    3.88193468843171880780232E-1
    2.20462211176768375275478E-1

RADAU II   N = 04

ALPHA

    8.85879595127039473955461E-2
    4.09466864440734710864926E-1
    7.87659461760847056025242E-1
    1.000C000C000C0000000C0000E+0

BETA

ZEILE C1

    1.07462731853612189281628E-1
   -2.4513706C728638443994477E-2
    5.63853373195560251336544E-3
    C.000C000C000000C0000000000E+0

ZEILE C2

    2.43354559051663417627977E-1
    1.813C089490781298C675587E-1
   -1.51885951874168743863790E-2
    C.00CC000C000C0C000C00000E+0

ZEILE C3

    2.03163906678C01864461436E-1
    4.44687753272841790092450E-1
    1.398C7801810C03401471356E-1
    0.000C000C0C0C0C0000C00000E+0

ZEILE C4

    2.55399921317289126516887E-1
    2.88521393239098589612722E-1
    4.56078685443612283870391E-1
    C.000C000C0C0C000000CC00C0E+0

GAMMA

    2.20462211176768375275478E-1
    3.88193468843171880780232E-1
    3.28844319980C59743944289E-1
    6.25CC000C000000000000000E-2

RADAU I   N = C5

ALPHA

    0.00000C0000000C000C00000E+C
    1.39759864343780552152087E-1
    4.16409567631083179543302E-1
    7.23156986361876172319954E-1
    9.42895803885482317806879E-1

BETA

ZEILE 01

    0.00000C00C0000C000C000C0E+C
    0.00000C000000000000C00000E+C
    0.00000C0000000C000C00000E+C
    0.00000000000000C000C00000E+C
    0.00000C00C0000C0000C0C000E+C

ZEILE 02

    5.57089173788053283877895E-2
    9.43471478286609832443219E-2
   -1.39713999346797759C30741E-2
    4.85594638930283263623826E-3
   -1.18074731830881621318843E-3

ZEILE 03

    2.90557112558077477255008E-2
    2.57073002770188490974482E-1
    1.44241452840492290639794E-1
   -1.76111143418214192C61308E-2
    3.65051510641606980965648E-3

ZEILE 04

    4.79355799C272877753266223E-2
    2.01870837964266024981053E-1
    3.48271C918808693436086505E-1
    1.35141147301968553542485E-1
   -1.00616706879565273447114E-2

ZEILE 05

    3.49571607661179847933498E-2
    2.35983C071768771842562C7E-1
    2.93149593211756899669608E-1
    3.08091346257407632C69871E-1
    7.07146964733226170178437E-2

GAMMA

    4.00000C0000000C0C0C000C0E-2
    2.23103901083570744402560E-1
    3.11826522975741254C81855E-1
    2.81356015149462060192173E-1
    1.43713560791225941323412E-1

RADAU II   N = C5

ALPHA

    5.71041961145176821931212E-2
    2.76843013638123827680046E-1
    5.83590432368916820056698E-1
    8.60240135656219447847913E-1
    1.000C0000C0C0C000000C0000E+0

BETA

ZEILE C1

    7.07146964733226170178437E-2
   -1.96982912045585403086123E-2
    7.92C07378489495685353339E-3
   -1.833C16532735890201463580E-3
    0.000C0000C00000000000000E+0

ZEILE C2

    1.57369674133655173230467E-1
    1.35141147301968553542485E-1
   -1.951837620397462044935350E-2
    3.85C5684C647472135644667E-3
    C.000C0000000C00000000000E+0

ZEILE C3

    1.35105800118992693962675E-1
    3.142393586929634619671540E-1
    1.44241452840492290639794E-1
   -9.99617928353162651292530E-3
    0.000C0000C00000000000000E+0

ZEILE C4

    1.520C9705266905586722666E-1
    2.54579029181714189504118E-1
    3.593C425337893868837680C7E-1
    9.434714782866098324432190E-2
    C.000C0000000C00000000000E+0

ZEILE C5

    1.25595451221253885196093E-1
    3.37174093632760175029212E-1
    2.265C85353371409603219610E-1
    3.1072191980884497945273400E-1
    C.000C000C000C000000000000E+0

GAMMA

    1.43713560791225941323412E-1
    2.813560151494620601921730E-1
    3.11826522975741254081855E-1
    2.231C390108357074440256C0E-1
    4.000C000C000C000000000000E-2

RADAU I   N = C6

ALPHA

```
0.00000C00C0000C000C000C0E+C
9.85350857988264261234989E-2
3.04535726646363905485385E-1
5.620251897526138559594987E-1
8.019865821263918274642C8E-1
9.60190142948531257659193E-1
```

BETA

ZEILE 01

```
0.00000000000000000C000C0E+C
0.00000C0000000C0C0C000C0E+C
0.00000C00000000000C0C0C0E+C
0.00000C0000000C0CCC000C0E+C
0.00000C00C0000C0C0C00000E+C
0.00000C0000000C000C000C0E+C
```

ZEILE 02

```
3.877301460550633147390C0E-2
6.73898422745558864437158E-2
-1.067234047008069289524493E-2
4.37801954444987488702579E-3
-1.796641397384592323195185E-3
4.63191241779618535258393E-4
```

ZEILE 03

```
1.99406937271351302876698E-2
1.84696679810077769809230E-1
1.11687571098441977727254E-1
-1.593574478596034173680510E-2
5.47470978286279029596876E-3
-1.32818298619342089793211E-3
```

ZEILE 04

```
3.37811803882256539877468E-2
1.43461797766818323565562E-1
2.723405602226811774430797E-1
1.241487123217356047533599E-1
-1.472158348094196618749640E-2
3.01452253409506544477892E-3
```

ZEILE 05

```
2.32655406552010238279140E-2
1.714740985014510700760651E-1
2.251968470932567965548826E-1
2.88002414950179911613940E-1
1.014751472186212656768540E-1
-7.42746629231824027597767E-3
```

ZEILE 06

```
3.06873142303394925117074E-2
1.52459720213615679336332E-1
2.530636330005310C3918923E-1
2.46777320161699262466102E-1
2.27357973710246008573006E-1
```

RADAU II   N = 06

ALPHA

```
3.98059857C5146874234C8067E-2
1.98013417873608172535792E-1
4.37974810247386144005013E-1
6.95464273353636094514615E-1
9.01464914201173573876501E-1
1.000C000C0C0000000000000E+0
```

BETA

ZEILE C1

```
4.98441816320998108531223E-2
-1.536061C2054469664097299E-2
7.78986112996563651643470E-3
-3.198C166150451045026385IE-3
7.344411C589536588361803BE-4
0.000C000C000C000000C0000E+0
```

ZEILE C2

```
1.09936627740466179553919E-1
1.01475147218621265676854E-1
-1.8394921C4010961489894301E-2
6.374C59688662967948141311E-3
-1.37749573403262574417927E-3
0.000C000C0C0C0C0000000000E+0
```

ZEILE C3

```
9.54979530596593567301567E-2
2.304903395434297292932527E-1
1.24148712321735604753599E-1
-1.4848548C25224926510C0425E-2
2.68635345687881609877293E-3
0.000C000C0C0C000000C00C0E+0
```

ZEILE C4

```
1.051C10211123811419646C0E-1
1.93422628916410595940729E-1
2.9228108C6283106733153311E-1
1.11687571098441977727254E-1
-7.028C284C190829443330000E-3
0.000C00CC000C0C0C00000C0E+0
```

ZEILE C5

```
9.61520347590273624C21889E-2
2.236503942157497226503961E-1
2.338C33935446897272582911E-1
2.80469249597371629654371E-1
6.73898422745558864437158E-2
0.0CCC000C000C0C0000C0000E+0
```

ZEILE C6

```
1.11351710222285444856448E-1
1.74589828967542374962191E-1
3.16755389375732658477739E-1
1.7422123C758C29C21731123E-1
2.23C8184C67641C499972499E-1
```

       4.98441816320998108531223E-2   0.00000000000000000000000E+0

GAMMA   GAMMA

       2.77777777777777777777778E-2   1.00794192626740420104600E-1
       1.59820376610255483272890E-1   2.08450667155953869479703E-1
       2.42693594234484958079914E-1   2.60463391594787491285115E-1
       2.60463391594787491285115E-1   2.42693594234484958079914E-1
       2.08450667155953869479703E-1   1.59820376610255483272890E-1
       1.00794192626740420104600E-1   2.77777777777777777777778E-2

112

RADAU I   N = C7

ALPHA

    0.00000C00C00CCC000C000CC0E+C
    7.30543286802588851481260E-2
    2.3C766137969945499C83117E-1
    4.41328481228449867918607E-1
    6.630153097188457C0902947E-1
    8.5192140033151570815C023E-1
    9.7C683572840215108C27950E-1

BETA

ZEILE 01

    0.0C000C00C000CC0C0C000CCE+C
    0.00000C00C00000000C00000E+C
    0.0C000C00C0000C0C0C0C0CCE+C
    0.0C000C000000CC0CCC0C0C0E+C
    0.00000C00C00CCC0C0C000C0E+C
    0.00000C0C00000C000C00000E+C
    0.0C000C0CC00CCC0C0C0C0C0E+C

ZEILE 02

    2.85241714630344125568610E-2
    5.0348243007147C696625666E-2
   -8.27718485851969289885730E-3
    3.67706747542319476218712E-3
   -1.80153376422222269C954344E-3
    7.9489186118204C213955833E-4
   -2.11326503785912239C43779E-4

ZEILE 03

    1.45492622904173306250020E-2
    1.384678837652366517335 91E-1
    8.7388143288302130 2788633E-2
   -1.34522C0835411C000125723E-2
    5.48464795087360637957517E-3
   -2.25349188229169131378493E-3
    5.818933928184713924424 59E-4

ZEILE 04

    2.50170C75465957558893160E-2
    1.06903759078994997259928E-1
    2.142857639751597504850 17E-1
    1.06076727470258452761762E-1
   -1.4755847170224582212 1273E-2
    5.01196C59147959622610354E-3
   -1.21089C2638141C249139245E-3

ZEILE 05

    1.67354848681678167774098E-2
    1.29189C040094476C3449867E-1
    1.757145597781647598 29774E-1
    2.48174786236267288611993E-1
    1.02737325462905694965934E-1
   -1.19662392502358785519173E-2
    2.43038861412841581988625E-3

ZEILE 06

RADAU II   N = C7

ALPHA

    2.93164271597848919720503E-2
    1.48078599668484291849977E-1
    3.369846SC2811542990970 53E-1
    5.58671518771550132081393E-1
    7.69233862030C54500916883E-1
    9.26945671319741114851874E-1
    1.0C0C000C0C0C0C0000C00CCE+0

BETA

ZEILE C1

    3.694797C562088986599 5627E-2
   -1.20742455166678754838271E-2
    6.928C208137534624137 2957E-3
   -3.63384451674962873740465E-3
    1.4878481C53875635111 63779E-3
   -3.39322288027616331647960E-4
    C.00CC000C0C0C0CCC0000C00CCE+0

ZEILE C2

    8.10676836253586213450749E-2
    7.804C051747759204192 8505E-2
   -1.59712113400566310285492E-2
    7.0423225761360159977 7663E-3
   -2.6978505C896C111501469 79E-3
    5.976C35682471928442938 73E-4
    C.00CC000C0C0C0000000C0000E+0

ZEILE C3

    7.0862418815483052C4CC595E-2
    1.750144275489517757383475E-1
    1.0273732546290569499 65934E-1
   -1.55343197573753425843516E-2
    4.91960761158918816814642E-3
   -1.014769400400050872609 65E-3
    0.00CC000C0C0C0C0000000C00E+0

ZEILE C4

    7.7212798C282182607496687E-2
    1.491382285075860755C0825E-1
    2.357379836646446571852 60E-1
    1.06076727470258452761762E-1
   -1.14616451617297793952 6124E-2
    1.9674262625724798364900 5E-3
    C.C0GCC0LC0C0C0CCC00000000E+0

ZEILE C5

    7.1995744C677795841433374E-2
    1.67650645160328710449197E-1
    1.95896212932854866730210E-1
    2.515C099243940330382930 0E-1
    8.7388143288302130 2788633E-2
   -5.19787585861409451402341E-3
    C.00CC000C0C0C0C0C0000C00CCE+0

ZEILE C6

113

```
2.32208C26377128457893224E-2
1.12460279461291612395476E-1
2.00709122552205740732169E-1
2.09554623268466115765932E-1
2.33589881623688839136239E-1
7.80400517477592041928505E-2
-5.65336C95960864986196682E-3

ZEILE 07

1.85792207038354787449437E-2
1.24216C71391804858392891E-1
1.84086522942580891959213E-1
2.31713237C47558246658879E-1
2.01999C99022355030262399E-1
1.73141450290111142410062E-1
3.69479705620889865995627E-2

GAMMA

2.04081632653061224489796E-2
1.19613744612656202893539E-1
1.904749368221155769C2969E-1
2.23554914507283234749674E-1
2.123518890529778C4199154E-1
1.59102115733650740872435E-1
7.44942355560103179332488E-2
```

```
7.7360518325619036981139CE-2
1.49580706C05092260C3815262E-1
2.29350976288315795379872E-1
1.998C0288828C383919840C15E-1
2.20498584819698217029020E-1
5.C348243C07147069662566E-2
0.000C000C0000000C00000000E+0

ZEILE C7

6.78181973343725743072904E-2
1.81029462605988927741472E-1
1.74136779841692535351516E-1
2.74C4107418C2C564119117162E-1
1.357922209632058851648870E-1
1.67182265072683699033689E-1
0.000CC00CC0C0C00000CC0000E+0

GAMMA

7.44942355560103179332488E-2
1.591C2115733650740872435E-1
2.12351889502977804199154E-1
2.235549145C7283234749674E-1
1.90474936822115576902969E-1
1.19613744612656202893539E-1
2.04081632653C61224489796E-2
```

RADAU I   N = C8

ALPHA

    0.00000C00C0000C0CCC00CC0E+C
    5.62625605369221464656522E-2
    1.80240691736892364987580E-1
    3.52624717113169637373908E-1
    5.47153626330555383C01449E-1
    7.3421017721541C531523211E-1
    8.85320946839095768C9C360E-1
    9.775206135612875C1891175E-1

BETA

ZEILE 01

    0.00000C00C0000C0CCC000C0E+C
    0.00000C0000000C0CCC0C0C0C0E+C
    0.00000C00C0000C0C0C00CC00E+C
    0.00000C00C0000C0CCC00000CE+C
    0.00000C0CC0000C000C000C0CE+C
    0.00000C0000000C0CCC000C0CE+C
    0.00000C0000000C0CCC000C00E+C
    0.00000C0000000C0C0C000C0E+C

ZEILE 02

    2.18575357793353541137256E-2
    3.89665899549395239C44452E-2
   -6.55597715C5040762CC77529E-3
    3.04798799770184124205069E-3
   -1.6283524134904S877297148E-3
    8.64084629182701980598487E-4
   -3.96744C731372719993374989E-4
    1.074358128945721979540C28E-4

ZEILE 03

    1.109019996716397CC0272975E-2
    1.0740387315951C296455640E-1
    6.9628285565890753845401L-2
   -1.1198116248637C6022C17C69E-2
    4.9662699790239493919732E-3
   -2.44415446648949916442942E-3
    1.0829584255450101549639E-3
   -2.886246451145135215598599E-4

ZEILE 04

    1.924685020403895C95268C1E-2
    8.260943089632460C4705C021E-2
    1.7134061913393613326687E-1
    8.9071766949726276935016E-2
   -1.34161650375913008C27732E-2
    5.4190273978849C5017646855E-3
   -2.21921C8184776913095457865E-3
    5.723983873277628C3419550E-4

ZEILE 05

    1.26546C24602818595698558E-2
    1.00477715179390448125652E-1
    1.39818C36C279955518397C9E-1
    2.09454969C93114337C4C955E-1

RACAU II   N = C8

ALPHA

    2.24793664387124981088255E-2
    1.14679053160904231909640E-1
    2.65789822784589468476789E-1
    4.528463736694446169998551E-1
    6.473752828868303362626092E-1
    8.1975930826310763501242E-1
    9.43737439463C77853534348E-1
    1.000C000CCCCC000000C000E+0

BETA

ZEILE C1

    2.84515834795118584441132E-2
   -9.650315362062047894470058E-3
    5.96651C4C552517140C95233E-3
   -3.57783471535C455553387157E-3
    1.8821086941007549848321E-3
   -7.66574928C7C066596274550E-4
    1.7390891768788267024543E-4
    C.000CC000C000C0C000000000E+0

ZEILE C2

    6.221811750490153055341173E-2
    6.1516045229646677650267333E-2
   -1.35499806712162511043083E-2
    6.817144740635007674208E-3
   -3.347C011388965720C6376447E-3
    1.31930136941338787194274E-3
   -2.9457387357954752452762BE-4
    0.000CC00CC0C0C000000C00000E+0

ZEILE C3

    5.4591775C9757991579322B6E-2
    1.368857953259058359889133E-1
    8.46772159181207148346941E-2
   -1.45641557245799771087964E-2
    5.8797461C856952169888155E-3
   -2.1421C524796470C88254965E-3
    4.61551306958158152418166E-4
    C.000C00CC0C0C0C000000000E+0

ZEILE C4

    5.91531995320C99421132653E-2
    1.17634538961568128951409E-1
    1.91517368534513958372965E-1
    9.4355179568830862200323E-2
   -1.290C35898453389889272E-2
    3.85725773322C51738470626E-3
   -7.708116761648931251901700E-4
    0.000CC0000C0000000000000E+0

ZEILE C5

    5.564252653837037783327192E-2
    1.305C982334471385883122E-1
    1.618661C341237680206800C4E-1
    2.178297857188148443313565E-1

      9.43551795688308622C03237E-2
     -1.29068865C124075141E7673E-2
      4.346289187593836977968741-3
     -1.04627868541076133425182E-3

ZEILE 06

      1.80423537825988996342C42E-2
      8.649817648448209743917761-2
      1.61035336077435142597439E-1
      1.75627750474135571446899E-1
      2.16108569563255835C76C33E-1
      8.46772159181207148346941E-2
     -9.748069189511673993704581-3
      1.96884410489394448846786E-3

ZEILE 07

      1.37529255C555743539557939E-2
      9.740289477548153254466C89E-2
      1.45458253424969556194C319E-1
      1.96834173542642553639781E-1
      1.84509507763066732846154E-1
      1.902735654385526C2C18761E-1
      6.15160452296466765C26733E-2
     -4.42641884C82134499773214E-3

ZEILE 08

      1.68488207256304551519CC6E-2
      8.96096640523487103406822E-2
      1.562886199734C2406238599E-1
      1.82958731677264156622783E-1
      2.02279157322782537796746E-1
      1.65438387613399258816982E-1
      1.35645648716948118439368E-1
      2.84515834795118584441132E-2

GAMMA

      1.56250C0000000C0CCC0C0C00E-2
      9.267907740148963927036451-2
      1.52065310323392564487872E-1
      1.88258772694559278286C65E-1
      1.95786C83726246796541250E-1
      1.73507397817250640114338E-1
      1.24823950664932481628935E-1
      5.72544C73721285996711769E-2

RADAU I   N = C9

ALPHA

```
 0.00000C0000000CCCOC000C0E+C
 4.4633955289969850733121CE-2
 1.44366257C421455714E5219E-1
 2.86824757144430518S48686E-1
 4.548133151965733509677288E-1
 6.28067835416727697569146E-1
 7.85691520604369241642459E-1
 9.086763921002060439S6259E-1
 9.82220C84852636548186795E-1
```

BETA

ZEILE 01

```
 0.00000C000000000C0C00000E+C
 0.00000C00000C0C0CCC0CCC0E+C
 0.00000C0000000CCC0C0000C0E+C
 0.00000C00C00000C0C0C00C00E+C
 0.00000C0C00000000000C00000E+C
 0.0C000C00C0000C0C0C0C000E+C
 0.00000C000000C0C0C0C0CCC0E+C
 0.00000C00C0000C0C0C0CCCC0E+C
 0.00000C000000000C000C00000E+C
```

ZEILE 02

```
 1.72802537835902146C73239E-2
 3.101618349793668503S6695E-2
-5.29922441420742582569560E-3
 2.53561738518536369C17424E-3
-1.42426703193036259134671E-3
 8.27902507271844857408362E-4
-4.59492808422428881593279E-4
 2.16246566332234267299224E-4
-5.92641957862744301186128E-5
```

ZEILE 03

```
 8.73643272369631319309354E-3
 8.56192400591830141673046E-2
 5.65156547798034826673792E-2
-9.346403338060531912946S7L-3
 4.35311521648139869775773E-3
-2.34248835C79851341256562E-3
 1.25111384040689864360728E-3
-5.77057706C449S1488213C9E-4
 1.566522738442173696566610E-4
```

ZEILE 04

```
 1.5256148220140937180S659E-2
 6.56887568291129625558943E-2
 1.3940462524860606C64564296E-1
 7.48086276C3686226182949E-2
-1.18080859580357220C51252E-2
 5.19870225409082216234593E-3
-2.55369231837675589466610E-3
 1.13117852288792358510945E-3
-3.01503257681939383C83110E-4
```

ZEILE 05

RADAU II   N = C9

ALPHA

```
 1.77799151473634518132051E-2
 9.132360789979395600374 15E-2
 2.143C847S395630758357541E-1
 3.7193216458327230243C854E-1
 5.451866848C342664903227 2E-1
 7.13175242855569481051314E-1
 8.55633742957854428514781E-1
 9.5536604471CC3C149266879E-1
 1.0CCCCCCC00000000CCC00000E+0
```

BETA

ZEILE C1

```
 2.25688736681826832543764E-2
-7.849952516148848582 42286E-3
 5.0965702866080C15324C7289E-3
-3.32C5C4816615954897716 71E-3
 2.00720551519303461544 0C6E-3
-1.0530777S19327423365801CE-3
 4.268642396123476246S2427E-4
-9.646C375350831886570301E-5
 C.000C00CC0C0C0C00000000000E+0
```

ZEILE C2

```
 4.9242528472220030579 89C5E-2
 4.95745985314479C320712C0E-2
-1.14599116937470990596230E-2
 6.2569C62645239C602513187E-3
-3.525566S78C24569786 73749E-3
 1.787C9C4C27977744108 9347E-3
-7.11245025388942368863578E-4
 1.592C7929649529959 29719E-4
 C.000C00CC000C000000000000E+0
```

ZEILE C3

```
 4.33138547567885674539100E-2
 1.097472151C1795241799325E-1
 7.02737822411866152659508E-2
-1.3095C00C3146225430291447E-2
 6.05C93348598935774577531E-3
-2.62527619595C83704885816E-3
 1.079873642943C41687271 71E-3
-2.369C33224986855166 88885E-4
 C.000C00CC0C0C000000000000E+0
```

ZEILE C4

```
 4.67699578886625469 9625785E-2
 9.4807287E042C51588050549E-2
 1.5750859435367321782 4244E-1
 8.212761418482639458 40739E-2
-1.28059405869962194515352E-2
 4.8777195C894805723579551E-3
-1.7146833S831685626530672E-3
 3.6195383C3070797359 49546E-4
 C.000C00C0C0C0C000000000000E+0
```

ZEILE C5
```
```

        9.91850907392171776150668E-3
        8.02322749420240154655190E-2
        1.13401301198440961599456E-1
        1.76506951202001468296361E-1
        8.37029007870476568573047E-2
       -1.24169511941753360289746E-2
        4.97571398624742040343955E-3
       -2.03020067366577919836918E-3
        5.22815874731225811435432E-4

ZEILE 06

        1.43815848488234590409398E-2
        6.85987845232677903723094E-2
        1.31267970042578174588671E-1
        1.47385229105383476141932E-1
        1.92588141030101169756868E-1
        8.21276141848263945840739E-2
       -1.11054216114229988059127E-2
        3.71591828547589285664673E-3
       -8.91984992305660966383042E-4

ZEILE 07

        1.06675292061961164025424E-2
        7.80750339631450066464916E-2
        1.17603282160116533108053E-1
        1.66323834314457766276763E-1
        1.63431949541680516240594E-1
        1.85726860697980847834555E-1
        7.02737822411866152659508E-2
       -8.02524389046425077150512E-3
        1.61449237007009063901350E-3

ZEILE 08

        1.36547527064550901402538E-2
        7.05388478413662869905524E-2
        1.28137272078691062400670E-1
        1.52674641135786679933200E-1
        1.81292214704020257554639E-1
        1.59637609713659721895797E-1
        1.56717155374636901869394E-1
        4.95745985314479032071200E-2
       -3.55069998585785999536770E-3

ZEILE 09

        1.14868356882880529709180E-2
        7.59762836870402466739540E-2
        1.20654200888543911574833E-1
        1.62073103388909456391963E-1
        1.69747667577121921642023E-1
        1.74104512187714912507659E-1
        1.36742319001620438760494E-1
        1.08866288765214924410574E-1
        2.25688736681826832543764E-2

GAMMA

        1.23456790123456790123457E-2
        7.38270095231576929097942E-2
        1.23594689102296526180620E-1
        1.58421887835218989169000E-1

        4.42140949873702818160450CE-2
        1.04397272471814599957564E-1
        1.34390939681807081765417E-1
        1.86738141685275704319026E-1
        8.37029007870476568573047E-2
       -1.07424879580000711451833E-2
        3.08965620374670440123677E-3
       -6.03833055635308939138105E-4
        0.00000000000000000000000E+0

ZEILE C6

        4.64026200426216021848293E-2
        9.66388016924322497352200E-2
        1.50335708296602243471317E-1
        1.57084047445584412712767E-1
        1.94015507460914250155334E-1
        7.48086276036862261829489E-2
       -7.29170590362988584130684E-3
        1.18163627135838245020356E-3
        0.00000000000000000000000E+0

ZEILE C7

        4.42781400328135474377023E-2
        1.03962200380465087916975CE-1
        1.36251871756103082940852E-1
        1.79329718220602884663610E-1
        1.59774711897425677285648E-1
        1.78686835698630743650859E-1
        5.65156547798034826673792E-2
       -3.16539400321758693010184E-3
        0.00000000000000000000000CE+0

ZEILE C8

        4.66777064728516197515179E-2
        9.58104538217856321025924E-2
        1.51432728950439573035307E-1
        1.56889706253934716812825E-1
        1.89244664614242626629400E-1
        1.40958396305520649433116E-1
        1.43336204793318646464252E-1
        3.10161834979366850396695E-2
        0.00000000000000000000000E+0

ZEILE C9

        4.22019158102250140844745E-2
        1.10909480404064442750420E-1
        1.23729057130099689473129E-1
        1.96691264779504797714520E-1
        1.39901131997328125764991E-1
        1.95769531972420112904847E-1
        8.74619115942184137497372E-2
        1.03335706312139418804096E-1
        0.00000000000000000000000E+0

GAMMA

        4.53572524616414585064467E-2
        1.00276649012275978710583E-1
        1.43193348178615585573353E-1
        1.68846983487964792901862E-1

```
1.74136501386483297C35996E-1        1.74136501386483297035996E-1
1.68846983487964792901862F-1        1.58421888783521898916900CE-1
1.43193348178615585573353E-1        1.23594689102296526180620E-1
1.0C276649C122759787710583E-1       7.38270095231576929097942E-2
4.53572524616414585C64467E-2        1.2345679C1234567901234567E-2
```

```
RADAU I       N = 10                    RADAU II      N = 10

ALPHA                                   ALPHA

  0.00000C000000000000C000000E+C          1.44124096488765486328267E-2
  3.6257812883209460C9411643E-2          7.438738970919604463591820E-2
  1.180789787899987CC192285E-1           1.76116656162995281863176E-1
  2.371765848149603853173070E-1          3.09667575927637817059620E-1
  3.8188276530470597536077CE-1           4.619704010810109348883143E-1
  5.38029598918989065116857E-1           6.18117234695294024639230E-1
  6.9C332420072362182940380E-1           7.628230151850396146882693E-1
  8.23883343837004718136824E-1           8.819210212100012998C7715E-1
  9.2561261029080395536408E-1            9.637421571167905390588836E-1
  9.855875903511234513671730E-1          1.00CC000C0C0C0000000C00000E+0

BETA                                    BETA

ZEILE 01                                ZEILE 01

  0.0C000C00C00000C0C0C00000C0E+C          1.83321893234452419895987E-2
  0.00000C00000000C000C000C0CE+C          -6.4909134765096521942066730E-3
  0.00000C00000000C0C0C0CCC0CE+C          4.360264826585973796999271E-3
  0.00000C000000C0C0C0C0000CCE+C          -3.0025613C9518383399875392E-3
  0.00000C0000000C000C0C000CE+C           1.98C555555978384701790123E-3
  0.000000C000000000000C00000DE+C         -1.19726435213176495359848E-3
  0.00000C000000C0C0C0C000CC0E+C          6.25919058193530953725507E-4
  0.00000C0000000C000C000C0CE+C           -2.527236438782494717546450E-4
  0.00000C000000C0C000C00C0CC0E+C         5.69436667114672090923832E-5
  0.00000C00C00000000C000C00E+C           C.0000000C0000C0C00000000000E+0

ZEILE 02                                ZEILE 02

  1.40028436702849869568636E-2           3.993462897530629798000140E-2
  2.525545670378645518403350E-2          4.07220662356843887022408E-2
  -4.36170667073123544881249E-3          -9.73478295143549094231700E-3
  2.1281009593646C5571119589E-3          5.614359232712878173C6132E-3
  -1.23437451796172235775685E-3          -3.449599669946199970252661E-3
  7.56789349752734141C0385C9E-4          2.01296037392801299880933E-3
  -4.61604658385571407844345E-4          -1.032024068186175570044825E-3
  2.63565763598786195523122E-4           4.120701578216316873708130E-4
  -1.26105C834741372206634110E-4          -9.228853668929869C3662402E-5
  3.48473669745593275868242E-5           C.000C00C0C0CCC000000C00CC0E+0

ZEILE 03                                ZEILE 03

  7.06148883935943313122195E-3           3.518703522120008037496120E-2
  6.979187616953931500C54844E-2          8.982668554284029614588820E-2
  4.665792786370016238990860E-2          5.891777746477799551934827E-2
  -7.864165802303100682C58935E-3         -1.15857085755490448710C2098E-2
  3.780026700201739245633410E-3          5.82869754013C719989362535E-3
  -2.14339C883868486253505440E-3         -3.1274397267846C10957156640E-3
  1.25636796214857367S75646E-3           1.53627611947116603233195E-3
  -7.01664952779414028636302E-4          -5.992187637086653795757480E-4
  3.159252842072988344200C5E-4           1.32554157556192528484161E-4
  -9.1079188655144221428175500E-5        C.00CC0000C0C0C0C0000000C00CCE+0

ZEILE 04                                ZEILE 04

  1.23850730463815536573448E-2           3.79C534819993777783919921E-2
  5.34513860390453501873340E-2           7.787C9296999999999137669E-2
  1.15282996457291377450575E-1           1.31251291304720797950187E-1
  6.32345943843694759412252E-2           7.110420330859138870C14177E-2
  -1.02891658774254430442032E-2          -1.20472398832452592718173E-2
  4.766023259603543100599111E-3          5.256663814399516141742370E-3
  -2.563356264190019966689764E-3         -2.36563961208606410412025E-3
```

1.37015C00C0338C979442997E-3
-6.32525229577456650477635E-4
1.71808999428194847377140CE-4

ZEILE 05

7.98956707587934479590787E-3
6.54742301349390537739840E-2
9.357673695392C9776C86186E-2
1.49549556C180784C2478568E-1
7.33742357576291851308727E-2
-1.14240135922435224544C4CE-2
4.99458410741567832154323E-3
-2.44577513501355555923794E-3
1.08181249791516003873299E-3
-2.88168513814748773814915E-4

ZEILE 06

1.17165C94303802989359223E-2
5.57252720C04361348755359E-2
1.08682963224928125236465E-1
1.24531276389642510953025E-1
1.69349787831856087C95773E-1
7.60857623C132953949956C0E-2
-1.11646882265416911517212E-2
4.44599541497968228388682E-3
-1.80823711982714085424381E-3
4.64957671805518242652936E-4

ZEILE 07

8.54015257726012333267215E-3
6.38542C69341968072434583E-2
9.68705956340255432158966E-2
1.41132119777629803124660E-1
1.43184609203926480404C14E-1
1.72767408748739767209677E-1
7.11042C33085913887C14177E-2
-9.53588596808907230897181E-3
3.17561495234226185930014E-3
-7.60605C96260919584174634E-4

ZEILE 08

1.12135C22573899928327527E-2
5.70940998966842167897880E-2
1.06376309283765581678500E-1
1.28679972568950798373984E-1
1.59788C544193824147121 33E-1
1.47696588488712156755496E-1
1.59464911420079054102415E-1
5.89177746477799519348271E-2
-6.68983592702545301906609E-3
1.34196678128600397599529E-3

ZEILE 09

9.04863879692268789981107E-3
6.25311627475351309541524E-2
9.88677222413989097223033E-2
1.38172201878539960720125E-1
1.47991677888806532829388E-1
1.62801261152468522C94951E-1
1.37672664879810143228728E-1

8.831C2108503983906484695E-4
-1.91079013184324570033169E-4
C.000CCC0CC000CCC0C0C00000E+0

ZEILE C5

3.59481888580852776233904E-2
8.53383904617422186689638E-2
1.12659535120470212010189E-1
1.60110C86234596128076529E-1
7.60857623013295394995600E-2
-1.11426534863493039185354E-2
4.07619369578322226414147E-3
-1.39622204120687511909267E-3
2.90319936560515777997813E-4
C.000C00CC0C0CC000000000CCE+0

ZEILE C6

3.75597256012512649218509E-2
7.95342267046887152310528E-2
1.24960250C80659166994324E-1
1.36045902649787244872599E-1
1.73625993162651633209403E-1
7.33742357576291851308727E-2
-9.02212646392938630323737E-3
2.52451563037723551443182E-3
-4.85484278210349320673 32E-4
C.000CC0CC0C0C0CCC000C00CCE+0

ZEILE C7

3.60873501564230401989299E-2
8.46854316760758114171227E-2
1.14765088244937542073016E-1
1.52927733143336448025668E-1
1.456C617186448784568133 1E-1
1.70551831091843627647443E-1
6.32345943843694759412252E-2
-5.98972820836350037864297E-3
9.54542831929324076600697E-4
C.0CCC000C000CC0CC00C000C0E+0

ZEILE C8

3.75763966360136350789821E-2
7.95587774919984884762058E-2
1.245630687CC450864647395E-1
1.378154481309226163875C9E-1
1.66643142231708392429131E-1
1.40115022441243393213752E-1
1.51359889261847069365794E-1
4.66579278637C01623899086E-2
-2.56C65154788332218096253E-3
C.00CC000C0C0C0C0C0000000CE+0

ZEILE C9

3.58516976588C59718285572E-2
8.54439541560868594215563E-2
1.13523787662584218056898E-1
1.54257649516374163666146 2E-1
1.45261441090228730679196E-1
1.66470953024492595570643E-1
1.19166937411439833279640E-1

1.30712217779C5C323801964E-1
4.07220662356843887C224C8E-2
-2.90700330941264458958115E-3

ZEILE 10

1.06257404394511146C905888E-2
5.85848315028729143235146E-2
1.04265793557125577462120E-1
1.31470180827452625167516E-1
1.56050777175252253289932E-1
1.53126595145248814427555E-1
1.49634984683185367870647E-1
1.14328308395095936306181E-1
8.91681893019935744395197E-2
1.83321893234452419895987E-2

GAMMA

1.00000C0000000C0C0C0CCCC0E-2
6.01483352787408157586553E-2
1.02135C6593950C337777894E-1
1.34097418920589348C29277E-1
1.52929643862211310508138E-1
1.56791228613469188347951E-1
1.45305C82416459155573432E-1
1.19596715857189856688286E-1
8.21880C636846073785084C8E-2
3.68085C274337924946552256E-2

1.18510310245224238376850E-1
2.52554567037864551840335E-2
C.000C000C0C0C000000C000C0E+0

ZEILE 10

3.91117599611597334267240C6E-2
7.43689583067382782305678E-2
1.341C98043241028009656666E-1
1.240927574C87918286978066E-1
1.837C4599865C62510769688E-1
1.221841647527477209598706E-1
1.6608063286662726909034177E-1
7.21225582710773343201632E-2
8.42247735936C95008548222E-2
0.0C0C000CC0C0C0C0C0CCC0000E+0

GAMMA

3.68085027433792494655256E-2
8.21880063684607378508408E-2
1.19596715857189856688286E-1
1.453C508241645915573432E-1
1.56791228613469188347951E-1
1.52929643862211310508138E-1
1.34097418920589348029277E-1
1.0213506593950033777894E-1
6.01483352787408157586553E-2
1.000C00CC0000C00000000G0E-2

RADAU I   N = 11

ALPHA

    0.000000000000000C0C0C000CC0E+C
    3.00290321614864970430644E-2
    9.82890122C98532296512C10E-2
    1.99021C78963101154862054E-1
    3.2405553832333489264284SE-1
    4.63261234284339367126SC5E-1
    6.05360153114213157C38C48E-1
    7.38840323991543759733948E-1
    8.5288855035692S7595724C1E-1
    9.38267928122851874477371E-1
    9.88082386567584440C90254E-1

BETA

ZEILE 01

    0.000000000000000C0C0C000CC0E+C
    0.00000C00C00000C0CCC000C0E+C
    0.00000C000000C0C0C0C00CC0E+C
    0.00000C00C0000C0CCC000CCE+C
    0.000000000000000C0C0C0C0C0E+C
    0.00000C00000000CCCC000CC0E+C
    0.00000C00C0000C0C0C0CCCCE+C
    0.00000C00C0000C0CCC000CC0E+C
    0.00000C00000000C0CCC000C00E+C
    0.00000C00000CCC000C00CC0E+C
    0.00000C00C0000C0C0C0C0000E+C

ZEILE 02

    1.15761613494374968189C18E-2
    2.0953375981791546953455ZE-2
    -3.64723429229261945C83640E-3
    1.80436655396897630370765F-3
    -1.0698834246698705082724C0E-3
    6.78914416733083385C64337E-4
    -4.3776774870710706951202BE-4
    2.75370C726331031789542304E-4
    -1.60294425974325787223294E-4
    7.7594154054589801512622CE-5
    -2.15704754883765826754106E-5

ZEILE 03

    5.8268225836556C878542627E-3
    5.79492410497031541381565E-2
    3.9103326339722203872303CE-2
    -6.680949446285978574550Z5E-3
    3.2816539444624780181100ZE-3
    -1.92495586204276214378174E-3
    1.19190S781412176C6749647L-3
    -7.3258568235006C777279150E-4
    4.20597281C02936042462519E-4
    -2.0196678362706473372C899E-4
    5.59190C42C053895657833348E-5

ZEILE 04

    1.02521897724847999486115E-2
    4.43243737501273634598119E-2
    9.6736549285447739SS23C48E-2

RADAU II   N = 11

ALPHA

    1.19176134324155969C97456E-2
    6.17320718771431255226294E-2
    1.47111449643C7C240427599E-1
    2.611596760C84562402660522E-1
    3.94639846885786842961952E-1
    5.367387657156C632873095E-1
    6.75944461676665107357151E-1
    8.0097892103689884513794655E-1
    9.0171098779014677034875SE-1
    9.6997096783851350C2956936E-1
    1.000C000CC000C0C0C00C00000E+0

BETA

ZEILE C1

    1.5182C281165351985656073E-2
    -5.44631313S37672550C3580535E-3
    3.74974803128548641493855E-3
    -2.6853377S8C5S772654219C0E-3
    1.87932337229419605129404E-3
    -1.2428144688896C529384310E-3
    7.49747575561S70942557477E-4
    -3.906585846C41975637763125-4
    1.5724C7S25808210288348555-4
    -3.535C414521245545842867E-5
    C.000CC00CC000C000000000000E+0

ZEILE C2

    3.3033445C0259102051C9066E-2
    3.4003329327196646205478C0E-2
    -8.3288195675C868C90159772E-3
    4.99326774401739161943236E-3
    -3.25366627949325372134115E-3
    2.0759580547617605751440255-3
    -1.22735058753766052541195CE-3
    6.3186727803314756452745IE-4
    -2.5249608702SC43619497112E-4
    5.6536992516757516992575ZE-5
    C.00CCC0CC0C0C00000000000C0E+0

ZEILE C3

    2.914253446483829333328312E-2
    7.481C8444839149C116183S0E-2
    4.99328785827620126848896E-2
    -1.020C2932C99C214874881785-2
    5.437113754C81734745172C1E-3
    -3.1865513160C1847660284025-3
    1.60278806640283423171989E-3
    -S.051213CC074C13572053313E-4
    3.564237C82S46904158439155-4
    -7.9167611246216163540S9635-5
    0.000C000C0C0C000000000000E+0

ZEILE C4

    3.1341742E2729133691199275-2
    6.5014482137C967982068241E-2
    1.10753644266C8CC30963975E-1

```
   5.39067C071002555658312557E-2
  -8.95781C268362381449121C7E-3
   4.28882819631852188257950E-3
  -2.43364967C94113066218593E-3
   1.42907735165765590276C8CE-3
  -7.99516C338779382992205467E-4
   3.78330782521151395C75825E-4
  -1.03994912300193039833997E-4

ZEILE 05

   6.57661698957583087795386E-3
   5.44074297742534470254494E-2
   7.84000423304460589332461E-2
   1.27707607634476057876457E-1
   6.41736126148728415286961E-2
  -1.031391842107327C9C54463E-2
   4.74886271866024056568073E-3
  -2.54795175996802328768587E-3
   1.36058985344983578C03677E-3
  -6.27879941C22451383342903E-4
   1.70526529664325631804397E-4

ZEILE 06

   9.72216861753250139985222E-3
   4.61568111795174156851694E-2
   9.12716371C71667050892912E-2
   1.061364162787873C4642554E-1
   1.48446423147610535132278E-1
   6.9C734622013028234853602E-2
  -1.06461211137789835C928C6E-2
   4.62742887192819251C24459E-3
  -2.25904948221064490618810E-3
   9.97582500027717477848958E-4
  -2.65525C23544199880245132E-4

ZEILE 07

   7.0016055591770C8123652857E-3
   5.31363718384748059661034E-2
   8.10671687504321172415194E-2
   1.20632474959766942060470E-1
   1.25200351595421537653240E-1
   1.57293C208224C8920722105E-1
   6.82095901068962288883069E-2
  -9.92891363536331174387849E-3
   3.93463120253693527175498E-3
  -1.5960C42349404C803192232E-3
   4.09856149402307773819776E-4

ZEILE 08

   9.348433925231929316409C0E-3
   4.71896103465771772226323E-2
   8.94728C65574367916457977E-2
   1.09519704376322254192375E-1
   1.40241178944136C16220822E-1
   1.34025346445632927858424E-1
   1.53534258458869350339979E-1
   6.16521722C93711224628386E-2
  -8.2180726487639C075872116E-3
   2.726889847170216C0397C67E-3
  -6.5200447044012477C579578E-4


   6.16521722C093711224628386E-2
  -1.10541013224713581914161E-2
   5.25866769991461C22C95542E-3
  -2.71998161349115187438694E-3
   1.30344486140C28862848132E-3
  -5.001679627502C6350267798E-4
   1.095729C6014769287055511E-4
   C.000CCCCCOCOCC000C00C0000E+0

ZEILE C5

   2.978CC1C5698753855588934E-2
   7.1C1628888921162148C9987E-2
   9.54529514C73429679661609E-2
   1.379C6135273857551488809E-1
   6.82C95901068962288883069E-2
  -1.08673133016284434446079E-2
   4.553472C3935194846411530E-3
  -1.9937618453C345453196183E-3
   7.309356C87C5367943532912E-4
  -1.56461862522330852295403E-4
   0.000C00uCOCOCOC0000000000E+0

ZEILE C6

   3.1033594415497457168554CE-2
   6.6476421C140C96818788C37E-2
   1.052959414C06C09357626120E-1
   1.17932755319699451064908E-1
   1.540914947C00589484187388E-1
   6.90734622013C282348536C2E-2
  -9.68826402623614713835027E-3
   3.442C96835186861195253C6E-3
  -1.15644698050319791353258E-3
   2.37710835504861318591676E-4
   C.00CC00CCOCOCOCOCOC00000E+0

ZEILE C7

   2.993E2668569813771397361E-2
   7.03521999071345414609122E-2
   9.7459215212507349337921E-2
   1.31371387563191791742846E-1
   1.30572731514844081445012E-1
   1.58C32803300703193605561E-1
   6.41736126148728415286961E-2
  -7.6535693259563C028279162E-3
   2.09821128044407384760563E-3
  -3.98793556801228064218803E-4
   0.000C000COCOC000000000000E+0

ZEILE C8

   3.0983151411C934150922961E-2
   6.7164974815103956248417E-2
   1.04547367813522632813557E-1
   1.2C07575749109322292323E-1
   1.4724786E988C67614312398E-1
   1.3224522C45381435644610CE-1
   1.494701975372994087C3065E-1
   5.39C670071002556583 12557E-2
  -5.001C21226924226355204216E-3
   7.871804166983975741152215E-4
   C.000C000C0C0CC00C00C00C00E+0
```

ZEILE 09

7.35808507942331956667874E-3
5.21961841748449824764159E-2
8.25314810637201044401290E-2
1.18356662612145315238397E-1
1.29130887358440913639125E-1
1.48527477278374474471455E-1
1.31902719276442292586504E-1
1.37467712182994381927706E-1
4.99328785827620126848896E-2
-5.64558401112847909272982E-3
1.13004675891044163382924E-3

ZEILE 10

8.97760922796698595519868E-3
4.81402635711255852594983E-2
8.80914793516554637591422E-2
1.11426227024470307984740E-1
1.37521217432077487160287E-1
1.38336690601462072982094E-1
1.44776122390556665748439E-1
1.19049442677724787104389E-1
1.10366974293746592951007E-1
3.40033293271966462034780E-2
-2.42142777513072063090143E-3

ZEILE 11

7.79453248424558684022803E-3
5.10959035094756842712723E-2
8.40649357537170752432333E-2
1.16388713727612157180489E-1
1.31628451927605987409247E-1
1.45255613374652850183073E-1
1.36587689509479768708208E-1
1.29083726395896099698231E-1
9.67014510236316791476255E-2
7.42993407447323158430398E-2
1.51820281165351985656073E-2

GAMMA

8.26446280991735537190083E-3
4.99230409539840319478767E-2
8.56588096033299182433563E-2
1.14433061924488312200842E-1
1.33933543094842088903319E-1
1.42582781970503668730002E-1
1.39680666551691522594481E-1
1.25462688848564197324570E-1
1.01081554270012209174966E-1
6.85168410666011281550769E-2
3.04625489060655673536092E-2

ZEILE 09

2.98957250111413639250481E-2
7.04626870021845063781022E-2
9.73911547540651805111049E-2
1.31048971396014872802306E-1
1.32193246893762845146462E-1
1.51925575361208180515142E-1
1.22583952505616499814789E-1
1.29232002942901331239377E-1
3.91033263397222038723030E-2
-2.12565441647021385583535E-3
0.00000000000000000000000E+0

ZEILE 10

3.11782181095840331152420E-2
6.60700695505984499105054E-2
1.05684095410379778254970E-1
1.18593244550960152377270E-1
1.48671308772595511580071E-1
1.31826235323464165254001E-1
1.45964262214440331440216E-1
1.01599856683163683426519E-1
9.94303013737999877442291E-2
2.09533759817915469534552E-2
0.00000000000000000000000E+0

ZEILE 11

2.87304005671509995908302E-2
7.44292083803105415518130E-2
8.99957678297705401609435E-2
1.41918438470710959861735E-1
1.18336660703983909622939E-1
1.67731875641167275975321E-1
1.06580363413986647973252E-1
1.41955925518659421239555E-1
6.03933610405743836371489E-2
6.99279784336853203864612E-2
0.00000000000000000000000E+0

GAMMA

3.04625489060655673536092E-2
6.85168410666011281550769E-2
1.01081554270012209174966E-1
1.25462688848564197324570E-1
1.39680666551691522594481E-1
1.42582781970503668730002E-1
1.33933543094842088903319E-1
1.14433061924488312200842E-1
8.56588096033299182433563E-2
4.99230409539840319478767E-2
8.26446280991735537190083E-3

RADAU I   N = 12

ALPHA

    0.00000C00C0000C0C0C0CCCO0E+C
    2.52736203975203497533312E-2
    8.30416134474051467C68654E-2
    1.69175100377181425969433E-1
    2.77796715109032074436679E-1
    4.01502720232860816772279E-1
    5.31862386910415957916890E-1
   ·6.59991842C85334811766395E-1
    7.77159392956162144492169E-1
    8.75380774855556926264700E-1
    9.479645488728194474164572E-1
    9.89981719538319559415697E-1

BETA

ZEILE 01

    0.00000C0000000C000C0C0CC0E+C
    0.0C000C00C00000C0C0C0CCC0E+C
    0.0C000C00C00000C000C0000C0E+C
    0.00000C0000000C0C0C000CC0E+C
    0.00000C00C00000000C00CC0E+C
    0.0C000C00C00000C0C0C0000C0E+C
    0.00000C00C00000C0C0C00000E+C
    0.00000C00C0000C0C0C0C0000CC0E+C
    0.00000C0000000C000C0C0C00E+C
    0.0C000C0000000C0C0C00CC0E+C
    0.0C000C00C00000C0C0C000000E+C
    0.00000C0000000C000C0000C0E+C

ZEILE 02

    9.72946527749112232896888E-3
    1.76585671388283008303718E-2
   -3.09192C935480831564834590E-3
    1.54540965001211178805325E-3
   -9.30957200371930535223659E-4
    6.04969734184931005572933E-4
   -4.04437723322303169558534E-4
    2.69409615537074394396147E-4
   -1.73096255397383568C972C4E-4
    1.02163397747028124961578E-4
   -4.9880618851048C4414490120E-5
    1.39283171432781629655277E-5

ZEILE 03

    4.890353932426593C33225486E-3
    4.88663923270549185733668E-2
    3.32070339268578277789246E-2
   -5.73095974740631942713467E-3
    2.85938C3148132C4310765C7E-3
   -1.71707610673806721695770E-3
    1.10181911245781329466621E-3
   -7.16729488C41885346853220E-4
    4.538266563889643601966552E-4
   -2.65420945133110494719773E-4
    1.28880590194815714593618E-4
   -3.58871254696078732370064E-5

ZEILE 04

126

RADAU II   N = 12

ALPHA

    1.00182800461680400584302470E-2
    5.203545112718C5525835427E-2
    1.24619225144443073735300E-1
    2.2284060C70438378555C7831E-1
    3.40C0815791466518823360500E-1
    4.68137613089584042083110E-1
    5.98497279767139183227721E-1
    7.2220328489096792556332110E-1
    8.30824899622818587403056700E-1
    9.16958386552594853293135E-1
    9.74726379560247965024666900E-1
    1.0000000C0C0000C000000C00C0E+0

BETA

ZEILE C1

    1.27772391057698229578286E-2
   -4.62922011132847050321768E-3
    3.24648543566672599439966700E-3
   -2.39291778978480599925519E-3
    1.747C816694131034216382700E-3
   -1.228589110906050053238194E-3
    8.12C264925259935078971970E-4
   -4.88651416037155778333442E-4
    2.53882493240327454697698E-4
   -1.01932788313811161171460E-4
    2.28764814341925313260412E-5
    C.00CCC00CC000C0C0CC0CC0000E+0

ZEILE C2

    2.777627422835586616569270E-2
    2.87961914231874434911148E-2
   -7.18312351283621046521028E-3
    4.43C59447028522243908262E-3
   -3.0112763810891103415895200E-3
    2.04242990C38172786270382400E-3
   -1.32245891654971813276260E-3
    7.859C259457836102129455900E-4
   -4.05115414256117653437118E-4
    1.61856080699228071446022040E-4
   -3.62233582352716640829431E-5
    C.00CC00CC0C0C000000C00C0E+0

ZEILE C3

    2.45274225303230335415298E-2
    6.323C075409118955153046630E-2
    4.275995418546449151493550E-2
   -8.98381474460895791193152E-3
    4.99120859516497149952265E-3
   -3.10766359257419891283234E-3
    1.924C491456677761680C3852E-3
   -1.11400217717171.98209340980E-3
    5.651876294C4664247447327E-4
   -2.2362391386540637O434028E-4
    4.97729899891305219670873E-5
    0.00CC00CC0C0C000000C00CCE+0

ZEILE C4

8.6251611373466C5385322C5E-3
3.734081006168784988524C8E-2
8.22267749139226323391701E-2
4.636482502727651C8375174E-2
-7.82291605957137647587778E-3
3.83254670831301184120823E-3
-2.25213600711484720C28807E-3
1.39827923696253725197664E-3
-8.61612104385588334430669E-4
4.95677940703572684461579E-4
-2.38356630C89777470923550E-4
6.60461521302952260566818E-5

2.6346C60C1249327781751 91E-2
5.505C991606711705719 1914E-2
9.454C04956598320 34991071E-2
5.3693467648757C060472291E-2
-1.0026385278392133 0242718E-2
5.06167219448953558284697E-3
-2.86149264307244856710062E-3
1.5789810681178261071536CE-3
-7.79C755747725622243 94982E-4
3.0321298490628 9223510581E-4
-6.6874541383844672959 0940E-5
C.00CC000C0C0C0000000000CCE+0

ZEILE 05

5.50973426460715366619784E-3
4.59065448576433899304221E-2
6.65630393136804458559355E-2
1.09982184026259571354020E-1
5.62431284914861545400636E-2
-9.24248758391937082872290E-3
4.40260264846764233C85511E-3
-2.49393401783050120766807E-3
1.46385649C16683169C88933E-3
-8.19011499438544729304841E-4
3.8762034893077C4992368C9E-4
-1.06562231C21468665246073E-4

ZEILE C5

2.5079001600267137772 3465E-2
5.99917558726864930581388E-2
8.1717C41882722546639 5836E-2
1.19529541673403034081167E-1
6.0845806319354346 8360683E-2
-1.02737414265597759389667E-2
4.69573629850102066441828E-3
-2.3620771256519784446 2267E-3
1.11017744716246629815647E-3
-4.20478468365C77116634140E-4
9.13938411449743639496623E-5
C.000C000C0C00000000000000E+0

ZEILE 06

8.19338885067561095371584E-3
3.88523897948242398221388E-2
7.76261914970640569812109E-2
9.12739857110018489411121E-2
1.30319177550867128759748E-1
6.21697189834299329791195E-2
-9.8989028053641842C095621E-3
4.53366805232864032794557E-3
-2.42588018323574854586862E-3
1.29350352177908346280482E-3
-5.96451545442894939901491E-4
1.61930804933102231209876E-4

ZEILE C6

2.60754055984335C90307263E-2
5.632669CC026444328299469E-2
8.98C226C40002442351931C7E-2
1.026693C79949041721C0755E-1
1.365C913754775849027 2587E-1
6.374C9373148C55534911745E-2
-9.72950816111817962126296E-3
3.957C2187029324691871990E-3
-1.69684803998283638863113E-3
6.134C6865889260846876010CE-4
-1.30198308068C3C917091822E-4
C.0CCC0C0GC000C0CC0C0C0000E+0

ZEILE 07

5.84935221235910686692926E-3
4.48778638774157650713423E-2
6.87735957961244991120513E-2
1.0395538266211277999 2968E-1
1.0971643383581443 3651845E-1
1.41869419831498227175907E-1
6.3740937314805553 4911745E-2
-9.7494131836351C416141206E-3
4.2176890253303 5085C66123E-3
-2.05347434353691592804692E-3
9.0540724668797C613707357E-4
-2.4080736456070882C237519E-4

ZEILE C.7

2.5221989678732515904 4529E-2
5.9373219955524 861966920 6E-2
8.3536793C2C6C0C605330785E-2
1.13695412370371C80068978E-1
1.1644898717861176615 3235E-1
1.44339423402468232048030E-1
6.2169718983429932 97991195E-2
-8.4516987596650660 3238853E-3
2.9378658892448C0497542C5E-3
-9.7257712884395 7843158881E-4
1.9814517666495695 1911622E-4
C.000CC0CC0000C0CCC000C0000E+0

ZEILE 08

7.9C248451957314613354139E-3
3.9666177845846 9786663363E-2
7.61722772326576364241268E-2
9.41002997307780 975398307E-2

ZEILE C8

2.60C64573336C39480850550E-2
5.662C675769911555 5891062E-2
8.99C6456475962151834940E-2
1.0478817281027 87284620S8E-1

1.23212644847443666236651E-1
1.20611771683951539622422E-1
1.43850666200346719768240E-1
6.08498063193543468360683E-2
-8.80389964584129420616918E-3
3.47545089245140851341301E-3
-1.40668733770282895771861E-3
3.60849796475395189652530E-4

ZEILE 09

6.11674850108499296428908E-3
4.41646391862527843785199E-2
6.99127293696003884459475E-2
1.02119683769715550102066E-1
1.30292089023237492916627E-1
1.34111564246736130023516E-1
1.23214010891802239458675E-1
1.36127089719074621943266E-1
5.36934676487570060472291E-2
-7.12419058580559198144163E-3
2.35731420904608701438575E-3
-5.62872902425813195911517E-4

ZEILE 10

7.63951487424944713806299E-3
4.03469407599688885526507E-2
7.51602057695149949889946E-2
9.55480200544106518808208E-2
1.21045329397804379910548E-1
1.24258567941156457040968E-1
1.35903921105409514847688E-1
1.17356514143927949977974E-1
1.19217794782072175025571E-1
4.27599541854644915149355E-2
-4.81897705713387407879931E-3
9.62988898711649465286581E-4

ZEILE 11

6.39608517480757169249791E-3
4.34550662298882892120140E-2
7.09200416464015015556955E-2
1.00786807851189811644602E-1
1.14798761512649820921763E-1
1.31642955298485334634351E-1
1.27062508573110609451749E-1
1.28423532847388522190410E-1
1.03478203481311500898037E-1
9.42511888024891019655970E-2
2.87961914231874434911148E-2
-2.04679396809006024137257E-3

ZEILE 12

7.30629477314250178359912E-3
4.11837215522444644351025E-2
7.40055183816468032207608E-2
9.70032136803273042624312E-2
1.19255125201115537990724E-1
1.26479478823125529787216E-1
1.33035629699845169187670E-1
1.21421889137732036470114E-1
1.12003891860725136736569E-1

1.30090674463938796861955E-1
1.22071062030846068808539E-1
1.42512578206018045768747E-1
5.62431284914861545400636E-2
-6.55779818430176906240724E-3
1.77113349759773327687351E-3
-3.33445176007551950202866E-4
0.00000000000000000000000E+0

ZEILE 09

2.52348593480756575247282E-2
5.92996539542379433750383E-2
8.37970319144483133770451E-2
1.12938408648680970720327E-1
1.18520238041047958250783E-1
1.37974441381994229336982E-1
1.19070041546801392624760E-1
1.31199736482492595953683E-1
4.63648250272765108375174E-2
-4.23464838265664409924761E-3
6.60311660242520362332500E-4
0.00000000000000000000000E+0

ZEILE 10

2.60548677961130849356742E-2
5.64712568330812455223938E-2
8.92082269515081154355443E-2
1.04640176338880093048366E-1
1.29839998318921210538585E-1
1.23533116435911857047560E-1
1.37048337580296653986650E-1
1.07461715656006163174724E-1
1.11281573960361449200049E-1
3.32070339268578277789246E-2
-1.78790207920678122213633E-3
0.00000000000000000000000E+0

ZEILE 11

2.50746574192460786797139E-2
5.98388912944435335970094E-2
8.28156105879241980997392E-2
1.14314558364441362779523E-1
1.16927460202962317846515E-1
1.39405045760398113700193E-1
1.18622720584149592158225E-1
1.28168003145532210568539E-1
8.73933502664591679412923E-2
8.45074365283326137444551E-2
1.76585671388283008303718E-2
0.00000000000000000000000E+0

ZEILE 12

2.69592277947523241210711E-2
5.33774963767167894584381E-2
9.50316385584677086573770E-2
9.59507380235901788582678E-2
1.41175929112273138357993E-1
1.10117141280471961734076E-1
1.51605357461233319037694E-1
9.32259395378699143043154E-2
1.22328375682127128898132E-1

8.268830526050950651506268-2
6.2821412062135780809897408974E-2
1.277723910576982229578286E-2

GAMMA

6.944444444444444444444444E-3
4.208606746934048812078988-2
7.278183442699756426127388-2
9.849926741304481732802488-2
1.175015575724929196743178-1
1.284956690763538880639878-1
1.307328302760665517190378-1
1.240607804020049797015378-1
1.089344395130962194243748-1
8.638531965665428215303298-2
5.795374014586919637517108-2
2.562404960363464873401158-2

5.125376594869757695491978-2
5.896439022370996061771618-2
0.000000000000000000000008+0

GAMMA

2.562404960363464873401158-2
5.795374014586919637517108-2
8.638531965665428215303298-2
1.089344395130962194243748-1
1.240607804020049797015378-1
1.307328302760665517190378-1
1.284956690763538880639878-1
1.175015575724929196743178-1
9.849926741304481732802488-2
7.278183442699756426127388-2
4.208606746934048812078988-2
6.944444444444444444444444E-3

RADAU I   N = 13

ALPHA

```
 0.0000000000000C000C00000E+C
 2.15620631658503609C80931E-2
 7.10578987355889821511898E-2
 1.45447456235064119209788E-1
 2.40401110474772946257397E-1
 3.50399349722745007233708E-1
 4.69049150687182329371070E-1
 5.89454918798542317510966E-1
 7.04619115737419778377083E-1
 8.07848945470145959C08943E-1
 8.93145509116523343365893E-1
 9.55553536844592276974533E-1
 9.91460945011572580631336E-1
```

BETA

ZEILE 01

```
 0.0000000000000C000C00000E+C
 0.00000000000000C0C0C00000E+C
 0.0000000000000C000C00000E+C
 0.00000C00000000000C00000E+C
 0.00000000000000000C00000E+C
 0.00000C00000000C000C00000E+C
 0.00000C000000000000C00000E+C
 0.00000C00000000C000000000E+C
 0.00000000000000000C00000E+C
 0.00000C00000000000C00000E+C
 0.00000000000000000C00000E+C
 0.00000C00000000C000C00000E+C
 0.00000000000000000C00000E+C
```

ZEILE 02

```
 8.29170167748702717C40793E-3
 1.50808172777565756104062E-2
-2.65262265839781236C05592E-3
 1.33623535552869459397372E-3
-8.14515066809116006496532E-4
 5.38498112190550C602265642E-4
-3.69147486506207045135217E-4
 2.55281042997357158136831E-4
-1.73929968818785882551413E-4
 1.13476181051551087C15001E-4
-6.76680361138448693C81385E-5
 3.32542328853526405122789E-5
-9.31749740098179107726292E-6
```

ZEILE 03

```
 4.16310174716004313433152E-3
 4.17525003177947947126192E-2
 2.85276091707632048652506E-2
-4.96136154595205224881639E-3
 2.50451862604899694968023E-3
-1.52981393346389653453133E-3
 1.00632642136469846903174E-3
-6.79334539038040C859603924E-4
 4.55925312493381673298879E-4
-2.94572691988307302667476E-4
 1.74555546C28349355341698E-4
```

RADAU II   N = 13

ALPHA

```
 8.539C5498842741936866446E-3
 4.44464631554077230254668E-2
 1.06854449C883476657634107E-1
 1.92151054529854040991057E-1
 2.95380884262580221622917E-1
 4.10545081201457682489034E-1
 5.30950849312817670628930E-1
 6.496C065C2772549992766292E-1
 7.59598889525227053742603E-1
 8.54552543764935880790212E-1
 9.28942101264411017848810E-1
 9.78437936834149639091907E-1
 1.000C000C000C000000000000E+0
```

BETA

ZEILE C1

```
 1.090C4623406783961647025E-2
-3.9796684C193423924683691E-3
 2.83C8C28690734866422380-6E-3
-2.13267142581434236776895E-3
 1.60686306348627208470438E-3
-1.18119026889157447741162E-3
 8.31361744382932241269768E-4
-5.48624830348303113368465E-4
 3.2935532C948896029718470E-4
-1.707C52958C67956850490690-4
 6.8399535C239620071670463E-5
-1.53296583712709107007472E-5
 0.000C000C000C00000000000E+0
```

ZEILE C2

```
 2.36799977411182605040030E-2
 2.46854533087593817830910E-2
-6.2446835697568230565524-7E-3
 3.93644613614130272532635E-3
-2.76020024188979843117425E-3
 1.95656776899626962784546E-3
-1.34874347881653784431057E-3
 8.78696873126383447249935E-4
-5.23161271638823125662924E-4
 2.69692543383C86034217139E-4
-1.07689614042776621643613E-4
 2.408696C02779798307776470-5
 0.000C000C000C00000000000E+0
```

ZEILE C3

```
 2.09252433240660189675006E-2
 5.41227434879753722966386E-2
 3.69715999755C75167978312E-2
-7.93530155250390223735734E-3
 4.54681031896147318545985E-3
-2.9574162626969C923855886E-3
 1.94844611960893697948751E-3
-1.23605320213762989265900E-3
 7.23775114128776051481405E-4
-3.69147687824775059015241E-4
 1.46412531054862874863375E-4
```

      -8.5449913402S9901704480979E-5
       2.38942177808001077C31834E-5

ZEILE 04

       7.35613C21828247615C85624E-3
       3.1880879792422591751742 7E-2
       7.06908902559130742862691E-2
       4.02226031538525751698148E-2
      -6.84697435483158935006SOE-3
       3.41988407431029676316559E-3
      -2.05924986348223063C30834E-3
       1.32602314149190964808141E-3
      -8.65374788925694713897477E-4
       5.49411750205676548984880E-4
      -3.2197435192870C815525768E-4
       1.56556991538931585991791E-4
      -4.36267C31336276003803027E-5

ZEILE 05

       4.68396C512868095S8119241E-3
       3.92409560959066980549893E-2
       5.71735007443304658586316E-2
       9.55072078209675521280901E-2
       4.949281887129 10821C82488E-2
      -8.26665980016163984C04064E-3
       4.03260285543856641648399E-3
      -2.36720206545934367576608E-3
       1.46989641730469454C27930E-3
      -9.06192515906308275765596E-4
       5.21605271478529766695678E-4
      -2.50932154267316221747692E-4
       6.95484209818694161C63066E-5

ZEILE 06

       6.99686864517620519513503E-3
       3.31509808744731295474628E-2
       6.67643131733991244388463E-2
       7.91747745932272276766354E-2
       1.14825485546292890650496E-1
       5.58003203067273940274110E-2
      -9.09098104264301169187436E-3
       4.30984711382629186156509E-3
      -2.43574C92650523327139138E-3
       1.42801386674599028468821E-3
      -7.9847294129057C863C58794E-4
       3.77784837339183978457650E-4
      -1.038443240236146C0664662E-4

ZEILE 07

       4.96250804384635615886263E-3
       3.83887796116283782897490E-2
       5.90387960463101225342109E-2
       9.03151102129115906169192E-2
       9.65435516050032035S03665E-2
       1.27538213178010C087389605E-1
       5.87787250709972910907672E-2
      -9.29178508757293172832200E-3
       4.23671568855529896685084E-3
      -2.26121525833129836C52413E-3
       1.20387152283135378C65182E-3
      -5.54630184778769109903853E-4

      -3.26212826630830915653607E-5
       0.000C000C0000000000000000E+0

ZEILE C4

       2.24558751607410091134788E-2
       4.71864268061270609210674E-2
       8.15429805677295656677271E-2
       4.70249346457367672619413E-2
      -9.05139055770308617386912E-3
       4.76953616053994115087474E-3
      -2.86727405257701243586079E-3
       1.73192237652453438595405E-3
      -9.85147327914410175080677E-4
       4.935C9885186644189810328E-4
      -1.93578053297191511099254E-4
       4.28589187602185961134095E-5
       0.000C000C0000C000000000000E+0

ZEILE C5

       2.1400732386419 5788767275E-2
       5.13312086368390702661502E-2
       7.06358702794173278283773E-2
       1.04310128719508805248012E-1
       5.42596493805C75992448908E-2
      -9.55447691828997797742684E-3
       4.63753924849370280739788E-3
      -2.55010505454247870621477E-3
       1.37942605228998337822714E-3
      -6.71016394995842548545585E-4
       2.58635609291C50547073178E-4
      -5.67076823588763417519655E-5
       0.000C000C0000C000000000000E+0

ZEILE C6

       2,22186267604C63430757273E-2
       4.8301075C332905392296537E-2
       7.74111422462716855877428E-2
       8.98827272974885785798547E-2
       1.211C896731118618364558 9E-1
       5.82550064974222158756446E-2
      -9.42927195029302673355590E-3
       4.18320907502539579308948E-3
      -2.05952824130175062629673E-3
       9.53236633101764146476575E-4
      -3.57272046861757895827739E-4
       7.71625857215118109369571E-5
       0.000C000C060C000000000000E+0

ZEILE C7

       2.15314165483543373738340E-2
       5.07714364115478903081365E-2
       7.2263749C494938595649839E-2
       9.91264835576166058856954E-2
       1.03790633666332748851C9E-1
       1.30973462574602823340631E-1
       5.87787250709972910907672E-2
      -8.69519755426301041184115E-3
       3.45731434943179036018434E-3
      -1.45874594370427799765819E-3
       5.21525097100428734479012E-4
      -1.099535149933425054390616E-4

```
      1.50510237771646151836776E-4                    0.000C000C000C000000C00CCE+0

ZEILE 08                                           ZEILE C8

      6.76280406808685640223080E-3                    2.21470281679111305540317E-2
      3.38122079046621735411246E-2                    4.85968569039446822264125E-2
      6.55591882505567197646143E-2                    7.66269288269115876919087E-2
      8.15769102409486035921230E-2                    9.186C5655060566139073373E-2
      1.08621972060299073841824E-1                    1.15236024920921317260498E-1
      1.08250707331717171C88842E-1                    1.11527774537643334343921E-1
      1.32911425011234414271804E-1                    1.33343431357164323627319E-1
      5.82550C64974222158756446E-2                    5.580C3203067273940274110E-2
     -8.85783616955126358759756E-3                   -7.409S414997618520469 7713E-3
      3.81737016134561409336072E-3                    2.53287232568527291271676E-3
     -1.85431368120679788034536E-3                   -8.289C7841186C26454029347E-4
      8.16484686635095504828363E-4                    1.67696765237214715742168E-4
     -2.17007563607558997488843E-4                    0.000C000C0C0C000000C00C0E+0

ZEILE 09                                           ZEILE C9

      5.17219C88358943127156166E-3                    2.15629145378255127971078E-2
      3.78242881260279031195986E-2                    5.06378172993337242404682E-2
      5.99587695119725292914927E-2                    7.262276639053 3C640855263E-2
      8.87905578248547404957393E-2                    9.82611861219527574680671E-2
      9.93856754841333497636274E-2                    1.059C393597613759055 4827E-1
      1.20646644484418287561143E-1                    1.24849055943454677399395E-1
      1.13609968815060169130313E-1                    1.126C8158393378823555835E-1
      1.30633803857233001C38087E-1                    1.281C1311654C917248C4104E-1
      5.42596493805075992448908E-2                    4.94928188712910821082488E-2
     -7.81351202038339713852504E-3                   -5.672C31C60855531012C9654E-3
      3.07508308864429557343730E-3                    1.51393485489058034543466E-3
     -1.24243309281826939747162E-3                   -2.829794568C6952604315819E-4
      3.18429394180138423189217E-4                    0.000C000C0C0C000000C00C00E+0

ZEILE 10                                           ZEILE 10

      6.56385972307887129711713E-3                    2.215C6073875529111099789E-2
      3.43315747827671499C23580E-2                    4.85987224760C62200193471E-2
      6.47720615442847733234921E-2                    7.65673462002C89684711828E-2
      8.27357248939145482741879E-2                    9.21075358020632520795848E-2
      1.06822494388985515669034E-1                    1.145C854376926874628 9885E-1
      1.11410240912202935944563E-1                    1.13479556947910596200976E-1
      1.25694709152857442680214E-1                    1.27494015787319023365570E-1
      1.23115791823324745588996E-1                    1.069C17762848462600 12663E-1
      1.20835766515942138869802E-1                    1.155896499C9262401844710E-1
      4.70249346457367672619413E-2                    4.02226031538525751698148E-2
     -6.21702298727199456730982E-3                   -3.62966545335151190683 0129E-3
      2.05260675663425545361657E-3                    5.6185150C160C45294800866E-4
     -4.89584041318919659C69926E-4                    0.000C000C000000000000000E+0

ZEILE 11                                           ZEILE 11

      5.37232C59848018068901636E-3                    2.15160758441989533442748E-2
      3.73122483635648478250433E-2                    5.079C3672993C87526147245E-2
      6.06981399013961077128093E-2                    7.23653698017361960149059E-2
      8.77854358378994333457592E-2                    9.85653084621C91308189346E-2
      1.00770743523475071812804E-1                    1.0569588929149 3016268060E-1
      1.18620125803372434377705E-1                    1.246574461145374478053096E-1
      1.16957680909946060220546E-1                    1.13920309256991906388262E-1
      1.23461835671769487476317E-1                    1.232187361198954 01614002E-1
      1.04442C2469237C592C40800E-1                    9.4582733S056481745728839E-2
      1.04080062373845416566306E-1                    9.66268294024588260947080E-2
      3.69715999755075167978312E-2                    2.85276091707632048652506E-2
     -4.15616556426095867182838E-3                   -1.5245734C473C022280029204E-3
      8.29457C29157152172783970E-4                    0.000C000C000C000000000000E+0
```

ZEILE 12

6.34788402089900975501550E-3
3.48769355602175418179474E-2
6.40093691582608840531070E-2
8.37184781138539743362175E-2
1.05573337018867505443467E-1
1.30323453583388803167262E-1
1.23465411096473414930986E-1
1.15745375467455273766126E-1
1.14037862734732454239299E-1
9.04931384830234351017370E-2
8.13200056118605904400165E-2
2.46854533087593817830910E-2
-1.75205908814999185973922E-3

ZEILE 13

5.63262541455952803907446E-3
3.66602853191904685654238E-2
6.15918711708598601901255E-2
8.66722856277503592909737E-2
1.02113901910879077051432E-1
1.17006005726189562536561E-1
1.18931418126080186267789E-1
1.20937838669010022885794E-1
1.07992688589040428049095E-1
9.78197801708363928642118E-2
7.14144756817823881348880E-2
5.37873062647159105912651E-2
1.09004623406783961647025E-2

GAMMA

5.91715976331360946745562E-3
3.59512081462477644698769E-2
6.25519171655761790668846E-2
8.55017302353083212318793E-2
1.03480305727938537315566E-1
1.15444431443497717006102E-1
1.20699171143845574315433E-1
1.18939273830356015671343E-1
1.10267114644225732345539E-1
9.51868577798158661273799E-2
7.45754750450001025757459E-2
4.96339034409235429923682E-2
2.18514516339510374144267E-2

ZEILE 12

2.22824348010887288385153E-2
4.81507727047504845971005E-2
7.73987520917372722878370E-2
9.08986066034457445105339E-2
1.16012098902558010372040E-1
1.18627067669568064461990E-1
1.28882842031301861805261E-1
1.06452504274108854073262E-1
1.12949365076757543413398E-1
7.58213847108364418863952E-2
7.26456515928513152351679E-2
1.50808172777565756104062E-2
0.00000000000000000000000E+0

ZEILE 13

2.08006960673114485990369E-2
5.32468743705246161799313E-2
6.77087279626430855340354E-2
1.05590047749105543008178E-1
9.63845135057151761876939E-2
1.35937347830673572911398E-1
1.01226032699089760431418E-1
1.36509669239973363753B3E-1
8.19139055352718190908191E-2
1.06294554593396570649537E-1
4.40092892631972618325981E-2
5.03783410990738091999722E-2
0.00000000000000000000000E+0

GAMMA

2.18514516339510374144267E-2
4.96339034409235429923682E-2
7.45754750450001025757459E-2
9.51868577798158661273799E-2
1.10267114644225732345539E-1
1.18939273830356015671343E-1
1.20699171143845574315433E-1
1.15444431443497717006102E-1
1.03480305727938537315566E-1
8.55017302353083212318793E-2
6.25519171655761790668846E-2
3.59512081462477644698769E-2
5.91715976331360946745562E-3

RADAU I   N = 14

ALPHA

```
 0.00000000000000000000000E+0
 1.86103650109878514397194E-2
 6.14755408992689876023666E-2
 1.26305178693310580632285E-1
 2.09842971726562514447137E-1
 3.07898998280398343102958E-1
 4.15556035978659544495779E-1
 5.27415613995882274824905E-1
 6.37868602717761199591319E-1
 7.41376459294237483410209E-1
 8.32748988608442268504478E-1
 9.07404775300997364717109E-1
 9.61601861260321649623167E-1
 9.92635348973910678349309E-1
```

BETA

ZEILE 01

```
 0.00000000000000000000000E+0
 0.00000000000000000000000E+0
 0.00000000000000000000000E+0
 0.00000000000000000000000E+0
 0.00000000000000000000000E+0
 0.00000000000000000000000E+0
 0.00000000000000000000000E+0
 0.00000000000000000000000E+0
 0.00000000000000000000000E+0
 0.00000000000000000000000E+0
 0.00000000000000000000000E+0
 0.00000000000000000000000E+0
 0.00000000000000000000000E+0
 0.00000000000000000000000E+0
```

ZEILE 02

```
 7.15050724300416675675355E-3
 1.30269592397259973156141E-2
-2.29960015730014585858668E-3
 1.16548469734759094100297E-3
-7.16908079725451075788861E-4
 4.80141136112349131869459E-4
-3.35214365987819365567095E-4
 2.37948547265009200043200E-4
-1.68479383524991125166665E-4
 1.16690497531493767908791E-4
-7.70128412654608692633111E-5
 4.62883120691495434579717E-5
-2.28630451797363501800734E-5
 6.42321091569942762197033E-6
```

ZEILE 03

```
 3.58700348345851649670851E-3
 3.60795689798523052909284E-2
 2.47577356373643520832169E-2
-4.33167599578267907131895E-3
 2.20641944163669381847139E-3
-1.36511190183428775672679E-3
 9.14387165931336010435748E-4
-6.33455561074795637561063E-4
```

RADAU II   N = 14

ALPHA

```
 7.36465102608932165069150E-3
 3.83981387396783503768325E-2
 9.25952246990026352828914E-2
 1.67251011391557731495522E-1
 2.58623540705762516589791E-1
 3.62131397282238800408681E-1
 4.72584386004117725175095E-1
 5.84443964021340455504221E-1
 6.92101001719601656897042E-1
 7.90157028273437485552863E-1
 8.73694821306689419367715E-1
 9.38524455910073101239 7633E-1
 9.81389634989012148560281E-1
 1.00000000000000000000000E+0
```

BETA

ZEILE C1

```
 9.40800344240767417739963E-3
-3.45568503182630868467650E-3
 2.48563567692789717737639E-3
-1.90478188847727593743544E-3
 1.47020161082277022201215E-3
-1.11723443324878361019491E-3
 8.23056046010838468381477E-4
-5.78924988816845226627491E-4
 3.81346785793292282637576E-4
-2.28441895116230773432263E-4
 1.18162186131547150386371E-4
-4.72686334401674465870903E-5
 1.05821485209138514515973E-5
 0.00000000000000000000000E+0
```

ZEILE 02

```
 2.04266250889909147793165E-2
 2.13871794251846968172840E-2
-5.47032828666918499179341E-3
 3.50696118761324150598418E-3
-2.51875281290237509049948E-3
 1.84546227028719669465229E-3
-1.33132358629922514094768E-3
 9.24303870761442575746357E-4
-6.03688985303032178002981E-4
 3.59572190665623919380142E-4
-1.85275285751914884303873E-4
 7.39301889353447253820804E-5
-1.65265258343783553656360E-5
 0.00000000000000000000000E+0
```

ZEILE C3

```
 1.80600350352446961325484 39E-2
 4.68356895133669735640342E-2
 3.22487048764299679842980E-2
-7.03772305067421962927575E-3
 4.12912644768277182730476E-3
-2.77527100093508922481978E-3
 1.91288688444098166344376E-3
-1.29269927612355823497612E-3
```

    4.41676736582012238657924E-4
   -3.02828095958996774504099E-4
    1.98506221099353412024331E-4
   -1.18774612540275621312750E-4
    5.85004441853469221957174E-5
   -1.64110436498938088486492E-5

ZEILE 04

    6.34745888885330712773877E-3
    2.75329128904782150168203E-2
    6.13844101199511522265946E-2
    3.51763215186204169994473E-2
   -6.05674161000822745711624E-3
    3.05573758083754235391760E-3
   -1.87307367247149426624579E-3
    1.23730161638530929799796E-3
   -8.38485713535979078394550E-4
    5.64560020776130541147392E-4
   -3.65695561234270703972615E-4
    2.17113806213181665281078E-4
   -1.06420263759987493140023E-4
    2.97790722052844022097107E-5

ZEILE 05

    4.03147985732814844359463E-3
    3.39209889980949366003957E-2
    4.96117041712114404234103E-2
    8.35905930635512392511611E-2
    4.37660438266532362719034E-2
   -7.40085260733721037768235E-3
    3.67383705655504344504067E-3
   -2.21115746373618692418005E-3
    1.42473456336355671632187E-3
   -9.30663221060985179185781E-4
    5.91405493353713032461083E-4
   -3.46849517684161882461778E-4
    1.68745331040765182156572E-4
   -4.70378247710205557987204E-5

ZEILE 06

    6.04340822379745838167786E-3
    2.86162322995657338698853E-2
    5.79938114958811673713409E-2
    6.92369951960315927968514E-2
    1.01641538525084951313316E-1
    5.00968770538969751647323E-2
   -8.30114083144821627694430E-3
    4.03223997564924828043642E-3
   -2.36247972667702734360256E-3
    1.46571172406202564280379E-3
   -9.03290600509513799206100E-4
    5.19870514631710776213207E-4
   -2.50091172936879351520085E-4
    6.93156033691162769738027E-5

ZEILE 07

    4.26462119590477757945279E-3
    3.32019925373414012772426E-2
    5.12085197153858244292047E-2
    7.90735620842786750759260E-2
    8.53708662147366627650080E-2

    8.29977606325011892262879E-4
   -4.88823105210841713484164E-4
    2.49958211495284435375495E-4
   -9.92756123914620261143037E-5
    2.21296801272014899984833E-5
    0.00000000000000000000000E+0

ZEILE C4

    1.93675378733500235749165E-2
    4.08772369643143828448390E-2
    7.09910460248675770393369E-2
    4.14307712294257592079962E-2
   -8.16253433793272389809793E-3
    4.44256432609492053643684E-3
   -2.79238609241510954836198E-3
    1.79572868561474079985322E-3
   -1.11920041714744727721487E-3
    6.46852362496848224425349E-4
   -3.26797205013118698144440E-4
    1.28766312265729654907388E-4
   -2.85743343638509453696738E-5
    0.00000000000000000000000E+0

ZEILE 05

    1.84739613543629259208896E-2
    4.40793664586229881263663E-2
    6.15977211122325624035602E-2
    9.16483476766849177652208E-2
    4.84716256828737644265875E-2
   -8.80969541599752912975857E-3
    4.46740363020767610105269E-3
   -2.61307981693599827291638E-3
    1.54718609912739886838699E-3
   -8.67213413317353527321214E-4
    4.29815809522685191259635E-4
   -1.67354703572435220775418E-4
    3.68860447116032509685711E-5
    0.00000000000000000000000E+0

ZEILE C6

    1.91589749323803735486416E-2
    4.18555176447161291903180E-2
    6.73661826036193169297079E-2
    7.91614718876038788796001E-2
    1.07776970424122452775894E-1
    5.30179705662510424360910E-2
   -8.95696993912404529018420E-3
    4.22110449351338768911545E-3
   -2.27141143765644371676044E-3
    1.20920830229709917115047E-3
   -5.81435651438949876908900E-4
    2.22320754252686533433904E-4
   -4.85072982981278614173060E-5
    0.00000000000000000000000E+0

ZEILE C7

    1.85917067208260583625003E-2
    4.39061461183872306705774E-2
    6.30485956605293294628502E-2
    8.70395868044259627436367E-2
    9.26765984286732143821266E-2

      1.14645247933561981916983E-1
      5.38515243952464605607133E-2
     -8.71436193841342933142270E-3
      4.11427137126272999429016E-3
     -2.31981435184700782186754E-3
      1.35817238656896445792135E-3
     -7.58788719106005844920435E-4
      3.58834698494612450754486E-4
     -9.86115447561030135069840E-5

ZEILE 08

      5.85031900817377915605415E-3
      2.91660488510307499236909E-2
      5.69757264686173893618425E-2
      7.13062604258518557459012E-2
      9.61874572419000159987606E-2
      9.71868797185322833794891E-2
      1.21954115786106970517253E-1
      5.48417645874011380361978E-2
     -8.62047840892147198364060E-3
      3.91614865909996411699358E-3
     -2.08541774078520721157566E-3
      1.10870516512348251241399E-3
     -5.10348341139929713796679E-4
      1.38432574891254985321452E-4

ZEILE 09

      4.43435620298620651586184E-3
      3.27415449082399796938412E-2
      5.19712728896160051333151E-2
      7.77814961819667065214821E-2
      8.78399915608543211193241E-2
      1.08500819521503444092623E-1
      1.04086331273064984663483E-1
      1.23203095524613217154788E-1
      5.30179705662510424360910E-2
     -8.02406833196661660015007E-3
      3.44731580566456847798985E-3
     -1.67132891672243381472857E-3
      7.35051892544663560805416E-4
     -1.95246360854889363407510E-4

ZEILE 10

      5.69326942675055424950258E-3
      2.95789755376904573716090E-2
      5.63398388232381525345076E-2
      7.22643159516734163148193E-2
      9.46571051624332034583773E-2
      9.95996036344019443187Θ1E-2
      1.15403213463863236C04926E-1
      1.05722179696494842458680E-1
      1.18329286717674861274597E-1
      4.84716256828737644265875E-2
     -6.95406333925376319270588E-3
      2.73011528991265282301337E-3
     -1.10144965953177546508286E-3
      2.82086176977686719499947E-4

ZEILE 11

      4.58693200197040320742653E-3
      3.23486691694152986585755E-2

      1.18574655502984070504832E-1
      5.48417645874C11380361978E-2
     -8.60476502042513019271959E-3
      3.73116401876938349751327E-3
     -1.80616358970386485134797E-3
      8.2575616C2963529541677Θ5E-4
     -3.06875266648508397655197E-4
      6.59346387688233096847589E-5
      0.000C000C0C0C000000000000E+0

ZEILE C8

      1.909C341C476889581186284E-2
      4.21352101133174979589249E-2
      6.66379527175698387471271E-2
      8.09694348559875645678382E-2
      1.02451532137524008229418E-1
      1.01451981005118333364171E-1
      1.235C7417380562962714401E-1
      5.38515243952464605607133E-2
     -7.7791533C564C47360881661E-3
      3.03916221416C550084951351E-3
     -1.26598243556737148139066E-3
      4.86135987818136001825Θ5E-4
     -9.40657034096881164893681E-5
      0.000C000C000000000000000E+0

ZEILE C9

      1.862897005192Θ6465694499E-2
      4.37556947224031998937645E-2
      6.34277603430884103059637E-2
      8.61776095840531571111905E-2
      9.46960975955650045389194E-2
      1.12850971073680747005814E-1
      1.05029106074766337151289E-1
      1.22338037490886204509780E-1
      5.0096877C538969751647323E-2
     -6.53312845176066773623942E-3
      2.20391239602340512948248E-3
     -7.1468722145468249455846Θ5E-4
      1.43781006524919747453410E-4
      0.000C000C0000000000000000E+0

ZEILE 1C

      1.90772283072151617184311E-2
      4.21927169093631302876929E-2
      6.6479174920451466382424ΘE-2
      8.13499833268C567798C4754E-2
      1.01582707363568952721898E-1
      1.03496371786871507705913E-1
      1.17755454273720628995200E-1
      1.031S9049523762554112805E-1
      1.15141474863304516616850E-1
      4.37660438266532362719034E-2
     -4.94854901730845918711202E-3
      1.3085683C6112083020137Θ4E-3
     -2.4319611708297107375533ΘE-4
      0.0000000C000C00000000000E+0

ZEILE 11

      1.86183477975656368631840E-2
      4.3784931C258964994222728E-2

5.25470546860826220693931E-2
7.69807552169805129227085E-2
8.89769024728202439894852E-2
1.06776287211267505846879E-1
1.07054994098518242543892E-1
1.16546873203890295417485E-1
1.02015582795568484185939E-1
1.07574916768879154632838E-1
4.14307712294257592079962E-2
-5.46186996412392842001556E-3
1.80009921796736080603194E-3
-4.28979504219686564156744E-4

ZEILE 12

5.53710597805533760624160E-3
2.99754440104898825888080E-2
5.57781933392735215261748E-2
7.30030770597942029041676E-2
9.36906498629208861513789E-2
1.01262947642658838285665E-1
1.13526771117328550524578E-1
1.08779895246557032729075E-1
1.11862728606503185176490E-1
9.31626515192493617540679E-2
9.14733093761638361399102E-2
3.22487048764299679842980E-2
-3.61800939292472115212593E-3
7.21306058497482498378625E-4

ZEILE 13

4.75754262197855580051425E-3
3.19195958661794007590289E-2
5.31411185800058227440976E-2
7.62285801672759454710485E-2
8.99066513761447588785269E-2
1.05620804756926313691247E-1
1.08533923743917916230805E-1
1.14536059391015230563318E-1
1.05084796597500340969659E-1
1.01550365351698870864677E-1
7.96372122491079030494035E-2
7.08142432332147031913087E-2
2.13871794251846968172840E-2
-1.51621209982880940775033E-3

ZEILE 14

5.32981004254045839581967E-3
3.04936873737293277034354E-2
5.50710118749631148236188E-2
7.38768710707997352306730E-2
9.26496539599801008226563E-2
1.02489158380575207904145E-1
1.12074864103161684389292E-1
1.10537686915501278952696E-1
1.09631065114264908539319E-1
9.62842207741728384090187E-2
8.59969648961654001032342E-2
6.22368707081369695017351E-2
4.65554803175119793962648E-2
9.40800344240767417739963E-3

GAMMA

6.34003572702562913712461E-2
8.61437002870988689002150E-2
9.49186670456717052827261E-2
1.12168342557990318589496E-1
1.06844314975058358704419E-1
1.16992624200369955390244E-1
9.59975036151733169475550E-2
1.02310115842531909590095E-1
3.51763215186204169994473E-2
-3.14431071831691306585554E-3
4.83905888773054372668479E-4
0.00000000000000000000000E+0

ZEILE 12

1.91199261317303358659808E-2
4.20501974390367105258638E-2
6.73374399288586691858322E-2
8.10065697471360673241937E-2
1.01946857502534621265392E-1
1.03249479712582520359761E-1
1.17609969587940202823432E-1
1.04375822180245530636606E-1
1.10772992617136749314368E-1
8.36519026976290087121231E-2
8.45645992563360092727021E-2
2.47577356373643520832169E-2
-1.31533740182696497183914E-3
0.00000000000000000000000E+0

ZEILE 13

1.85092259674936937276532E-2
4.41580505014129542850127E-2
6.26991758937972275704611E-2
8.71853353492200940395977E-2
9.35742880254986220871280E-2
1.13720522381865668107472E-1
1.05256039665217558203206E-1
1.18314233749257954418595E-1
9.55608158521761441815564E-2
9.99943230044078264176955E-2
6.63128707290749970392059E-2
6.30777946298409085023686E-2
1.30269592397259973156141E-2
0.00000000000000000000000E+0

ZEILE 14

1.96952577122177097332741E-2
4.00688445119125232573727E-2
7.05099922221027204578787E-2
7.52629001405923835901460E-2
1.09649527126897341705102E-1
9.37652417347111664513314E-2
1.28534761996932112619909E-1
9.25177222449425135544116E-2
1.22862953364934437554256E-1
7.23507363994712760300544E-2
9.30716018022556270175744E-2
3.81784754218235686771580E-2
4.35319853212066193515312E-2
0.00000000000000000000000E+0

GAMMA

```
5.10204C816326530612Z4490E-3     1.8853581634948457138T314E-2
3.10610C845388573C0830665E-2     4.297C267721490Z015446539E-2
5.43038613721814134133605E-2     6.49698343686711739037129E-2
7.48102696765606779752604E-2     8.37148639455431394950511E-2
9.15635C10628648270619337E-2     9.82627592264912151623065E-2
1.03724881667587836334041E-1     1.07883550302309425690594E-1
1.10684905749785474465836E-1     1.12094674001353897119207E-1
1.12094674001353897119207E-1     1.10684905749785474465836E-1
1.07883550302309425690594E-1     1.03724881667587836334041E-1
9.82627592264912151623065E-2     9.15635C10628648270619337E-2
8.37148639455431394950511E-2     7.48102696765606779752604E-2
6.49698343686711739C37129E-2     5.43038613721814134133605E-2
4.29702677214902015446539E-2     3.10610C845388573C0830665E-2
1.88535816349484571387314E-2     5.102C4081632653061224490E-3
```

RADAU I   N = 15

ALPHA

```
0.0000000000000C000C000C0E+C
1.62247659013997617187720E-2
5.36972999397246164665941E-2
1.10657191180484460309128E-1
1.84610260556525358C26926E-1
2.72323547110735314563973E-1
3.69963311629596042115519E-1
4.73262138660126967546273E-1
5.77705342692429742159591E-1
6.78728256011063825597660E-1
7.71915729350742008465356E-1
8.53195132318786270C76340E-1
9.19014500318044815607549E-1
9.66498595467986859964036E-1
9.93583239207181543189180E-1
```

BETA

ZEILE 01

```
0.00000C00000000C000C00C00E+C
0.00000000000000000C00000E+C
0.00000C00000000C000C000C0E+0
0.00000C00000000000C00000E+C
0.00000C00000000C000C00000E+C
0.00000000000000000C00000E+C
0.00000C00000000C000C000C0E+C
0.00000C00000000C000C00000E+C
0.00000000000000C000C00000E+C
0.00000C00000000C000C00000E+C
0.00000C00000000C000C00000E+C
0.00000000000000C0C0C00000E+C
0.00000000000000000C00000E+C
0.00000C00000000000C00000E+C
0.00000C00000000C000C00000E+C
```

ZEILE 02

```
6.22960952194776047553755E-3
1.13645278252753452772619E-2
-2.01192318627963010710653E-3
1.02464306527026601260782E-3
-6.34787503623962773905916E-4
4.29415833710464972275061E-4
-3.0396607849074C8255545C7E-4
2.19928163545287169834170E-4
-1.59971C811672021441882288E-4
1.15240283839779810458565E-4
-8.08131382843458559410032E-5
5.38111298827955626935034E-5
-3.25442499463636043623571E-5
1.61392741193137040620040E-5
-4.54395839900595490C07923E-6
```

ZEILE 03

```
3.12284932486124624152928E-3
3.14846709376473615439349E-2
2.16795C497609739C6153321E-2
-3.81131554787251344506866E-3
1.95517416958954582556763E-3
```

RADAU II   N = 15

ALPHA

```
6.41676079281845681082046E-3
3.35014045320131400359639E-2
8.09854996819551843924513E-2
1.468C4867681213729923660E-1
2.28084270649257991534644E-1
3.21271743988936174402340E-1
4.22294657307570257840409E-1
5.26737861339873032053727E-1
6.30036688370403957884481E-1
7.27676452889264685436027E-1
8.15389739443474641973074E-1
8.93428088195155399690872E-1
9.463C2700602753835334C6E-1
9.83775234098600238281228E-1
1.00000000C0C0C00000000000E+0
```

BETA

ZEILE C1

```
8.20183842771989760368111E-3
-3.02738761181764865690321E-3
2.197C9069696501646068344E-3
-1.70659358934600449785052E-3
1.34241894377832822242818E-3
-1.04663157188123172100460E-3
7.9802892C655941358353458E-4
-5.88042931607607448732581E-4
4.13123615886103319625118E-4
-2.71646538180414284653070E-4
1.62421513015111035711056E-4
-8.387C5235663292353837798E-5
3.3505728C462552496324281E-5
-7.49428684896C59476656794E-6
C.000C000C000C000000000000E+0
```

ZEILE C2

```
1.77999628188834832801835E-2
1.87026506244999140664963E-2
-4.826150136954215298C2751E-3
3.13573611806426426520161E-3
-2.29497387355810194285200E-3
1.725C13914335375507704C8E-3
-1.28784026771811182008541E-3
9.36553851114426203784384E-4
-6.52280070C1217632652303C66E-4
4.26372292659850134476886E-4
-2.53892346756494138545644E-4
1.30734599616106355943874E-4
-5.213C0729336922244472903E-5
1.16470808798C71627947199E-5
0.000C000C000C0C0000C0000E+0
```

ZEILE C3

```
1.57451931190976575355043E-2
4.09179136033692730856627E-2
2.8353833C9536717767323968E-2
-6.27C146821887431645557293E-3
3.74788634350342672160825E-3
```

-1.22172510856280206950286E-3
 8.29616936453596496269289E-4
-5.857227329729907584510344E-4
 4.194617344157040946l6265E-4
-2.99055028619610175843249E-4
 2.082306835377962086721 37E-4
-1.37977082394860730236202E-4
 8.31701157349626198460227E-5
-4.11586510901284163613654E-5
 1.15752128999184162897871E-5

ZEILE 04

 5.53260711074175428641377E-3
 2.40150525823788917735665E-2
 5.37770518516039857178377E-2
 3.09925482733056512916969E-2
-5.37372583153074152423951E-3
 2.73784861884537247252816E-3
-1.70102554256815076736714E-3
 1.14486133627338211452383E-3
-7.96612652162970381060636E-4
 5.57512373974636805207651E-4
-3.83406862118341040116097E-4
 2.51919673818083152461754E-4
-1.50997190225984632728707E-4
 7.44586253487860099376919E-5
-2.09011871998949695335928E-5

ZEILE 05

 3.50683064554068810850850E-3
 2.96091265295897073757916E-2
 4.34388834043515492840000E-2
 7.36950213852454984703131E-2
 3.89016421271948803800207E-2
-6.64174582008630589461883E-3
 3.34103620003450948320111E-3
-2.04811255869304206352388E-3
 1.35439978319085527680026E-3
-9.19069197387681636986400E-4
 6.19610554687459575591394E-4
-4.01794016714297879042798E-4
 2.38749507759016942703540E-4
-1.17095006626659525314274E-4
 3.27770184391801294817628E-5

ZEILE 06

 5.27166364717774061832074E-3
 2.49506567018083154563342E-2
 5.08197653676376710408329E-2
 6.09992245268631315367898E-2
 9.04174938873202808648188E-2
 4.50617276756643610533132E-2
-7.56391006819530032878099E-3
 3.74061815392243070445402E-3
-2.24794225226555123358061E-3
 1.44767180500883943924295E-3
-9.45565156895746476861224E-4
 6.00934150588020183210371E-4
-3.52491198694540205273254E-4
 1.71513336399768721834550E-4
-4.78134656041068106822426E-5

```
ZEILE 07

   3.70517527682068081C5058CE-3
   2.899344892019890469430C6E-2
   4.48222827739599011214466E-2
   6.973128225524819627465C6E-2
   7.58818497875946152331621E-2
   1.03225C65C83287293429371E-1
   4.92037152279425986728770E-2
  -8.10163720459531065780245E-3
   3.92039196510001111071635E-3
  -2.292201427870082C4748082E-3
   1.42041889046291030189784E-3
  -8.74763C816594779342C0131E-4
   5.032436C91610418C2587654E-4
  -2.42035730694186117794853E-4
   6.70752846389454212823226E-5

ZEILE 08

   5.10923745661104961496167E-3
   2.54161750178176956608251E-2
   4.99466681932897885492047E-2
   6.2801480714211C446868071E-2
   8.55905755918192302731546E-2
   8.74209996933366265318698E-2
   1.11561973349060202C16486E-1
   5.11466234561683719531586E-2
  -8.23215666224095067054010E-3
   3.87302C04211516449021888E-3
  -2.17912750209086432118449E-3
   1.27406451987312600717437E-3
  -7.11175193626292898476967E-4
   3.3613763245953C137309771E-4
  -9.23486486767540846956C92E-5

ZEILE 09

   3.84591C12C12466547588560E-3
   2.86092496855379200996579E-2
   4.54672571915431709794685E-2
   6.86194C7840850759310431CE-2
   7.80481746440301849951751E-2
   9.77255100410445587403334E-2
   9.51064931176942417453394E-2
   1.15065384779754546971072E-1
   5.08055574905938382967781E-2
  -7.94994990782192859558755E-3
   3.60049748057656699980588E-3
  -1.91359181567951191129C84E-3
   1.01606553239538572332676E-3
  -4.67337426645789661439452E-4
   1.26713918431132990635177E-4

ZEILE 10

   4.98141618496249757695027E-3
   2.57542781804673350518969E-2
   4.94190532689893198547527E-2
   6.36114304115065609222237E-2
   8.42677391C41507014671092E-2
   8.98765658822075855005434E-2
   1.05613118184878591974442E-1
   9.86004933801135442772247E-2
   1.13582500115898282553452E-1
```

```
ZEILE 07

   1.62132914003826774540718E-2
   3.83399836682425757256956E-2
   5.54411864722262728823298E-2
   7.69396868566550285195C74E-2
   8.30028987056113479513058E-2
   1.07360278389353967697482E-1
   5.08055574905938382967781E-2
  -8.32335237435924600121862E-3
   3.83400503078841675707613E-3
  -2.02789186224505547474484E-3
   1.06567964939515978615841E-3
  -5.07564558775923713237128E-4
   1.92791601188141262239039E-4
  -4.18931614869433030344333E-5
   0.00000000000000000000000E+0

ZEILE 08

   1.66269405443706839929249E-2
   3.68643559876600529670587E-2
   5.84566933516677322188833E-2
   7.17757140736154653893636E-2
   9.14653100935315114954059E-2
   9.21779644574676442864589E-2
   1.13804782843806821968159E-1
   5.11466234561683719531586E-2
  -7.83631345636415491819111E-3
   3.33748128934080916606891E-3
  -1.59385730692090475941146E-3
   7.21460899278946603858517E-4
  -2.66258611245189079221392E-4
   5.69637174952407692104956E-5
   0.00000000000000000000000E+0

ZEILE 09

   1.62512530620906173011262E-2
   3.81895598690386582109215E-2
   5.58104953644360451591042E-2
   7.61210200533739624096112E-2
   8.48841145121400372020037E-2
   1.02076761302366920104819E-1
   9.72494111127378842643734E-2
   1.15339264940809596201015E-1
   4.92037152279425986728770E-2
  -6.97722632485054023977055E-3
   2.68805276912102095566912E-3
  -1.10823468065653970514735E-3
   3.89897260320312960351731E-4
  -8.13960984666156124732360E-5
   0.00000000000000000000000E+0

ZEILE 10

   1.66074233875096392378622E-2
   3.69425615174722641317212E-2
   5.82636419348435257019000E-2
   7.21947491323277861733520E-2
   9.05766740103780641709651E-2
   9.41714013205125776783800E-2
   1.08329890382941245233883E-1
   9.79806477211832332269129E-2
   1.11904798944631794049605E-1
```

        4.81954385524147265086062E-2
       -7.26698719224918210306574E-3
        3.11409890033790729718791E-3
       -1.50733C01451292486613085E-3
        6.62260663618065930565590E-4
       -1.75819611719186348C98317E-4

ZEILE 11

        3.96708819263501371701917E-3
        2.82954834655520850570753E-2
        4.59329694905363162748916E-2
        6.79593712191300677C71411E-2
        7.90080667195945126877CC7E-2
        9.62284232224171271538958E-2
        9.77635512340317636559993E-2
        1.08910047895508607803628E-1
        9.77508669318260716C13473E-2
        1.07177457145755797468949E-1
        4.34303642258357925475006E-2
       -6.21216337636058272128434E-3
        2.43396C25272092138C38425E-3
       -9.80784664381958582556161E-4
        2.51027395940472713663763E-4

ZEILE 12

        4.86152250613458673856354E-3
        2.60601735450682560201861E-2
        4.89806714887493808389782E-2
        6.41985385222268312631862E-2
        8.34808653033428537843030E-2
        9.09697404606355593999251E-2
        1.03982316738699088981472E-1
        1.01366255425021969933521E-1
        1.07468729928416651927133E-1
        9.25982269973127323713033E-2
        9.61280973726641896219564E-2
        3.67186487115752274146735E-2
       -4.82957732352596287408918E-3
        1.58942402308630406163645E-3
       -3.78501410621399406409383E-4

ZEILE 13

        4.09147667942638484250233E-3
        2.79813552977927884617340E-2
        4.63722089121417917597344E-2
        6.73943159540183849493836E-2
        7.97223281084866378569813E-2
        9.53141893857364053695239E-2
        9.89781549605598991996214E-2
        1.07181224377616412931960E-1
        1.00538593322732773301581E-1
        1.01341029158357603969041E-1
        8.33769919699624662917296E-2
        8.09120839205116453778162E-2
        2.83538330953671767323968E-2
       -3.17592C91593435142878603E-3
        6.32636C91268795992329302E-4

ZEILE 14

        4.72429649526102784490601E-3
        2.64043123595845507562672E-2

        4.50617276756643610533132E-2
       -5.79298502567718327110839E-3
        1.93372129109C29927033978E-3
       -6.22457378622765132580733E-4
        1.24657975009843911481840E-4
        0.000C000C000C00000000000E+0

ZEILE 11

        1.62550008907840861255032E-2
        3.817C1482980420730188328E-2
        5.58727293960914554129521E-2
        7.59583361740241500523350E-2
        8.52637206266188499133146E-2
        1.01231052032C30022621710E-1
        9.91934404267855471367745E-2
        1.09984207503507931069843E-1
        9.43151153795375727768329E-2
        1.03665037873732180014977E-1
        3.89016421271948803800207E-2
       -4.35150811411707264814655E-3
        1.142C9285926801246111939E-3
       -2.11276030025C46362994479E-4
        0.000C000C000C00000000000E+0

ZEILE 12

        1.662C70345978738451S9537E-2
        3.690C781400821580041S435E-2
        5.83282425657901203917045E-2
        7.21355043741090632931119E-2
        9.05686520477852529056124E-2
        9.43676797369945353564748E-2
        1.076S68191C372499368185BE-1
        9.96574966187C38948151551E-2
        1.070303017064371097C2475E-1
        8.63654154251706275587786E-2
        9.10068026274280636679326E-2
        3.09925482733C56512916969E-2
       -2.74932815096668840894118E-3
        4.21143567122107836915375E-4
        0.000C000C0000000000000000E+0

ZEILE 13

        1.62170591880504028479029E-2
        3.82985089950895434076834E-2
        5.56367474526721178496305E-2
        7.62952096369355111141954E-2
        8.48596824843699731032376E-2
        1.01632091790894825673653E-1
        9.89243019050287911342869E-2
        1.09874001296164428560236E-1
        9.53721113332278889576087E-2
        9.97462404547C75379297386E-2
        7.43639907200134832136544E-2
        7.45495999699775286002366E-2
        2.16795049760973906153321E-2
       -1.14635014295403947398998E-3
        0.000C000C0C0C000000000000E+0

ZEILE 14

        1.671170345294844418C5313E-2
        3.65882609986969953669229E-2

4.85075194226793218695413C-2
6.47904639571287556284148E-2
8.27627821768010907974912E-2
9.18370838184769951321517E-2
1.02919881778819429436913E-1
1.02712256037719698921950E-1
1.05653371667664593330037E-1
9.53495763163744935236877E-2
9.07637C0570464C222256700E-2
7.05162341095762064725449E-2
6.21791283750162932C21337E-2
1.87026506244995140664963E-2
-1.32466224207953324416895E-3

ZEILE 15

4.25928905954275634C05296E-3
2.75623780883555478418220E-2
4.69420631450045706576861E-2
6.66941589432811074498678E-2
8.05491763578837837312010E-2
9.43531077346953909200595E-2
1.00093148524528433035487E-1
1.05874368509717804818843E-1
1.02109346760984346C05789E-1
9.93577342136075904C62684E-2
8.61388236776597429693766E-2
7.60860C93624693294925854E-2
5.46817005879432696662728E-2
4.06800958137879722501866E-2
8.20183842771989760368111E-3

GAMMA

4.44444444444444444444444E-3
2.71013900243222471691071E-2
4.75647997302404496C19239E-2
6.59377312524758160931311E-2
8.14272386519163147243661E-2
9.33575729197254540418976E-2
1.01207593515309214936352E-1
1.04634304073847290715445E-1
1.03487980124776877739514E-1
9.7818751522558C582367783E-2
8.78744363212238428351552E-2
7.40897635017336269623410E-2
5.70676C17448763765C65378E-2
3.75541963802532198664858E-2
1.64321957922967661265214E-2

5.892C55126999992644378969E-2
7.12432865264639738167630E-2
9.17462040781090927174821E-2
9.2956536C1963076666616526E-2
1.09245815811831927453922E-1
9.81279477850311607465486E-2
1.08273309608434158860408E-1
8.59488295745582690526106E-2
8.89618359071595970784169E-2
5.84286666392335682169183E-2
5.52577586012276744138922E-2
1.13645278252753452772619E-2
0.000C000C000C000000C0000E+0

ZEILE 15

1.57476311465386794504829E-2
3.99188606268542995746040E-2
5.25354213802396865842120E-2
8.10425368660200518531411E-2
7.84362687219865121263904E-2
1.09637080206141524332740E-1
8.95512307664564179044960E-2
1.20285338764619411766805E-1
8.43731714968741711243406E-2
1.10733687753673889555506E-1
6.42490955744164560221956E-2
8.20817011785659625028874E-2
3.342C98311306688994635569E-2
3.79869924045460317376422E-2
C.000C000C000C000000000000E+0

GAMMA

1.64321957922967661265214E-2
3.75541963802532198664858E-2
5.70676017448763765065378E-2
7.40897635017336269623410E-2
8.78744363212238428351552E-2
9.78187515225580582367783E-2
1.03487980124776877739514E-1
1.04634304073847290715445E-1
1.01207593515309214936352E-1
9.33575729197254540418976E-2
8.14272386519163147243661E-2
6.59377312524758160931311E-2
4.75647997302404496019239E-2
2.71013900243222471691071E-2
4.44444444444444444444444E-3

RADAU I   N = 16

ALPHA

   0.00000000C0000C000C00000E+C
   1.42694547368257747340994E-2
   4.72995900941666856619558E-2
   9.77132993206219733687615E-2
   1.63569C39394389876C24441E-1
   2.42335260968657288C02926E-1
   3.30984804970040123461304E-1
   4.26110839093314119328546E-1
   5.24057691536765139427411E-1
   6.21061311353021961893471E-1
   7.13393913742472940C15974E-1
   7.97507244949895952431780E-1
   8.70168974446408944C28745E-1
   9.28587C46884841159945216E-1
   9.705177013520575133368359E-1
   9.94359311027488290242494E-1

BETA

ZEILE 01

   0.00000C00000000C000C00000E+C
   0.00000C00C0000C000C00000E+C
   0.000000000000C0C0C00000E+C
   0.00000C0000000C000C00000E+C
   0.00000C0000000C000C00000E+C
   0.00000C0000000C0C0C00000E+C
   0.00000C00C0000C000C00000E+C
   0.00000C00C0000C000C00000E+C
   0.00000C0000000C0C0C00000E+C
   0.00000C00000000000C000C0E+C
   0.00000C0000000C000C00000E+C
   0.00000C00000000C0C00000E+C
   0.00000000000000000C000C0E+C
   0.00000C0000000C000C00000E+C
   0.000000000000C000C00000E+C
   0.00000000000000C000C00000E+C

ZEILE 02

   5.47576268454269280508682E-3
   1.00003017657042929575715E-2
  -1.77456653264148457155233E-3
   9.07317751103376322215649E-4
  -5.65326983761515541917092E-4
   3.85465287738385420316241E-4
  -2.75795100692216341426395E-4
   2.02455486756785797455882E-4
  -1.50201106541872795375269E-4
   1.11230431846672325510702E-4
  -8.11855476568700255900798E-5
   5.74837685177484732628469E-5
  -3.85470217743917366996766E-5
   2.34288715537043080913523E-5
  -1.16566336540794876183190E-5
   3.28761578454682476752033E-6

ZEILE 03

   2.74337874605337137592056E-3
   2.77119275902289843265172E-2

144

RADAU II   N = 16

ALPHA

   5.64068897251170975750647E-3
   2.94822986479424866316410E-2
   7.14129531151588400547839E-2
   1.29831025553591055971255E-1
   2.04927550501040475682200E-1
   2.86060862575270599840206E-1
   3.78938688646978038106529E-1
   4.75942308463234860572589E-1
   5.73889160906685880671454E-1
   6.69015195029959876538696E-1
   7.57664739031342711997074E-1
   8.36430960605610123975559E-1
   9.02286700679378026631239E-1
   9.527C040990583331433804E-1
   9.85730545263174225265901E-1
   1.000C000C0C0C000000000000E+0

BETA

ZEILE C1

   7.21326778355414518975968E-3
  -2.67313238580167117226088E-3
   1.95413454286932814315044E-3
  -1.53456667688221459098378E-3
   1.22555447488418256547538E-3
  -9.75087723101684210299894E-4
   7.636C343604149161089 0375E-4
  -5.82847368324422882584057E-4
   4.29226854113763659199895E-4
  -3.01136344905235068833082E-4
   1.97684472391657908602739E-4
  -1.18006297543622926312765E-4
   6.08485999143527948720339E-5
  -2.42814577089933557040513E-5
   5.427C63C1063209253444271E-6
   0.000C0000000000000000000E+0

ZEILE C2

   1.56488949422097305317168E-2
   1.64899794537987346016966 0E-2
  -4.28584204734367926957741E-3
   2.8150261919113652118 9632E-3
  -2.09159465425338116054761E-3
   1.60422896571216934730920E-3
  -1.22998701780936961584320E-3
   9.264617774021350154 71489E-4
  -6.76303705390860940442926E-4
   4.71618213062992103780117E-4
  -3.08283486422058862382440E-4
   1.83472445274289555110851E-4
  -9.44052883414073324862200E-5
   3.76186126212626032946050E-5
  -8.40083867804657262461744E-6
   0.000C000C000C00000000000E+0

ZEILE C3

   1.38475112454287362485275E-2
   3.60486669973399769905353E-2

```
 1.91355773731439638C96865E-2
-3.37717605740143936765072E-3
 1.74235C65317432051C395C6E-3
-1.09732327790554668C69051E-3
 7.53108708533025142695908E-4
-5.39403199748104352885306E-4
 3.93947S83133857026524051E-4
-2.88677801413886575798008E-4
 2.09168136674122671589460E-4
-1.47341171860635396328094E-4
 9.84444580893056647483784E-5
-5.96849777992886893C84065E-5
 2.96475458694282717275902E-5
-8.35461460479207518787810E-6

ZEILE 04

 4.86498C68109527946166491E-3
 2.11291851470522715260396E-2
 4.74846172931689731619383E-2
 2.74928C95637006040493663E-2
-4.79373777C46415643840894E-3
 2.46141857209921578140477E-3
-1.54543799771433638353515E-3
 1.05502324459859957320811E-3
-7.48494C9208133S611235834E-4
 5.38263726472155036678286E-4
-3.85074330985526376C40936E-4
 2.68864691805519880309613E-4
-1.78535128442477338426990E-4
 1.07787585345038980668513E-4
-5.33978874595437750701956E-5
 1.50260224316958402C11211E-5

ZEILE 05

 3.07858284298524314497199E-3
 2.60669141411281659324730E-2
 3.83385606290550380813383E-2
 6.54068659579426361563259E-2
 3.47552320851177284442698E-2
-5.97932115150493831545532E-3
 3.03912210929538138865829E-3
-1.88924962602767364340101E-3
 1.27345525209604856568619E-3
-8.87603916992796787C94695E-4
 6.22196144464039267460664E-4
-4.28490254626197185353577E-4
 2.81863829159846304906463E-4
-1.69092590513719585288765E-4
 8.34317303255847806526118E-5
-2.34277875145105297089247E-5

ZEILE 06

 4.63839698363479099C97710E-3
 2.19457985881517543455155E-2
 4.48826480725137515176906E-2
 5.41091536349804617954356E-2
 8.08332386704122890329975E-2
 4.0644285519060C312747262E-2
-6.89183227650482185487136E-3
 3.45525134836511314272199E-3
-2.11569193520724469661001E-3
 1.39878622652526425671443E-3


 2.51094414813929325716105E-2
-5.61244697404333186541921E-3
 3.4051845C522095604935129E-3
-2.39499423984630088389592E-3
 1.75381488889725477893838E-3
-1.28529656641783319553994E-3
 9.21865246725327726615401E-4
-6.35272426538667831944803E-4
 4.1185275C390556454338565E-4
-2.43697198702865843826450E-4
 1.248899C9593403267584230E-4
-4.96324167259583538340297E-5
 1.10659124446539417430628E-5
 0.000C000C000C000000000000E+0

ZEILE C4

 1.48341766682394562828558E-2
 3.15112220934456125343500E-2
 5.51235443055356879959283E-2
 3.27278487614826758300369E-2
-6.66443193344332930290594E-3
 3.79312293990605012505464E-3
-2.53144835199314246854008E-3
 1.76424031524708090396143E-3
-1.22738999898837051368858E-3
 8.29235951063171350035251E-4
-5.30448702867435419673121E-4
 3.10984465892772516377308E-4
-1.58363713684151654383400E-4
 6.267C7724387445883862639E-5
-1.39379876837667965402337E-5
 0.000C000C000C000000000000E+0

ZEILE C5

 1.41676244739C88906007403E-2
 3.41676313463767246072082E-2
 4.794245C95827464460811584E-2
 7.21141233633323407451041E-2
 3.90512367888432706033831E-2
-7.41645046138362928019046E-3
 3.989C44026707124055727 50E-3
-2.52614279545C09721244131E-3
 1.66771175C884222510875596E-3
-1.0912575C632504833694699E-3
 6.83659004446945813809421E-4
-3.95274411342236265197493E-4
 1.99359954S8C0993487748287E-4
-7.84253197010964351016108E-5
 1.73785237729939944624415E-5
 0.000C000C0C0C000000000000E+0

ZEILE C6

 1.467C5955735721081808338E-2
 3.22776076996170505862707E-2
 5.22813601750C14714398700E-2
 6.24955204821516901166308E-2
 8.637C1291276982755697116E-2
 4.38364206759631454350563E-2
-7.845S4662837C03771821733E-3
 3.99682091963436353294266E-3
-2.39425676290390497987216E-3
 1.48526623919875644309622E-3
```

-9.49361767857624511132902E-4
6.40243724666251871008880E-4
-4.15319361703533857113544E-4
2.46861944590908128489836E-4
-1.21101297946264257788371E-4
3.39028949761608241642584E-5

ZEILE 07

3.24960288442124721954804E-3
2.55332C45081286199780628E-2
3.95492389093200C30C599668E-2
6.19019489104900490426954E-2
6.77939498345568328C56264E-2
9.31809446311494064504475E-2
4.49337750693734495C77516E-2
-7.49774619398116095549156E-3
3.69499C66713998915568361E-3
-2.21650650843324412385145E-3
1.42602809698237854215259E-3
-9.30928332506954315961443E-4
5.91460205309367131674386E-4
-3.46881231067642608S03208E-4
1.68770961887296882489279E-4
-4.70474427295413505863799E-5

ZEILE 08

4.49960C52002218324676829E-3
2.23457378087245663160099E-2
4.41246460688928859C66544E-2
5.5693514414779C562C62275E-2
7.6535240496620C728885444E-2
7.88535516679716359965682E-2
1.01979019123808039262787E-1
4.7458895160496C899751576E-2
-7.77449869250917776C73187E-3
3.74970987217924781626179E-3
-2.18806907580847785644884E-3
1.35418508057945973233562E-3
-8.33290665165244920260954E-4
4.79131552391095098538587E-4
-2.30364448482545279771333E-4
6.38302088152326999C56986E-5

ZEILE 09

3.36850921304215279116557E-3
2.52068781834436859C05865E-2
4.01031C677968925199301750E-2
6.09334667841700C095795138E-2
6.97102807018354036416943E-2
8.82388331237382459600972E-2
8.68575887232854165749746E-2
1.06890820703385382290355E-1
4.8122622238540664979743SE-2
-7.71172604925123045197693E-3
3.61744558464118380174630E-3
-2.03147C14621152983936190E-3
1.18622942C9692C134C65166E-3
-6.61588104212609818025492E-4
3.12534674632490118489224E-4
-8.58403C0932579435259544OE-5

ZEILE 10

-9.00775543112918780436367E-4
5.09976657559118996538281E-4
-2.53746582039265491172599E-4
9.8922011C3252483957116B8E-5
-2.18077874753181867970663E-5
0.00CC0000000C000000000000E+0

ZEILE C7

1.4262445837B7230649B0678E-2
3.37653200903432922150190E-2
4.910C5088621963834799542E-2
6.84363165915S86190801893E-2
7.46058100920483175485411E-2
9.73469071517C49558826038E-2
4.6895458937575143225BB22E-2
-7.94039655564579318413139E-3
3.82371290576282289016553E-3
-2.15140985640677937479802E-3
1.23684167856665904403947E-3
-6.77985036454759305914185E-4
3.30543530424160681346575E-4
-1.27229761860537350959324E-4
2.78441792532467765229727E-5
0.00CC000C000C000000C00000E+0

ZEILE C8

1.4612083C5688744506798B2E-2
3.25134666976165575680336E-2
5.16761034021969623039119E-2
6.398C402687750549802696BE-2
8.2012403364142096060749BE-2
8.38024153932768551360496E-2
1.04625717356679348867523E-1
4.8122622238540664979743SE-2
-7.6996220324836021466224SE-3
3.48318779455287331637806E-3
-1.8168731C360564534436907E-3
9.447C0159437C84827544784E-4
-4.464C733B517406305002193E-4
1.68625638714339886406299E-4
-3.65168519532634484371488E-5
0.000C000C000C000000C00000E+0

ZEILE C9

1.42950335786534654760784E-2
3.36216644058675199425079E-2
4.94486014777164943859140E-2
6.76746982711480065510030E-2
7.6339344C332754498377228E-2
9.24949397345317129588717E-2
8.97255278855246878784605E-2
1.07930303889429578777832E-1
4.74588951604960899751576E-2
-7.13669714718748837370400E-3
2.996C896108034358473508OE-3
-1.41515051239533975547689E-3
6.35342584194694774919270E-4
-2.33131647592637336804732E-4
4.969958222020973162117750E-5
C.000C000C0C00000000000000E+0

ZEILE 10

```
  4.39313410369083321C65900E-3        1.459C46546402035018806136E-2
  2.26287889310103933886855E-2        3.25978032191895599344871E-2
  4.36780243709131902693667E-2        5.14756448560314976411075E-2
  5.63897132699150207506198E-2        6.43991106102902821568511E-2
  7.53777869644319388CC64606E-2        8.11523256247430885823238E-2
  8.10431789937312378527734E-2        8.569C3350821999310367512E-2
  9.65700141278415085566990E-2        9.94919978619730494447919E-2
  9.14963212214788340470555E-2        9.21391548870C23113663842E-2
  1.07728111764500570231797E-1        1.07138188258806968428967E-1
  4.68994589375751432258822E-2        4.49337750693734495077516E-2
 -7.31178252509464430C56346E-3       -6.27831816838364505047075E-3
  3.30302588179190810431091E-3        2.39163502886334727444229E-3
 -1.75255085202752901905148E-3       -9.77757127646051791596565E-4
  9.29519900076477635671032E-4        3.41962790019279686743969E-4
 -4.27230085280643466062795E-4       -7.11284265235418604525678E-5
  1.15796348467723399168121E-4        0.000C000C000C000000000000E+0

ZEILE 11                             ZEILE 11

  3.46762349858811748689797E-3        1.43089126232550158547519E-2
  2.49490104967445988359096E-2        3.35817691693253498974627E-2
  4.04900015172622311123766E-2        4.95475117938597368274748E-2
  6.03764346793181931C00019E-2        6.74622390373997599876241E-2
  7.05362689034552393308851E-2        7.67725975273516365215741E-2
  8.69220763922825186301227E-2        9.161C498C2091293525 58388E-2
  8.92499677899355360113702E-2        9.16544813250674111425844E-2
  1.01210989922717091C59356E-1        1.02751362900086924596165E-1
  9.25910947719095897561395E-2        9.09381480919972028801854E-2
  1.04458609829794438311848E-1        1.02286539888674601319238E-1
  4.38364206759631454350563E-2        4.06442855190600312747262E-2
 -6.58963456766499690C61718E-3       -5.16523416143990375646269E-3
  2.81786740307223303764C40E-3        1.70944942514438301625756E-3
 -1.36207648861196459901864E-3       -5.46949403708285097616828E-4
  5.97929165514077309993845E-4        1.09127274355912277271057E-4
 -1.58669247807107901988235E-4        0.000C000000000000000000000E+0

ZEILE 12                             ZEILE 12

  4.29738285010832839712492E-3        1.45915485695708295708603E-2
  2.28741626299560007374659E-2        3.25976697865577989636156E-2
  4.33227913828584141445520E-2        5.14621767679716447491736E-2
  5.68728651693174348C32813E-2        6.44554823597944662831819E-2
  7.47170875834453462544715E-2        8.09957410975401911967970E-2
  8.19833861325515833174173E-2        8.6057653631962389597177CE-2
  9.51287885451417470616249E-2        9.86830318759444397607445E-2
  9.40140771624410029856495E-2        9.39694168546969697297047E-2
  1.01982813915446268741113E-1        1.02175827390566191100423E-1
  9.01009776356577448923326E-2        8.61477981933488252422122E-2
  9.72071785531288690852130E-2        9.35732783103693022367709E-2
  3.90512367888432706C33831E-2        3.47552320851177284442698E-2
 -5.57213384621834697790729E-3       -3.85395750974912258357944E-3
  2.17957812605733843C938C4E-3        1.005333117C67354467466785E-3
 -8.77396052813628534949022E-4       -1.85271925148884990460053E-4
  2.24448373974578490C68881E-4        C.000C000C000C000000C0000E+0

ZEILE 13                             ZEILE 13

  3.56373500427262998141000E-3        1.42950609171794967830390E-2
  2.47053488413884185136329E-2        3.36273081140745382881776E-2
  4.08338342007854968871364E-2        4.94688785789509762758649E-2
  5.99277195C64664767C89224E-2        6.756C95C993424931115940lE-2
  7.11146719863593609453453E-2        7.66857567186404548922514E-2
  8.61632288057546613363218E-2        9.16245452631637976481214E-2
  9.02885C50510103810583788E-2        9.18261421132597245646468E-2
```

9.9681000527011265736&8648E-2
9.5155964977087765761&254E-2
9.8851912564654440&960440E-2
8.4125034458245366&386012E-2
8.6250560352392362&764175E-2
3.2727848761482675&300369E-2
-4.29660708089713244635034E-3
1.41234953054490578967530E-3
-3.36133040150131184816939E-4

ZEILE 14

4.19658015650116008817127E-3
2.31277760613294173174711E-2
4.29714040315739179782533E-2
5.73179532098738717032261E-2
7.41675804918775776977150E-2
8.26627167712152302868347E-2
9.42716263854501989390669E-2
9.51407749583321754441770E-2
1.00393459080926927997327E-1
9.26426679922253754239269E-2
9.19284324465935358997291E-2
7.49011421952294298997459E-2
7.20051807417189112848355E-2
2.51094414813929325716105E-2
-2.80881103188449995108144E-3
5.59121912484997364206967E-4

ZEILE 15

3.67581887400889496845806E-3
2.44248345870324822732635E-2
4.12175834631115283930855E-2
5.94517099774732652820956E-2
7.16846475872447759650379E-2
8.54879762257724626503730E-2
9.10921969756835678166396E-2
9.87064469751247934506261E-2
9.63812549170744801261329E-2
9.72096928427193405950655E-2
8.66000125133563493063679E-2
8.14510560463644645407187E-2
6.28066308047426358849252E-2
5.50050861428840970969264E-2
1.64897945379873460169660E-2
-1.16704111852297099832291E-3

ZEILE 16

4.05879349866809555581971E-3
2.34714490669356715794905E-2
4.25051004622897322931943E-2
5.78885361348809464342323E-2
7.34979613869430247072895E-2
8.34338732552336990156778E-2
9.33891235185523051777390E-2
9.61539890555365700982280E-2
9.92146353509855758995243E-2
9.40517796309495525491094E-2
9.01568377747061324470144E-2
7.73594179588233368536333E-2
6.77232835662228488472626E-2
4.83971374636293636008958E-2
3.58441251195772899936228E-2

1.02167540635552155959235E-1
9.24823138613564931448839E-2
9.78419090732252441556346E-2
7.79112114805394981285429E-2
8.13562067036609075988667E-2
2.74928095637006040493663E-2
-2.42379273474181460535168E-3
3.69859397351018632019294E-4
0.00000000000000000000000E+0

ZEILE 14

1.46248935033613453413392E-2
3.24839251423880108597971E-2
5.16748420652133979166930E-2
6.41425743321412531738144E-2
8.13924747129204783184931E-2
8.56151030786618683677241E-2
9.91031961477580248599273E-2
9.36900115173101769533616E-2
1.02092425130122526449622E-1
8.70997579496377944849422E-2
9.00463080681585428579949E-2
6.64448759478377633512301E-2
6.61623868735800804860940E-2
1.91355773731439638096865E-2
-1.00792393640191289267498E-3
0.00000000000000000000000E+0

ZEILE 15

1.42185757356182051226770E-2
3.38908244466766455078820E-2
4.89663818843516495335656E-2
6.83253308396937406992052E-2
7.56619541932008361579124E-2
9.28756230689448274465841E-2
9.03962706916558935874000E-2
1.03680925192158485108701E-1
9.10272686993575461151435E-2
9.90030716619826880576165E-2
7.75181421634422023207819E-2
7.95389260166224875680877E-2
5.18328989004327378675175E-2
4.87900500033319872152544E-2
1.00000301765700429295757157E-2
0.00000000000000000000000E+0

ZEILE 16

1.50128025563589323913795E-2
3.11424825613457623220329E-2
5.42510675191202483682531E-2
6.01789740562742099705432E-2
8.67930639017934879020954E-2
7.88220416436864457407838E-2
1.07154962077997238954913E-1
8.45991821904659220469035E-2
1.19917859470900217118975E-1
7.69346993450572034474026E-2
1.00038807493172244471786E-1
5.73574149396834994959782E-2
7.28706249145890816292633E-2
2.94916398204707901545391E-2
3.34343775090847159851511E-2

148

7.21326778355414518575968E-3

GAMMA

3.90625000000000000000000E-3
2.38511134738428602325880E-2
4.19926407224825890035060E-2
5.85101765519300285152608E-2
7.27777726101011214353191E-2
8.42481989249612450181911E-2
9.24808907443326797832324E-2
9.71595448557839216716881E-2
9.81043941195158411335987E-2
9.52791471276775444131180E-2
8.87923963763697559481753E-2
7.88934609021010101425796E-2
6.59628499665340667224615E-2
5.04978398108919543621850E-2
3.30947543050682173723368E-2
1.44485695084071642457596E-2

0.000000000000000000000000E+0

GAMMA

1.44485695084071642457596E-2
3.30947543050682173723368E-2
5.04978398108919543621850E-2
6.59628499665340667224615E-2
7.88934609021010101425796E-2
8.87923963763697559481753E-2
9.52791471276775444131180E-2
9.81043941195158411335987E-2
9.71595448557839216716881E-2
9.24808907443326797832324E-2
8.42481989249612450181911E-2
7.27777726101011214353191E-2
5.85101765519300285152608E-2
4.19926407224825890035060E-2
2.38511134738428602325880E-2
3.90625000000000000000000E-3

RADAU I   N = 17

ALPHA

    0.00000C0000000C000C00000E+C
    1.26469793739583819688441E-2
    4.19755823095245454550407E-2
    8.68916234628587253704145E-2
    1.45861852224789366334886E-1
    2.16877446C35131916147818E-1
    2.97519862074958955545193E-1
    3.85042848123510482510359E-1
    4.76465883974831679482530E-1
    5.68675656404374624916408E-1
    6.58532072452176931374101E-1
    7.42975192154829140C77056E-1
    8.19129440342116333752427E-1
    8.84401562420184059821076E-1
    9.36569054416163254507472E-1
    9.73856486318605948C21451E-1
    9.95002700336228078957349E-1

BETA

ZEILE 01

    0.00000000000000C000C00000E+C
    0.00000C000000000000C00000E+C
    0.00000000000000C000C00000E+C
    0.00000C000000000000C00000E+C
    0.00000000000000C000C00000E+C
    0.00000C00000000C000C00000E+C
    0.00000000000000C000C00000E+C
    0.00000C0000000C000C00000E+C
    0.00000000000000C000C00C0E+C
    0.00000C000000C0C0C00000E+C
    0.00000C0000000C000C00000E+C
    0.00000C0000000C000C00000E+C
    0.00000000000000C000C00000E+C
    0.00000000000000C000C000C0E+0
    0.00000C00000C0C0C00000E+C
    0.00000000000000C000C00000E+C
    0.00000C0000000C000C00000E+C
    0.00000000000000C000C00000E+0

ZEILE 02

    4.85088412541457403602887E-3
    8.86717416025127726746423E-3
   -1.57654394313264668213699E-3
    8.08676065727915405672092E-4
   -5.06220487877913141212668E-4
    3.47371965234887455C82721E-4
   -2.50664720030829245C31457E-4
    1.86095737778833936298811E-4
   -1.40153938275852093585552E-4
    1.05919420629765578386847E-4
   -7.95171428315939408684930E-5
    5.86353849755541801C32744E-5
   -4.18366891338371604160317E-5
    2.82141216868310461692229E-5
   -1.72180995961179058763640E-5
    8.58945048516773850425102E-6
   -2.42603734763450573867326E-6

ZEILE 03

RADAU II   N = 17

ALPHA

    4.99729966377192104265115E-3
    2.61435136813940519785493E-2
    6.343C9455838367454925282E-2
    1.15598437579815940178924E-1
    1.80870559657883666247573E-1
    2.57024807845170859922944E-1
    3.41467927547823068625899E-1
    4.31324343595625375083592E-1
    5.23534116025168320517470E-1
    6.14957151876489517489641E-1
    7.02480137925C41044454807E-1
    7.83122553964868083852182E-1
    8.54138147775210633665114E-1
    9.131C8376537141274629586E-1
    9.58024417690475454544959E-1
    9.8735302C626C41618031156E-1
    1.000C000C000C000C0000000E+0

BETA

ZEILE C1

    6.393C0042626776992012006E-3
   -2.37698156370420355512316E-3
    1.748C794589711256C387408E-3
   -1.38512615997485431265002E-3
    1.11995909598237859364691E-3
   -9.05753700205938155694888E-4
    7.2452359C510686803163036E-4
   -5.68417684039143429413344E-4
    4.33859707365265619689999E-4
   -3.192C6125322999537169330CE-4
    2.23642556374241882801564E-4
   -1.46595551441566165678682E-4
    8.73862224312893897188277E-5
   -4.50C52244264308152534942E-5
    1.79423823479469680360636E-5
   -4.00776736365193289250640E-6
    0.000C000C000C000000000000E+0

ZEILE C2

    1.38652283983161331409848E-2
    1.464505C8878668589019362E-2
   -3.829C2609139846564921383E-3
    2.53745497949529641382502E-3
   -1.90868718337457660853242E-3
    1.487980C3138851075929940E-3
   -1.16526381842378548342897E-3
    9.02091111576687459903405E-4
   -6.82464935250806769943644E-4
    4.990387072C451331051925E-4
   -3.48112104769614571219252E-4
    2.27465031545138324477001E-4
   -1.35283668024827565710490E-4
    6.956C0623888172520677053E-5
   -2.77011927769786148427286E-5
    6.18346556521365789521830E-6
    C.000C000C000C000000000000E+0

ZEILE C3

2.42915868353717685458442E-3
2.45768683220118181338386E-2
1.70103769463980283623746E-2
-3.01170902125405480855266E-3
1.56102932336092903214651E-3
-9.89377819894355323276026E-4
6.84790175075763197204064E-4
-4.95999454764202717177783E-4
3.67698040824650193056001E-4
-2.74938596462627333113650E-4
2.04874037902491430230505E-4
-1.50270467461500100410196E-4
1.06807522051449868272266E-4
-7.18311422873212078654142E-5
4.37517727519821132780837E-5
-2.17988757152209451464083E-5
6.15286344953870559768917E-6

ZEILE 04

4.31117349134061897414672E-3
1.87328307094658069039606E-2
4.22241386739872214336624E-2
2.45403081468009948987876E-2
-4.29859529285942388604249E-3
2.22109505188904182902797E-3
-1.40626649939639150294336E-3
9.70721727868074375864143E-4
-6.98941760720520256924910E-4
5.12787350385910711189695E-4
-3.77187539393311205153930E-4
2.74147413981994795796631E-4
-1.93592010796048732937011E-4
1.29594876427596621727165E-4
-7.86822673034499294968943E-5
3.91215075719786451058480E-5
-1.10301163913683053557293E-5

ZEILE 05

2.72442967730880927413416E-3
2.31221696211525566573174E-2
3.40784403839417164804254E-2
5.84075253095776861580549E-2
3.12044366777654535887194E-2
-5.40175825378320116498559E-3
2.76834465886037484391766E-3
-1.73983847789991360962548E-3
1.18996125970555722629379E-3
-8.45950123194556309859986E-4
6.09514120134668383520707E-4
-4.36780569854331348698568E-4
3.05396222421788786585200E-4
-2.03021758938533644013408E-4
1.22675157349953334256289E-4
-6.08085186879938120684860E-5
1.71168389293314909129790E-5

ZEILE 06

4.11245598064187174263464E-3
1.94520885600559119640915E-2
3.99171541681847460504535E-2
4.82969697968032090240554E-2

1.22728753111010804807451E-2
3.19953787697079350663733E-2
2.23816219486993771025623E-2
-5.04689458796357769942323E-3
3.09951437521939273362339E-3
-2.21555413253723091202688E-3
1.65693639088768359298134E-3
-1.24787281195617759955916E-3
9.27442517800090010503058E-4
-6.70054002079170161081379E-4
4.63475936102646407690145E-4
-3.01024692048608987236396E-4
1.78259179564337928277380E-4
-9.13767232453709618161627E-5
3.63140228570792866037665E-5
-8.09591827274081568839339E-6
0.00000000000000000000000E+0

ZEILE C4

1.31423140919928330789216E-2
2.79839844144180457400120E-2
4.90855705313528585332569E-2
2.93276497716563507566710E-2
-6.04408102562104821862887E-3
3.49537104002406901522574E-3
-2.38192425605951070213285E-3
1.70559786999914396469151E-3
-1.22930022894587350031761E-3
8.70504103942092958319274E-4
-5.93931558866383025622933E-4
3.82062645958617368484350E-4
-2.24711252302490667253170E-4
1.14639293372899671269504E-4
-4.54128162297448424475155E-5
1.01049551240800484746975E-5
0.00000000000000000000000E+0

ZEILE C5

1.25575260130755013277191E-2
3.03220330840220998320690E-2
4.27274766068876638812645E-2
6.45301945657200965816085E-2
3.52457044405358894813871E-2
-6.79965193893020219031340E-3
3.73317757518553761436469E-3
-2.42828378536133405152059E-3
1.66028841237408224982297E-3
-1.13827718088969649719517E-3
7.60324032227697001902292E-4
-4.82068434848782438356335E-4
2.80691799383484794404738E-4
-1.42205675340372852353164E-4
5.60726823068315021404706E-5
-1.24425384648299893713834E-5
0.00000000000000000000000E+0

ZEILE C6

1.29962678573217448756427E-2
2.86681344949084045703673E-2
4.65465529967251443510364E-2
5.59892070406756813345068E-2

```
    7.26141802106003189104186E-2
    3.67762932079297475853529E-2
   -6.28669110870727518715747E-3
    3.18590946540810454545190E-3
   -1.97888137304078791150057E-3
    1.33396984619492044782352E-3
   -9.30189099967860651940632E-4
    6.52409554479396326589925E-4
   -4.49545341349444205370480E-4
    2.95857930379349414502760E-4
   -1.77556964160948393416147E-4
    8.76323716274752393115072E-5
   -2.46111699468187534825367E-5
```

ZEILE 07

```
    2.87355698016700942019036E-3
    2.26547031258049307661669E-2
    3.51472117583736124950237E-2
    5.52870731592227707447873E-2
    6.08680598923862865836078E-2
    8.43691737967508797065473E-2
    4.10662389702522593968111E-2
   -6.92463641699941011591525E-3
    3.46064568897577105570086E-3
   -2.11569354345057432550946E-3
    1.39771140759785988845668E-3
   -9.48290715000280051320806E-4
    6.39428942606040124706639E-4
   -4.14776176951456194779035E-4
    2.46542358667280213712924E-4
   -1.20947755973371489562834E-4
    3.38606025293473269687745E-5
```

ZEILE 08

```
    3.99230638726996980871279E-3
    1.97998568574147694568084E-2
    3.92522845710046657800334E-2
    4.97009854812049352078914E-2
    6.87655334013955510422569E-2
    7.13516668706606297109361E-2
    9.32753635060937282000655E-2
    4.39282173301985940335848E-2
   -7.29454349007990030964795E-3
    3.58378297139547640908010E-3
   -2.14590986010647905361995E-3
    1.37905459872754534338707E-3
   -8.99614043011560456926501E-4
    5.71298191603073267257543E-4
   -3.34956790214306650628271E-4
    1.62939938012372942677514E-4
   -4.54177980585822215097258E-5
```

ZEILE 09

```
    2.97555761367113759546241E-3
    2.23735268212246479849262E-2
    3.56288320901696857538439E-2
    5.44350266054848280223826E-2
    6.25752883325448208084439E-2
    7.99101439030328880985787E-2
    7.93859517042592102163785E-2
    9.90308123424186842250562E-2
    4.52647799022379206542733E-2
```

```
    7.78053293589676434284172E-2
    3.99340944991388352406822E-2
   -7.29313132758702509048892E-3
    3.81422252246315827557099E-3
   -2.36529870356958363571320E-3
    1.53661527519276873583081E-3
   -9.92978414807002818426607E-4
    6.16095458040163713625 0174E-4
   -3.53525915989733665188625E-4
    1.77339522098586566940887E-4
   -6.94728333567124383099573E-5
    1.53568925869130558261306E-5
    0.000000000000000000000000E+0
```

ZEILE C7

```
    1.26428260915851917689658E-2
    2.99604599016949376924460E-2
    4.37675315329657114070843E-2
    6.12244887574116573776542E-2
    6.73135639125601654465979E-2
    8.84613246366415712619036E-2
    4.32331191388995411735184E-2
   -7.51079037096511161695801E-3
    3.74153361361837441562679E-3
   -2.20311579791880923052953E-3
    1.34852183728169835933404E-3
   -8.09357668814450054758853E-4
    4.54552322199922469964355E-4
   -2.24812720695167383880992E-4
    8.72711030518739213080885E-5
   -1.91887416940383823767992E-5
    0.000000000000000000000000E+0
```

ZEILE C8

```
    1.29428583016936075053933E-2
    2.88292049915300015485825E-2
    4.59970245533873558382951E-2
    5.73345760672556825596702E-2
    7.38553153893513921533027E-2
    7.63110430215233466201372E-2
    9.61374893893521679678990E-2
    4.50304183935859501206033E-2
   -7.44766147697289299919580E-3
    3.52236590402660713975107E-3
   -1.95416014743038839535433E-3
    1.11117425408892750002303E-3
   -6.03965018867857022381703E-4
    2.92555582678708344092259E-4
   -1.12120794613605917329520E-4
    2.44696774133721201040710E-5
    0.000000000000000000000000E+0
```

ZEILE C9

```
    1.26772338876885681100576E-2
    2.98260503396073158186881E-2
    4.40908376927473577586881E-2
    6.05222157268339461470501E-2
    6.89041398354008306969722E-2
    8.40131516661038065957224E-2
    8.26710674842919851045276E-2
    1.00574686254575288560159E-1
    4.52647799022379206542733E-2
```

-7.384123373522643131115882E-3
 3.551367246051840099555763E-3
-2.068588431480891705951794E-3
 1.278684840744647733475614E-3
-7.861796028502129048013064E-4
 4.517911981341802778021004E-4
-2.171428031110834752912874E-4
 6.015558582201833355187024E-5

ZEILE 10

 3.901999970302114573114664E-3
 2.004098286592401185254474E-2
 3.886826095053330889433644E-2
 5.030723787665062320552154E-2
 6.774293875504670625736564E-2
 7.331575190746502539171434E-2
 8.347886829132302563639144E-2
 8.469520690420780164809414E-2
 1.014401004000964085471414E-1
 4.503041839358595012060334E-2
-7.190391848999026027242374E-3
 3.364457975516777834646674E-3
-1.886254997762758350447774E-3
 1.100174155055273722393294E-3
-6.131151820887757642072874E-4
 2.894919455925642155373334E-4
-7.949049588368376834661634E-5

ZEILE 11

 3.058455920290835450888304E-3
 2.156958634345191451450814E-2
 3.595675951149494936724494E-2
 5.395663428514849391293054E-2
 6.329604786567106180466294E-2
 7.874078859114123188743394E-2
 8.155006602220615742530014E-2
 9.379404728949702789283524E-2
 8.709788552847295244868284E-2
 1.004213045349991544976048E-1
 4.323311913889954117351844E-2
-6.719797689990581352787754E-3
 3.029093606906879789895194E-3
-1.604892039403539173472214E-3
 8.503753573721468058908624E-4
-3.906100612279825327664784E-4
 1.058359563534104699098344E-4

ZEILE 12

 3.823326797303918500954214E-3
 2.024337041965856209078534E-2
 3.857266797338111774404344E-2
 5.071459894587739505800104E-2
 6.717648284386441461909014E-2
 7.413767937210478107734494E-2
 8.706073082022880186831444E-2
 8.699557397930325007669434E-2
 9.606371097865632655510424E-2
 8.651238955084338218788974E-2
 9.600885141948980699760624E-2
 3.993409449913883524068224E-2
-5.987955502920898410057134E-3
 2.556047942271121766969174E-3

-1.2340848805701C357324835E-3
 5.41344966063668032284573E-4
-1.43598C89C746242143255578E-4

ZEILE 13

 3.13560674691786117654440E7E-3
 2.19606775792834719732923E-2
 3.62360C839625211243822009E-2
 5.35875745390804441288519E-2
 6.37798101893117772954936E-2
 7.80929761560358542920733E-2
 8.24579304164636723598880E-2
 9.24206801363162463532863E-2
 8.94675C69946849654757734E-2
 9.50781654842119540323580E-2
 8.29599609372234621533148E-2
 8.83522194473121025693034E-2
 3.52457044405358894813871E-2
-5.01896431247211561424437E-3
 1.96048913171506209327806E-3
-7.88533C033714666695888C53E-4
 2.01627062615040199513971E-4

ZEILE 14

 3.744981261008821375986441E-3
 2.04410922276675159137138E-2
 3.82967163371892453143012E-2
 5.10681877034983552832927E-2
 6.67329674330060531663151E-2
 7.46971979304268942012311E-2
 8.633706721730449218052300E-2
 8.79749913675306915295C06E-2
 9.46348307429741243933497E-2
 8.88856826660580356886231E-2
 9.08672304775842630471423E-2
 7.65647035047401023841858E-2
 7.771040004908786056 74635E-2
 2.93276497716563507566710E-2
-3.044246151169211587 41072E-3
 1.26240769611998924227429E-3
-3.00297809C21844839564662E-4

ZEILE 15

 3.21850522900704640359116E-3
 2.17526759600870056797363E-2
 3.65222970184659927432409E-2
 5.32289524612646324720084E-2
 6.42152319682650709544684E-2
 7.56753057063065485 76051E-2
 8.30982599265690052326311E-2
 9.16209433698183489776880E-2
 9.05102128827486263C00672E-2
 9.36177C52010136646455107E-2
 8.52800C61850315467121784E-2
 8.35650849231836222155681E-2
 6.75517276874895137C69733E-2
 6.44416851887705608057810E-2
 2.23816219486993771C25623E-2
-2.50093646775936435685200E-3
 4.97550362877950014713299E-4

ZEILE 16

154

```
3.65220934673820106913173E-3
2.06729245743647682322874E-2
3.79807303155454043113806E-2
5.14577190493201639579093E-2
6.62708907851302867507707E-2
7.52372165732064086840307E-2
8.57068567889912333421264E-2
8.87174545118256374860012E-2
9.37412302971621326178111E-2
9.00025933548158227876497E-2
8.93777282567363130185245E-2
7.87993134502831206568105E-2
7.33961364633823044330285E-2
5.62481524920414169263676E-2
4.89861064816045644669725E-2
1.46450508878668589019362E-2
-1.03582731040868962128779E-3
```

ZEILE 17

```
3.33304480786537585091763E-3
2.14672077734711328618 52E-2
3.69089290772453422598636E-2
5.27573078560259351893769E-2
6.47661910100936335307974E-2
7.69372466131938765994839E-2
8.38126763808178725193955E-2
9.08120481831165675129318E-2
9.14319245595379464691274E-2
9.25513101775173367969951E-2
8.65492793724101805336190E-2
8.19747517288991812608284E-2
6.97521220563085044210899E-2
6.06190338541605344032285E-2
4.31191751318496300407213E-2
3.18174583235712783626671E-2
6.39300042626776992012006E-3
```

GAMMA

```
3.46020761245674740484429E-3
2.11507947586549476769048E-2
3.73357172758080825190225E-2
5.22401608490938281180927E-2
6.53643686765523972593249E-2
7.62623530385753016892255E-2
8.45632050613524116810090E-2
8.99843140786549372626355E-2
9.23410965381269427636243E-2
9.15533085643193928885547E-2
8.76477882001098888128704E-2
8.07575481949737634222742E-2
7.11172585684693002992710E-2
5.90552941370144867734767E-2
4.49827281381732758158255E-2
2.93805637607904446273275E-2
1.28032925468738509857164E-2
```

```
1.29948238201865656820267E-2
2.87167544061479642447744E-2
4.62627868198649664773320E-2
5.70737283284721825778397E-2
7.38404019123491486796525E-2
7.72928384464284546175861E-2
9.18172787217373779619956E-2
8.67493779402954926051912E-2
9.76793554886001592644752E-2
8.42368600565685469436949E-2
9.05759962162922182883966E-2
7.01374138434008582880368E-2
7.14567011294146086438637E-2
4.62680528362127210076022E-2
4.33834764918190754812241E-2
8.86717416025127726746423E-3
0.00000000000000000000000E+0
```

ZEILE 17

```
1.23327708988654731020620E-2
3.10108472085033982668502E-2
4.18405951153090827725537E-2
6.39155203029736935354542E-2
6.44457734231927849334816E-2
8.92323619504393003004247E-2
7.74713331523757389282431E-2
1.03242651109421000225298E-1
7.94074470761831285793730E-2
1.03821791084742819419423E-1
7.02261873809402433723618E-2
9.06377896870288268512355E-2
5.14653008738156159429881E-2
6.50875386277991890609597E-2
2.62106763478926576794728E-2
2.96514157605170470298190E-2
0.00000000000000000000000E+0
```

GAMMA

```
1.28032925468738509857164E-2
2.93805637607904446273275E-2
4.49827281381732758158255E-2
5.90552941370144867734767E-2
7.11172585684693002992710E-2
8.07575481949737634222742E-2
8.76477882001098888128704E-2
9.15533085643193928885547E-2
9.23410965381269427636243E-2
8.99843140786549372626355E-2
8.45632050613524116810090E-2
7.62623530385753016892255E-2
6.53643686765523972593249E-2
5.22401608490938281180927E-2
3.73357172758080825190225E-2
2.11507947586549476769048E-2
3.46020761245674740484429E-3
```

RADAU I   N = 18

ALPHA

```
0.00000000000000000000000E+0
1.12859593677562485828786E-2
3.74988021766499558749539E-2
7.77569654077015915128927E-2
1.30833940432586380795554E-1
1.95116421475033508000822E-1
2.68651047265948617866979E-1
3.49203441546617735268513E-1
4.34326033113365668096693E-1
5.21432403146920411216290E-1
6.07875865277904341966381E-1
6.91029882247804096682476E-1
7.68367874222827817053203E-1
8.37539996571863450018370E-1
8.96444567064802936586509E-1
9.43292031230921760467287E-1
9.76659905876225726032978E-1
9.95542006432212660824549E-1
```

BETA

ZEILE 01

```
0.00000000000000000000000E+0
0.00000000000000000000000E+0
0.00000000000000000000000E+0
0.00000000000000000000000E+0
0.00000000000000000000000E+0
0.00000000000000000000000E+0
0.00000000000000000000000E+0
0.00000000000000000000000E+0
0.00000000000000000000000E+0
0.00000000000000000000000E+0
0.00000000000000000000000E+0
0.00000000000000000000000E+0
0.00000000000000000000000E+0
0.00000000000000000000000E+0
0.00000000000000000000000E+0
0.00000000000000000000000E+0
0.00000000000000000000000E+0
0.00000000000000000000000E+0
```

ZEILE 02

```
 4.32715395433477626861583E-3
 7.91586260542131227924863E-3
-1.40968577355715169791661E-3
 7.25031087690105394389307E-4
-4.55611590099749736588906E-4
 3.14281239757524898550267E-4
-2.28354353225950908610393E-4
 1.71063949162320520123976E-4
-1.30355063225714722922503E-4
 1.00050774741736600094815E-4
-7.66873927062543283438390E-5
 5.81913208423124521336923E-5
-4.32618819451276096580895E-5
 3.10600230802549796775495E-5
-2.10440578707751804625059E-5
 1.28854810296900979662512E-5
-6.44233608006069116910149E-6
```

RADAU II   N = 18

ALPHA

```
4.45759356778739175450623E-3
2.33400941237742739670215E-2
5.67079687690782395327133E-2
1.03555432935197063413491E-1
1.62460003428136549981630E-1
2.31632125777172182946797E-1
3.08970117752195903317524E-1
3.92124134722095658033619E-1
4.78567596853079588783710E-1
5.65673966886634331903307E-1
6.50796558453382264731487E-1
7.31348952734051382133021E-1
8.04883578524966491999178E-1
8.69166059567413619204446E-1
9.22243034592298408487107E-1
9.62501197823350041250461E-1
9.88714040632243751417121E-1
1.00000000000000000000000E+0
```

BETA

ZEILE C1

```
 5.70493517049014708458296E-3
-2.12701566981611383559689E-3
 1.57208951779745410009725E-3
-1.25500127425212158525278E-3
 1.02515476388683001746055E-3
-8.40253910685545254453634E-4
 6.83784818178753799276574E-4
-5.48344421709444230320517E-4
 4.30429473901083059552498E-4
-3.28364395097062361807640E-4
 2.41332466401726107483697E-4
-1.68864786577414206958986E-4
 1.10543653158956266277795E-4
-6.58154823240084109236317E-5
 3.38610263710398069694302E-5
-1.34887932518547909760430E-5
 3.01141131496618909559885E-6
 0.00000000000000000000000E+0
```

ZEILE C2

```
 1.23698593177309365340482E-2
 1.30915950356974819597625E-2
-3.43986093550457126628385E-3
 2.29648074563634923506556E-3
-1.74506785453055289190858E-3
 1.37870069152805820576763E-3
-1.09836023629108420470720E-3
 8.69097728141056459211921E-4
-6.76146368773824607957399E-4
 5.12622601543435965087639E-4
-3.75080687902881084009031E-4
 2.61599083037105333157520E-4
-1.70840310704471530295107E-4
 1.01535989716740534871655E-4
-5.21724825588153171689364E-5
 2.07652706159393590766770E-5
-4.63346360662871669764597E-6
```

                    1.82178040699996775C23737E-6   C.00CC000C000C000000C0000E+0

ZEILE 03   ZEILE C3

    2.16603131666097072396303E-3   1.09520036207C82853454883E-2
    2.19438576229259967396762E-2   2.85862452433265257061589E-2
    1.52176380297165295581553E-2   2.006835C1325862684219123E-2
   -2.70147592394102365280393E-3   -4.558468C6005034891636348E-3
    1.40561669828760590C25179E-3   2.82783053421858713747566E-3
   -8.95517099326818831307478E-4   -2.04833021495579456239948E-3
    6.24084862602938260193032E-4   1.55824058019435236554024E-3
   -4.56089355133947139791615E-4   -1.19937986141I978399156223E-3
    3.42082967785131036861135E-4   9.16578972765195226673232E-4
   -2.59754159625317576939456E-4   -6.865C28488970368991424445E-4
    1.97600931585953342171531E-4   4.98C10492266141826475810E-4
   -1.49127924356368651C93684E-4   -3.45186634050626873713235E-4
    1.10426728C954214519563489E-4   2.2440713397890452282939 9E-4
   -7.90490358071887205660434E-5   -1.32930956981664698217311E-4
    5.34437C926708888287923712E-5   6.81420204035208308739791E-5
   -3.26748615819544479437399E-5   -2.70773598145186058667018E-5
    1.63203488873290017178821E-5   6.0355748C0232696550466666E-6
   -4.61267939238712784042860E-6   0.000C0000C000C000000000000E+0

ZEILE 04   ZEILE C4

    3.84673416672149625C92296E-3   1.17241383441858121858404E-2
    1.67214335783709366C54520E-2   2.50140528315944037447943E-2
    3.77839627117939460929759E-2   4.39753961826926C060969936E-2
    2.20295427869913540279572E-2   2.64128723100482177636559E-2
   -3.87348194324972965646779E-3   -5.49762497861199911905139E-3
    2.01178939359625377132377E-3   3.22122454124880439968620E-3
   -1.28242C2847098C530594878E-3   -2.232569131C84811951798 70E-3
    8.93106811322694951744416E-4   1.63361154112573168543500E-3
   -6.50540959742905357786602E-4   -1.21047833521512766924718E-3
    4.84619175550554247247027E-4   8.88462457033382410569101E-4
   -3.63853554098470156352120E-4   -6.356C6894500695887264041E-4
    2.72052653589828595176890E-4   4.36228812980237550913189E-4
   -2.00097680249930710140705E-4   -2.81579995529441878265275E-4
    1.42538191398679074749C33E-4   1.65940362767838638736199E-4
   -9.60258319124627610970193E-5   -8.47513509485667805820257E-5
    5.85628874535106660730 6767E-5   3.35934942026536765085410E-5
   -2.92033975644755608608930E-5   -7.47725675959814534324 9389E-6
    8.24670244011674326674393E-6   0.000C00CC0C0C000000000000E+0

ZEILE 05   ZEILE C5

    2.42817700419813137152713E-3   1.12066893196C90736653099E-2
    2.06481341604942487819810E-2   2.708844977960645132830 22E-2
    3.04852373052143658906915E-2   3.830620125872614962466 50E-2
    5.24503742240186811621698E-2   5.80484742422280686567958E-2
    2.81480691634153379473094E-2   3.1931592586195527771122 4E-2
   -4.89753232542314916532877E-3   -6.24C1906470028208182455 1E-3
    2.52684280968427697153734E-3   3.48360335078185C83828350E-3
   -1.60200513575316945363028E-3   -2.31499124011921364706612E-3
    1.10827789769981388586345E-3   1.6269C12724262250992988 7E-3
   -7.99853439108552640999165E-4   -1.1558009C354519873933927E-3
    5.88109C49289199375891098E-4   8.09Z57933945481140716979E-4
   -4.33429503994507436204110E-4   -5.47229005963895188144702E-4
    3.15544716041997245836269E-4   3.49542862033212911556258E-4
   -2.31278554486562977044 71E-4   -2.0445712C022119786137119E-4
    1.49527760420650419C77969E-4   1.03874282371815692785011E-4
   -9.08577444859879064709004E-5   -4.10273441542446384624311E-5
    4.52001867839565943207669E-5   9.11240102018607018881947E-6
   -1.27478404602559503144506E-5   C.00CC000C000C000000000000E+0

ZEILE 06

```
  3.67095248255843317101396E-3
  1.73599658825557421809966E-2
  3.57245541623908920767 6C7E-2
  4.33547015406876682407446E-2
  6.55315041537753897483743E-2
  3.33877268410256796728019E-2
 -5.74522932105206168925218E-3
  2.93670025130106857647312E-3
 -1.84469910519303106639806E-3
  1.26211070357780157301814E-3
 -8.97847C3619034C953601430E-4
  6.47403569C83297884755722E-4
 -4.64278273871859560152417E-4
  3.24838264715982154872670E-4
 -2.16066174548190C859275819E-4
  1.30613380815298705620132E-4
 -6.47628224024352510719258E-5
  1.82329758041733951423268E-5
```

ZEILE 07

```
  2.55946516631947408C80774E-3
  2.02350426614815380249103E-2
  3.14359C84053894889741927E-2
  4.96551C56145337122C63409E-2
  5.49066358590938340249963E-2
  7.66377655290217359220725E-2
  3.75894C3947218C082925005E-2
 -6.39204849272334969152069E-3
  3.22988466806622372257200E-3
 -2.00354594424891354883458E-3
  1.34983376866407712C89131E-3
 -9.41078614774911513990268E-4
  6.60052353584636334150567E-4
 -4.54855C150961047691691530E-4
  2.99389432383042379964609E-4
 -1.7969753396319C92885213 5E-4
  8.86969664028516732425522E-5
 -2.49115C54C35344372966391E-5
```

ZEILE 08

```
  3.56580874674514803C23241E-3
  1.76654568315942736395C083E-2
  3.51362491855272794718560E-2
  4.46076558120877330945785E-2
  6.20672737113307178925320E-2
  6.47794C34418325156793416E-2
  8.54345203412233397599527E-2
  4.06254631693879860198325E-2
 -6.81895537096695105550661E-3
  3.39804813C063021354299 10E-3
 -2.07402798835470894762731E-3
  1.36883906369890255891681E-3
 -9.281391036013797185692 49E-4
  6.25604666912201585693652E-4
 -4.05713869505C07470751197E-4
  2.41121409940151882883352E-4
 -1.18278658C52288187178232E-4
  3.31120267548396825183119E-5
```

ZEILE 09

2.64806682144383279188392E-3
1.99898806170515259489048E-2
3.18590833993672160014939E-2
4.88991451899137819649375E-2
5.64370821026273169682384E-2
7.25987436746841522495712E-2
7.26686786406146836209826E-2
9.16557166577038985426880E-2
4.24036664680474919568637E-2
-7.01328861112394365267448E-3
3.43635996790165325768480E-3
-2.05414836949367219455653E-3
1.31858932177688127804045E-3
-8.59501842549951158171296E-4
5.45533097669982938904292E-4
-3.19735158190340552235560E-4
1.55499932016821034317384E-4
-4.33387959424629401780815E-5

ZEILE 10

3.48807501389055333439714E-3
1.78737784539175525026436E-2
3.48018487331434269321067E-2
4.51411874827884154689008E-2
6.11565454654210798259243E-2
6.65504145959554351569321E-2
8.09354361282303742444316E-2
7.83327679294141027598408E-2
9.51128963736424028594447E-2
4.28699894094615527624656E-2
-6.96926406977803751054128E-3
3.34372052098857793943623E-3
-1.94449427622678727981097E-3
1.20062386671222795327093E-3
-7.37600216626439121080583E-4
4.23642898887217718036727E-4
-2.03542528031037312624060E-4
5.63773651297929025151128E-5

ZEILE 11

2.71863306397746073676119E-3
1.98048738266446631186 2049E-2
3.21414265646141777487160E-2
4.84826585520016986944775E-2
5.70729019894488598910288E-2
7.15523230507483832018044E-2
7.46342301632424365748127E-2
8.68266368220264616119656E-2
8.15987110521550537377597E-2
9.57012284662602107319913E-2
4.20102665687785013448987E-2
-6.68819157391764936335595E-3
3.12281306072808568393099E-3
-1.74823550897005938217283E-3
1.01863271289388103033507E-3
-5.67272336450492833563868E-4
2.67724348574442770660248E-4
-7.34955448537413998740438E-5

ZEILE 12

3.42202245985301191980613E-3
1.80442726506772854916648E-2

1.13156583886632122908797E-2
2.66377419545842107333354E-2
3.95424103602696813732835E-2
5.44193064202155533075661E-2
6.24246783894121565655194E-2
7.65169472009368278864625E-2
7.61658396822247561821316E-2
9.35217663945335961613331E-2
4.28699894094615527624656E-2
-6.95951126150331686776708E-3
3.24386136683974461081736E-3
-1.77885767139696488214006E-3
1.00225095646694290846821E-3
-5.40884626402004905483960E-4
2.60629253652620921588909E-4
-9.94913014222920563970703E-5
2.16619365433117916472755E-5
0.00000000000000000000000E+0

ZEILE 10

1.15232761291443919764027E-2
2.59044034648640368723736E-2
4.10087142820294671869229E-2
5.20144771648083834892936E-2
6.60309583270676419422121E-2
7.12792697741229099168718E-2
8.39545827989185268132549E-2
8.03519639019234473437031E-2
9.58423416398841694140817E-2
4.24036664680474919968637E-2
-6.55946798208340604047264E-3
2.88966114937195210888839E-3
-1.47612309645075774432011E-3
7.55198123808806543259348E-4
-3.52545536835031658159174E-4
1.32029829102501076577269E-4
-2.84395510901993344062529E-5
0.00000000000000000000000E+0

ZEILE 11

1.13289385951980446489011E-2
2.65871151605777041860275E-2
3.96580328278212511234091E-2
5.41912209805310053828802E-2
6.28566176278229367382566E-2
7.56833194714069266088594E-2
7.79298415753313571144430E-2
8.88823253297661547614370E-2
8.20560700686868309192269E-2
9.52815446450839392220247E-2
4.06254631693879860198325E-2
-5.94496355655607444609669E-3
2.44290112985822182192259E-3
-1.13481577867496315695666E-3
5.03145054120449153293712E-4
-1.82995233398122759612783E-4
3.87973942186173936392953E-5
0.00000000000000000000000E+0

ZEILE 12

1.15162229587756302854060E-2
2.59317267586918924456001E-2

      3.45509299658352785158468E-2
      4.54908866435972389468102E-2
      6.06634140777658440315583E-2
      6.72774464755551875846951E-2
      7.97771590719582201914501E-2
      8.04403434545332840201986E-2
      9.00942762479475506141311E-2
      8.23671128940581109894699E-2
      9.34027905259803933169075E-2
      3.98506239118369174059653E-2
     -6.17842849161347798781162E-3
      2.78000306695519616796404E-3
     -1.47109165612896535908827E-3
      7.78816875774848070849360E-4
     -3.57544455730150720085462E-4
      9.68485289483234821437559E-5

ZEILE 13

      2.78228956609357997630932E-3
      1.96424154367530302930985E-2
      3.23742341408347183576309E-2
      4.81715767886988490020721E-2
      5.74865314019148083885818E-2
      7.09889176694071348300907E-2
      7.54391053743948722456658E-2
      8.55834061507981367974810E-2
      8.37918672481355819210203E-2
      9.06388256911647132111862E-2
      8.06150921441163064607310E-2
      8.82870966175041150155106E-2
      3.64566871779673999766796E-2
     -5.45506923836994778788671E-3
      2.32510007059862394735504E-3
     -1.12146738607072069689544E-3
      4.91633052932918713870086E-4
     -1.30367684046303599297960E-4

ZEILE 14

      3.35883546789692808791297E-3
      1.82041927337671313129698E-2
      3.43262460228765075740479E-2
      4.57817833499668678842003E-2
      6.02934133862620883245535E-2
      6.77523784844423172174310E-2
      7.91502008624867667457766E-2
      8.13088276035173917034730E-2
      8.87940403594245697584161E-2
      8.45883473736364391688997E-2
      8.44221060719310451005063E-2
      7.63971896295796995339145E-2
      8.05088422370926194021268E-2
      3.19315929861955277711224E-2
     -4.53934668188979411892891E-3
      1.77107783296274123028519E-3
     -7.11837706816062505475832E-4
      1.81947642672370077694746E-4

ZEILE 15

      2.84706819894075438449163E-3
      1.94794743101499669516501E-2
      3.25998245784686840423050E-2
      4.78863390648974666998854E-2

      4.09449288047682725547308E-2
      5.21423075590792308117129E-2
      6.57893954134910541913121E-2
      7.17295322480851126051278E-2
      8.30932736923906197821726E-2
      8.21469324849756727709064E-2
      9.11584256616707493453682E-2
      8.12245584713179721644135E-2
      9.18595365267497810358385E-2
      3.75894039472180082925005E-2
     -5.13859633275037973884741E-3
      1.92455599805864215762011E-3
     -7.76803278164069379484403E-4
      2.69230555954651044591817E-4
     -5.68576924213075594481212E-5
      0.000C000C0C0C00000C0000E+0

ZEILE 13

      1.133C3116169680161417161E-2
      2.658C449519021698319948E-2
      3.96780523036055247840113E-2
      5.41419758468295223396224E-2
      6.29638520702375962923747E-2
      7.54666183405253871314754E-2
      7.83465122777497219596200E-2
      8.80521362998465416009785E-2
      8.38053483981544801189626E-2
      9.07260633051788548647341E-2
      7.78736757053297704832564E-2
      8.56851772557082470333127E-2
      3.33877268410256796728019E-2
     -4.17054203514340768871515E-3
      1.36246718341725635695701E-3
     -4.31934062651158246178533E-4
      8.56872591627608343000327E-5
      0.000C00CC0CCC00000000000E+0

ZEILE 14

      1.15209306822061456558964E-2
      2.59167233495425562923560E-2
      4.09690779229916716773320E-2
      5.21168545901906437105627E-2
      6.57993227386774249513877E-2
      7.17654229018272207213427E-2
      8.29586784794077525348405E-2
      8.24766329546034260610123E-2
      9.04375366331068123946303E-2
      8.28232601923768287486591E-2
      8.76195882329453287629612E-2
      7.20895823059738527893490E-2
      7.69546637396931195071351E-2
      2.81480691634153379473094E-2
     -3.08056147964531095852609E-3
      7.96150711379830829952169E-4
     -1.45873951279022421754058E-4
      0.000C00CC0C0C0000000C0000E+0

ZEILE 15

      1.13177182041779307254899E-2
      2.66232163808393269481548E-2
      3.95988219795163083134094E-2
      5.42566636930618158552801E-2

160

5.78373527367879395112553E-2
7.05584636224729107722193E-2
7.59745484384570016517428E-2
8.48980433394110126768109E-2
8.47114691675566292718788E-2
8.93077170454063208807923E-2
8.28095575136884466439923E-2
8.35675432909562611965019E-2
6.98444239113066765288187E-2
7.03027912006779060028726E-2
2.64128723100482177636559E-2
-3.45768115388674460351843E-3
1.13452282606460584068338E-3
-2.69763336601119629529023E-4

ZEILE 16

3.28979066680518543239403E-3
1.83770848915216114461551E-2
3.40894442635089947029972E-2
4.60760022706467866694232E-2
5.99405011182020561766239E-2
6.81709480585947666596770E-2
7.86523990833154040208839E-2
8.19094266900322074790497E-2
8.80497451189224465298852E-2
8.55257733311992266690989E-2
8.70993965019978148101271E-2
7.85187424583852724647830E-2
7.61546792949354508472726E-2
6.11624421881785926470216E-2
5.79753973849002011978932E-2
2.00683501325862684219123E-2
-2.24039857871969242150600E-3
4.45502353988470713594678E-4

ZEILE 17

2.92475107241498655223434E-3
1.92855694409905007029128E-2
3.28633851666832399816427E-2
4.75629347312160902862577E-2
5.82183469304773506861785E-2
7.01175791044517256619307E-2
7.64819386362289974112033E-2
8.43120272752340569867614E-2
8.53967106181945995315526E-2
8.48771148297742719242S4E-2
8.38296989825802290771348E-2
8.22125993483606562076762E-2
7.18695556497905975024221E-2
6.64072477291108731859643E-2
5.06329968673682391878251E-2
4.38907207133946253177584E-2
1.30915950356974819597625E-2
-9.25462908945951398668577E-4

ZEILE 18

3.19353471736052836314243E-3
1.86168510229603515958511E-2
3.37651761258338850459174E-2
4.64706417327992089176222E-2
5.94811028609029623380494E-2
6.86938901812351756247892E-2

6.28226010202602830661842E-2
7.56156449416514692236504E-2
7.82223814320632475272483E-2
8.80965799669444369363895E-2
8.39364144841533230462151E-2
9.02320225864598392093166E-2
7.918C747C164989477581755E-2
8.19753423672294694058441E-2
6.40166088282034431991791E-2
6.59508270865022463231715E-2
2.20295427869913540279572E-2
-1.92398258329460589634511E-3
2.91884401039572817786894E-4
0.000000000000000000000000E+0

ZEILE 16

1.15464689523344163030870SE-2
2.58287946956611681294103E-2
4.11365022419454214462940E-2
5.18628856057537302295588E-2
6.61377602407638071791348E-2
7.13543192129518414617639E-2
8.34192610458068375191061E-2
8.20045096503052589339985E-2
9.08614606689585950716838E-2
8.25453601981757476057927E-2
8.75720582185241012682569E-2
7.28694193604195721816962E-2
7.40667427845015688649799E-2
5.38221695904837921316800E-2
5.30526972870040262095401E-2
1.52176380297165295581553E-2
-7.96849931006119471461180E-4
0.000000000000000000000000E+0

ZEILE 17

1.12624317591923733240209E-2
2.68145237304687396659856E-2
3.92310416441064843545087E-2
5.48232053358638082934833E-2
6.20497984247703219947217E-2
7.65881242576390576473073E-2
7.70711351157102068839796E-2
8.93903103232098444016880E-2
8.25542710967247425915893E-2
9.16252912518098692329923E-2
7.78898395170803701270713E-2
8.29791909557770827173S5E-2
6.36723785195951253792649E-2
6.44908663556731407316027E-2
4.15354816217823689889667E-2
3.88202881174182772489570E-2
7.91586260542131227924863E-3
0.000000000000000000000000E+0

ZEILE 18

1.18200894828873993963836E-2
2.48799614552595186204354E-2
4.29679521312958641667730E-2
4.90239426001478157257470E-2
7.00455990820056266897127E-2
6.63730907532603030162111E-2

7.80637575914209521266736E-2
8.25694154313051985215020E-2
8.73082307294917798422299E-2
8.63927016784754699973368E-2
8.61316157924124166870608E-2
7.96667084634138206406402E-2
7.47203356691453026687306E-2
6.31422906868005069067392E-2
5.45433962481626746529528E-2
3.86474503150231103421239E-2
2.84299720149791168895494E-2
5.70493517049014708458296E-3

GAMMA

3.08641975308641975308642E-3
1.88833117560038707048464E-2
3.34059587687643864041207E-2
4.69055146930947401808746E-2
5.89787496217918290403115E-2
6.92596622577457003702926E-2
7.74360577485534591224487E-2
8.32595576920271518690831E-2
8.65532402413006455119474E-2
8.72170393030375487001895E-2
8.52307928126251991652098E-2
8.06548592982176493283427E-2
7.36282883243828622464049E-2
6.43646057360581436594720E-2
5.31453601538470437477238E-2
4.03117248601388277065798E-2
2.62552273989374771107812E-2
1.14236295803870453782848E-2

8.94248877647904472580749E-2
7.50744454566505843560172E-2
9.85671424874131453477877E-2
7.42603994619483224073851E-2
9.61916015381495109173403E-2
6.42151451455463523581914E-2
8.23766530304185832827414E-2
4.64003133160301069017946E-2
5.84603068967374409620592E-2
2.34441063254181390825699E-2
2.64743637204083951077751E-2
0.00000000000000000000000E+0

GAMMA

1.14236295803870453782848E-2
2.62552273989374771107812E-2
4.03117248601388277065798E-2
5.31453601538470437477238E-2
6.43646057360581436594720E-2
7.36282883243828622464049E-2
8.06548592982176493283427E-2
8.52307928126251991652098E-2
8.72170393030375487001895E-2
8.65532402413006455119474E-2
8.32595576920271518690831E-2
7.74360577485534591224487E-2
6.92596622577457003702926E-2
5.89787496217918290403115E-2
4.69055146930947401808746E-2
3.34059587687643864041207E-2
1.88833117560038707048464E-2
3.08641975308641975308642E-3

RADAU I   N = 19

ALPHA

0.00000C00C00000000C00000E+C
1.01331517974028655832370E-2
3.36992480543674575884933E-2
6.99791103003067835180415E-2
1.17980174637920853268759E-1
1.76392570225130434126051E-1
2.43622806593849373201833E-1
3.17836960886348434981178E-1
3.97010639440167927862519E-1
4.78984179129223852680185E-1
5.61521550775861882348146E-1
6.42371350023365370601673E-1
7.19328209939828300893181E-1
7.90292960411157033278118E-1
8.53329896322382042848391E-1
9.06719604071455049222391E-1
9.49005958412109446C33225E-1
9.79036351606233522C04864E-1
9.59985206161326132029 57E-1

BETA

ZEILE 01

0.0C000000C00000000C00000E+C
0.00000C00000000C000C00000E+C
0.00000C00C00000C0C0C0C0C0E+C
0.0C00000000000C0CCC00C00E+C
0.00000000C000000C0C000C0E+C
0.00000000000000000C00000E+0
0.0C000C00C00000C0C0C00000E+C
0.0C000C00C00000C000C000C0E+C
0.00000C0CC00000C000C00CC0E+C
0.00000000000000000C00000E+C
0.0C000C000000CC0C0C00C00E+C
0.00000C0C000000C000C0CC00E+C
0.00000C00C00000C000C000C0E+C
0.00000C0000000C000C00000E+C
0.00000C0000000C0CCC000C0E+C
0.00000C0000000C0C0C000000E+C
0.00000C0000000C000C00000E+C
0.00000000000000000C00000E+C
0.00000C0000000C000C00000E+C

ZEILE 02

3.88386711554269075522292E-3
7.10952765057692035776606E-3
-1.26782255606168019194203E-3
6.53541778330665135676317E-4
-4.12013708647433423575837E-4
2.85442235906117813599149E-4
-2.08578427766616106134162E-4
1.57394764740989391915409E-4
-1.21070019545546230456204E-4
9.40581025416481482312170E-5
-7.32466613978440064257235E-5
5.67687459806512047269986E-5
-4.34477696161646362939229E-5
3.25162427984639168533812E-5
-2.34648543153174412308255E-5

RADAU II   N = 19

ALPHA

4.0014793838673879704272E-3
2.09636483937664779951356E-2
5.09940415878905539667749E-2
9.32803959285449507776091E-2
1.46670103677617957151609E-1
2.0970703958842966721882E-1
2.8067179060171699106819E-1
3.57628649976634629398327E-1
4.38478449224138117651854E-1
5.21015820870776147319815E-1
6.02989360559832072137481E-1
6.82163039113651565018822E-1
7.56377193406150626798167E-1
8.23607429774869565873949E-1
8.82019825362079146731241E-1
9.30020889699693216481959E-1
9.66300751945632542411507E-1
9.89866848202597134416763E-1
1.00000000C0C0C000000000000E+0

BETA

ZEILE C1

5.12214584034843679986456E-3
-1.9141913086536550474766E-3
1.42076825983305392566827E-3
-1.14133253194776437581964E-3
9.402944659874363447089665E-4
-7.79314062713016992419214E-4
6.43229117629277209644853E-4
-5.25097913677146183257440E-4
4.21532030807487352423690E-4
-3.30847278297827898019431E-4
2.52204396228143786695309E-4
-1.85159522777706193936751E-4
1.29406020348037378131292E-4
-8.46142532172407637695327E-5
5.03245451247959095997715E-5
-2.58682818416814641793846E-5
1.02978622755580241009198E-5
-2.29801326401766002655419E-6
0.000C000C0C0C00000000000CE+0

ZEILE C2

1.11038725317210536098349E-2
1.17715223027292140536448E-2
-3.10595668341884373614714E-3
2.08649486047646187766790E-3
-1.59903437905955989174685E-3
1.27740655533712255392183E-3
-1.03212870545498037582929E-3
8.31346998131313033320086E-4
-6.61420811546358402056425E-4
5.15889303442727257674608E-4
-3.91492917309730749235263E-4
2.86467966449641913251633E-4
-1.99714271482636219766296E-4
1.30344332611245803337168E-4
-7.74155951399826776016905E-5

```
   1.59596022734003665981278E-5
  -9.79958950426032070450336E-6
   4.90862111778148030569696E-6
  -1.38947555160063129509323E-6

ZEILE 03

   1.94348321655495667710550E-3
   1.97114C51028241321854568E-2
   1.36920158500183774940227E-2
  -2.43608956260535379761463E-3
   1.27161372898729912570297E-3
  -8.13647830730155584C30538E-4
   5.70234303947363718974121E-4
  -4.19772617826498514270291E-4
   3.17797995201462607761736E-4
  -2.44243650990842503115576E-4
   1.88758562242625481200897E-4
  -1.45487804746758923C37749E-4
   1.10894077484922089359426E-4
  -8.27397400700491639827887E-5
   5.95717582576359948247610E-5
  -4.04495998474469615446783E-5
   2.48073613881833655159513E-5
  -1.24162614877389482562062E-5
   3.51316576534324442C89396E-6

ZEILE 04

   3.45343554505506508184978E-3
   1.50168849514861237131274E-2
   3.40034909789699373378777E-2
   1.98785C66619567069C08536E-2
  -3.50640663311175C833600875E-3
   1.82897136957709521992738E-3
  -1.17241735568982228563056E-3
   8.22399544207513883C01932E-4
  -6.04610545164765818672984E-4
   4.55828278916790C298950543E-4
  -3.47643575996960712633150E-4
   2.65430386439764864284807E-4
  -2.00925341226185638C89147E-4
   1.49149482060298037726624E-4
  -1.06979890642778317404978E-4
   7.24384935396667215C9098E-5
  -4.43384803174362403133634E-5
   2.21631111527830279768218E-5
  -6.26668089950417093297181E-6

ZEILE 05

   2.17783378916863041833675E-3
   1.85498638829490192630409E-2
   2.74277491276430534471900E-2
   4.73431556581860143510633E-2
   2.55033597392048297329879E-2
  -4.45622743085414034006059E-3
   2.31192477680055433222479E-3
  -1.47622146517303918697459E-3
   1.03065028349477977456124E-3
  -7.52687917182347764443764E-4
   5.62081497563657763308471E-4
  -4.22927379163981670946522E-4
   3.16812486636974735785567E-4
  -2.33384433906449658980797E-4


   3.97539042301479009927425E-5
  -1.58146049234914336194583E-5
   3.52760697313347749227721E-6
   0.000C000C000C00000000000E+0

ZEILE C3

   9.83321765173548475158677E-3
   2.56922161691325436406179E-2
   1.80910689692362530096836E-2
  -4.13467034502885350876154E-3
   2.58658877199707690763258E-3
  -1.89434136643296127616318E-3
   1.46148609008698742824908E-3
  -1.14501607777227404654977E-3
   8.94775842178139377624772E-4
  -6.89396630165936117400622E-4
   5.18632711485793993088783E-4
  -3.77104790161626946216531E-4
   2.61673490311370740460274E-4
  -1.70187057533013989710963E-4
   1.00818248845987996032728E-4
  -5.16744613108679922055426E-5
   2.05302463958288634376166E-5
  -4.57588031200964776171113E-6
   0.000C000C000C00000000000E+0

ZEILE C4

   1.05236613187341129778173E-2
   2.24905723562949317083673E-2
   3.96146649295234775390843E-2
   2.38991280382064578640001E-2
  -5.01586916100568043223769E-3
   2.97109434699218835297538E-3
  -2.08811532155842411519001E-3
   1.55505518547294457388388E-3
  -1.17812670556296941124516E-3
   8.89401173601999333400854E-4
  -6.59740859213746953178804E-4
   4.74903438656463228506062E-4
  -3.27124008234518847438797E-4
   2.11605199944042194279898E-4
  -1.24855679138211058705378E-4
   6.38112876592620639003457E-5
  -2.53023443633832490981068E-5
   5.63276692216708608762385E-6
   0.000C000C0G0C00000000000E+0

ZEILE C5

   1.00623764942271456439847E-2
   2.43440340718565211068154E-2
   3.45279785156494937519344E-2
   5.24722639838651757839740E-2
   2.90365596668078749921875E-2
  -5.73559026190838530174369E-3
   3.24620715464380081569682E-3
  -2.19518850798362771977058E-3
   1.57705920635735267652227E-3
  -1.15215751592563811982355E-3
   8.36272925370487622565820E-4
  -5.92961221531264120482431E-4
   4.04060951296384797343341E-4
  -2.59332303980273866883493E-4
```

      1.66462980509032621311905E-4
     -1.12257195723069096919876E-4
      6.85137883433098839670663E-5
     -3.41832522918125444429384E-5
      9.65570171583720774598295E-6

ZEILE 06

      3.29677350469973634258683E-3
      1.55876994970733108869189E-2
      3.21538865920960724620643E-2
      3.91207524271885043666574E-2
      5.93970180219399173442528E-2
      3.04135182954966697012855E-2
     -5.26207106034567580820899E-3
      2.70870563439650742648213E-3
     -1.71689781586085355568379E-3
      1.18845719344577795571657E-3
     -8.58486825613067989678826E-4
      6.31831523248358894257508E-4
     -4.66084761164924683808070E-4
      3.39601259306136654368217E-4
     -2.40309944140036867997246E-4
      1.61135782227194440331315E-4
     -9.79546663684913029432133E-5
      4.87457598421544221683761E-5
     -1.37501449708767627186639E-5

ZEILE 07

      2.29437541715001237029226E-3
      1.81820036428745532212709E-2
      2.82790292657295522431616E-2
      4.48252619930627971474375E-2
      4.97481595183906045735310E-2
      6.98433255104241967742652E-2
      3.44751287190113990377981E-2
     -5.90306179498267400793432E-3
      3.00937428123500431815950E-3
     -1.88827125687382976659705E-3
      1.29144332232666549065333E-3
     -9.18702456693700139609785E-4
      6.62546896542211506016148E-4
     -4.75246998155179951692500E-4
      3.25931981493867027930023E-4
     -2.21273513621214946698927E-4
      1.33785696714773001494973E-4
     -6.63445342226026058804228E-5
      1.86796867874182333720469E-5

ZEILE 08

      3.20390599596957575609937E-3
      1.58583947130921087668483E-2
      3.16293745133454723025907E-2
      4.02458587469001674143441E-2
      5.62638184191346420194676E-2
      5.90105619685253004794297E-2
      7.83996576499701047889743E-2
      3.75774262681486745904405E-2
     -6.36227926216819206062895E-3
      3.20625321643321627146816E-3
     -1.98597325101884142345303E-3
      1.33687339171447275048576E-3
     -9.31591998569303426708753E-4

      1.52146620631061238578990E-4
     -7.74427524122063069344396E-5
      3.06222771539697709434194E-5
     -6.80562645991561329968826E-6
      0.000C000C000000000000000E+0

ZEILE C6

      1.04054401771525932212763E-2
      2.30444355309920781440383E-2
      3.75561451873183189145894E-2
      4.56079452780971185017477E-2
      6.39155796010076366996057E-2
      3.33631016653361120635374E-2
     -6.278C417251631155720375SE-3
      3.41122934672253801242642E-3
     -2.22143943707909202028804E-3
      1.53691857014644954672667E-3
     -1.0784827C6927606000016222E-3
      7.4772063C521C07983929605E-4
     -5.01643197999477208750296E-4
      3.18416962182678910744460E-4
     -1.85335475814949290012019E-4
      9.380C5464328C62736490137E-5
     -3.69533013209324059481207E-5
      8.193937238800946809065llE-6
      0.000C000C000000000000000E+0

ZEILE C7

      1.013210254299170648309711E-2
      2.40487293000156883872719E-2
      3.53771864232074766839611E-2
      4.97677202264465981875216E-2
      5.54257484854979412224706E-2
      7.363400916500303746018681E-2
      3.676C703C8825344488216082E-2
     -6.63046277494635621726605E-3
      3.465440641C0118178852885E-3
     -2.17130342561973825848648E-3
      1.44190543455981315558526E-3
     -9.66017664232117666879063E-4
      6.33535244634560821072014E-4
     -3.95886249393278915576087E-4
      2.27912199357333967455037E-4
     -1.14481149772C09207762675E-4
      4.48668990405429364886571E-5
     -9.91832587413C5424576461CE-6
      C.000C000C000C00000000000E+0

ZEILE C8

      1.036100727465581793129671E-2
      2.32227001918061900992800E-2
      3.71013439512252003439651E-2
      4.67198908408329784931538E-2
      6.06439072036591177776166E-2
      6.37114111476481899571241E-2
      8.1363711C3035501234735761E-2
      3.91366742609224776557830E-2
     -6.78465352557C24830006377E-3
      3.410C820973231391752700311E-3
     -2.050C0956862446547056309E-3
      1.29943897203C55116466809211E-3
     -8.23446379320439459573609E-4

```
  6.53218771245140739273017E-4
 -4.50077820609074851392658E-4
  2.96221901653216024873050E-4
 -1.77789801381686120404691E-4
  8.77540C62323570678245361E-5
 -2.46465422689161083531465E-5

ZEILE 09

  2.37215257967592855984423E-3
  1.79660995567337199361300E-2
  2.86541423606502332640854E-2
  4.14966042706183843 97516E-2
  5.11277734269110305 5469790E-2
  6.61708348398497115738952E-2
  6.66513922947317592894527E-2
  8.48337387928987606786219E-2
  3.96357980948224613354116E-2
 -6.62749468282389517C05035E-3
  3.29426C05197143004921783E-3
 -2.00751309610571387463193E-3
  1.32356589457478644863519E-3
 -8.96810296368182164446019E-4
  6.04195467978541887925365E-4
 -3.91699791507991194477945E-4
  2.32740952996946044C57398E-4
 -1.14151836768184342131418E-4
  3.19544C288547155 42495181E-5

ZEILE 10

  3.13617653514212177237905E-3
  1.60404805468368676833042E-2
  3.13351196906143492458975E-2
  4.07195509618673216308816E-2
  5.54471459380914658200916E-2
  6.06150275615294309141276E-2
  7.42814347614658927747159E-2
  7.24604000529547951466368E-2
  8.89706C474726248707 65252E-2
  4.05941017004760343695547E-2
 -6.69161533182047795271258E-3
  3.27111221799941958138227E-3
 -1.95234882860918602130478E-3
  1.25189056887848609754765E-3
 -8.15397533739571853793932E-4
  5.17256273153924729501262E-4
 -3.03047125316601695343197E-4
  1.47347790273123035296500E-4
 -4.10613978360296745C20953E-5

ZEILE 11

  2.43308381026344532886140E-3
  1.78058619648375882456011E-2
  2.89003372572314830637286E-2
  4.37830616522806370517540E-2
  5.16936472872813254376777E-2
  6.52284404961684251364144E-2
  6.84431872305003207403962E-2
  8.03768355782111940915805E-2
  7.62782601402789186599276E-2
  9.06976580854785549539812E-2
  4.04261997093199497836565E-2
 -6.55292226549916211366 4240E-3
```

```
  5.03052247525C60147804592E-4
 -2.85192022516887725108817E-4
  1.41760813747505698216907E-4
 -5.51760470C2522621944 04731E-5
  1.21474875606 5529752743 07E-5
  0.000C00CC0C0C00000000000E+0

ZEILE C9

  1.01616825725277303227440E-2
  2.39337530C2949941599887865E-2
  3.56517898034398157 5535676E-2
  4.91752366876415588655405E-2
  5.67626248913500414167124E-2
  6.98897292988401822911413E-2
  7.02368332736575067217060E-2
  8.68949769535543748 0963364E-2
  4.04261997093199497836565E-2
 -6.73763882612283764244021E-3
  3.24909753401330379482951E-3
 -1.86443123740402018064459E-3
  1.11800355C4486107 1310106E-3
 -6.60165472318752728341869E-4
  3.66081876761462879067112E-4
 -1.79327599262820005718722E-4
  6.91413763656420005306058E-5
 -1.51381351571644187199666E-5
  0.000C0000000C00000000000E+0

ZEILE 10

  1.03409961181995078801968E-2
  2.32990482971402458495499E-2
  3.69258060C410C5292 46612075E-2
  4.70736821298939479216552E-2
  5.99390009427162125396719E-2
  6.52288335220163676977909E-2
  7.25557071406611315 6672379E-2
  7.48217819367548730698309E-2
  9.00781201052071430393435E-2
  4.05941017004760343695547E-2
 -6.49158484790489618826518E-3
  2.98946886667533987647487E-3
 -1.62351175491290449566771E-3
  9.07665766576366577911498E-4
 -4.86874607509853250327209E-4
  2.33527178044562221 3775774E-4
 -8.88541842234961183657985E-5
  1.93065199602723082392761E-5
  0.000C0000C0C0C00000000000E+0

ZEILE 11

  1.0174988C8695486689825534E-2
  2.38834421485373028472399E-2
  3.57652575337341324291928E-2
  4.89545626630732733499117E-2
  5.71749944592206077208776E-2
  6.91021707981598642555326E-2
  7.18835035747756821229646E-2
  8.25444834800450348644469E-2
  7.73385294173125292869140E-2
  9.08277242945818103790353E-2
  3.96357980C948224613354116E-2
 -6.05592983997250137351883E-3
```

166

     3.137416109279237C6251781E-3
    -1.82190927346963744890172E-3
     1.12378257435307629602518E-3
    -6.89885199693494157228388E-4
     3.96033589285923751604214E-4
    -1.90213667415607973C49922E-4
     5.26760866621634602418400E-5

ZEILE 12

     3.07976607720328348374260E-3
     1.61865159062430374456002E-2
     3.11187706402081635021840E-2
     4.10239844589702207547886E-2
     5.50127473739741263961896E-2
     6.12639938552118521715904E-2
     7.32329127039629485978176E-2
     7.43961429516593544818644E-2
     8.42918441227173049633148E-2
     7.80005C93277998024303860E-2
     8.99678422376917448C69257E-2
     3.91366742609224776557830E-2
    -6.21512877308882559882063E-3
     2.89664864917661929193102E-3
    -1.61956636311849001853136E-3
     9.42808014172941535807618E-4
    -5.24713198989263252921351E-4
     2.47536262039929720248820E-4
    -6.79384833918577662280837E-5

ZEILE 13

     2.48671731400918932863624E-3
     1.76686C238317351297755102E-2
     2.90982901882645400209531E-2
     4.35160171728375508488C37E-2
     5.20530768833975879263030E-2
     6.47318374111025276189710E-2
     6.91638812350292821338032E-2
     7.92448C48743663555802048E-2
     7.83105811992590914380262E-2
     8.59198823002810222642912E-2
     7.58026606731288316E2879E-2
     8.68009460325547145597882E-2
     3.67607030882534488216082E-2
    -5.68725640819404025874921E-3
     2.55503508581660892291270E-3
    -1.35059659215398773332526E-3
     7.144943519562843C0456727E-4
    -3.27856699191888011428203E-4
     8.87840517536169911271775E-5

ZEILE 14

     3.02742780493178624C04743E-3
     1.63193205122736521622391E-2
     3.09310637183263799802954E-2
     4.12692517403211291734836E-2
     5.46969742628198061628678E-2
     6.16753424578402810910345E-2
     7.26805885529380619744896E-2
     7.51758366469777781786477E-2
     8.31006250918165757392069E-2
     8.00800070239278451C49511E-2
     8.52159891669891288990756E-2

     2.641430271C2946392917261E-3
    -1.33862444302556846653888E-3
     6.80589740408950772937799E-4
    -3.16215951883855089222753E-4
     1.18025987921877155149606E-4
    -2.53697558638623645792316E-5
     0.000C000C000C000000000000E+0

ZEILE 12

     1.03328248701651336632252E-2
     2.333C018C4189081763835O4E-2
     3.68559326964559555936895E-2
     4.72085570037156513303563E-2
     5.96928612626180419642606E-2
     6.56746191524062225409154E-2
     7.642C7828516547885051790E-2
     7.65393574450383681614872E-2
     8.56165903346C83734363164E-2
     7.7714939C3938851365526988E-2
     8.91251965126306482702737E-2
     3.75774262681486745904405E-2
    -5.44342405138079271153569E-3
     2.21874814160695028208925E-3
    -1.02413563954270297098864E-3
     4.51879678232636195050067E-4
    -1.63784383250180326741332E-4
     3.46498892644652011845737E-5
     0.000C000C000000000000000E+0

ZEILE 13

     1.0178796251938523932399E-2
     2.38685052768031121127418E-2
     3.580C6125676997848665388E-2
     4.88830776903772060857669E-2
     5.73C97362744447271621076E-2
     6.88561744117809121761722E-2
     7.23311216750306847870638E-2
     8.17044782776131494927189E-2
     7.90610196451179469925537E-2
     8.63951232597938395482336E-2
     7.59357488933817582016737E-2
     8.50196529693227077299279E-2
     3.44751287190113990377981E-2
    -4.674208338499085983869   43E-3
     1.73934136218106614045198E-3
    -6.98598020002090889042049E-4
     2.41277534036592368981598E-4
    -4.97950438816069640516864E-5
     C.000C000C000000000000000E+0

ZEILE 14

     1.03332317268C06376617455E-2
     2.33297783275531673516498E-2
     3.68520375161724226767006E-2
     4.72255051990368951833264E-2
     5.96465075433395781589250E-2
     6.5778606212578C621676932E-2
     7.621C08C6121928228176373E-2
     7.69473205780445153265175E-2
     8.48238194350896027657876E-2
     7.93666217115755770025114E-2
     8.48696304644253809411078E-2

7.50295468142954935963938E-2
8.12830209770208331410372E-2
3.33631C166533611206353748-2
-4.98333571417025630983521E-3
2.121333750340085111390900E-3
-1.02231267616016147716171E-3
4.47920289280076369407257E-4
-1.18741673947577531C90011E-4

ZEILE 15

2.53919130010093609231358E-3
1.75363045160294227347668E-2
2.92824584610002461171417E-2
4.32811521210456058855491E-2
5.23453189010341722C82707E-2
6.43679822778251201836181E-2
6.96244742419419455C20151E-2
7.86431819348011570699861E-2
7.91364755423024092723000E-2
8.46938671944537175349275E-2
7.96577756275008195205365E-2
8.21978C99843744481519660E-2
7.04191743917310231306637E-2
7.35638931371511694466238E-2
2.90365596668078749521875E-2
-4.12189316625891019909814E-3
1.60661147698741766992675E-3
-6.45338193263387343130071E-4
1.64896906816854877826279E-4

ZEILE 16

2.97320541811606358416749E-3
1.64553712201570C524C91401E-2
3.07438273596924250526824E-2
4.15036671151555573627215E-2
5.44128C516633340036088028-2
6.20170289427749957239214E-2
7.22672499171741442C24788E-2
7.56848360298507286953758C-2
8.24542824223338126205488E-2
8.09412863701244572437218E-2
8.39772466778964598455716E-2
7.70591758073708605709851E-2
7.69443220333757102C17056E-2
6.38775C554195426812961078-2
6.38527C071511753647462018-2
2.38991280038206457864001E-2
-3.12517134439470875C07987E-3
1.024699100860489216683218-3
-2.43562426258849508743935E-4

ZEILE 17

2.59733801997596838237.753E-3
1.73909239569951214942953E-2
2.94808438474183138166882E-2
4.30361709986764368458957E-2
5.263652603542848054914438-2
6.40269633034147340587969E-2
7.00229656526554370153634E-2
7.81740496794308183720404E-2
7.96981891362782599C93081E-2
8.40018733859787641781728E-2

7.2041634C6184598039312578-2
7.86273343658273713927097E-2
3.04135182954966697C12855E-2
-3.77421916755183505902044E-3
1.22687597341873808598909E-3
-3.87568667U68224574438022E-4
7.6715586C922C38806951383E-5
C.0C0C0000C000C0C000000000E+0

ZEILE 15

1.01736355169404657782307E-2
2.38855971868736685901268E-2
3.577C5856350229473623509E-2
4.89223154409877410574567E-2
5.727C79421035163286858438-2
6.8877382C4783662443757328-2
7.23570952807101340011437E-2
8.15815143149993479939838E-2
7.937C3390585909125347483E-2
8.57189842027305333664499E-2
7.74252843500679933225352E-2
8.110C44534727037072781408-2
6.61250316306918059234819E-2
7.013C16713388072986112288-2
2.55033597392048297329879E-2
-2.77713035424943132712331E-3
7.15167266372829710454046E-4
-1.30742646203989210679522E-4
0.000C000C000C0C0000000000E+0

ZEILE 16

1.034481618915581080381C9E-2
2.329C151968469141341224OE-2
3.69265275797140884166658E-2
4.71149107387945122606211E-2
5.97888475884427722562842E-2
6.56154237129544977401379E-2
7.63747622789400832551919E-2
7.68125673124175864790503E-2
8.48776216458834253823107E-2
7.94816388766134809374122E-2
8.44149389068439892613683E-2
7.32455507163814463357900E-2
7.52276897862563150555607E-2
5.831S4533888C709712152928-2
5.97754998351324255691967E-2
1.98785066619567069008536E-2
-1.72986290220123276804553E-3
2.61845415131070132996438E-4
0.000C000C000C000000C00000E+0

ZEILE 17

1.01512543628733836417797E-2
2.39628721774499370045567E-2
3.5622658C651314142C82521E-2
4.91486281515563242882493E-2
5.696531C837500377744C5163E-2
6.92557384770C48633581874E-2
7.192C0148844765820924836E-2
8.2053751C5599488724325928-2
7.88950C947521214234644348-2
8.61344246683980380801C88E-2

8.05496329340383551284452E-2
8.09616289678682693101777E-2
7.23634353754770744808423E-2
6.95913892600050348744184E-2
5.55888483352786602175601E-2
5.24110719900637073447485E-2
1.80910689692362530096836E-2
-2.01809444149181463420530E-3
4.01133005381571679471941E-4

ZEILE 18

2.90748931351694799348068E-3
1.661926218351303560593877E-2
3.05215347383527466034786E-2
4.17754738708626901715022E-2
5.40942595429579835494932E-2
6.23829517873984724038058E-2
7.18503973023927823705766E-2
7.61595180965039585731584E-2
8.19101882794677810406689E-2
8.15738720927571328808653E-2
8.32236850653308430261601E-2
7.799310066820719002768623E-2
7.570802701742259070746375E-2
6.57195347383036193422434E-2
6.03202286990757369680281E-2
4.57953594291016270292342E-2
3.95417126580904709487558E-2
1.17715223027292140536448E-2
-8.31772193616031991119385E-4

ZEILE 19

2.67901344720367457350110E-3
1.71875701939662256811243E-2
2.97555613185858857935681E-2
4.27024488836897405771691E-2
5.30239639461671954828101E-2
6.35875976388475817815947E-2
7.05149679374755949971717E-2
7.76263421063456401961599E-2
8.03074536018243359432322E-2
8.33213334396684873085671E-2
8.13172534757679720551352E-2
8.00804350037572069517964E-2
7.34057890998695385365466E-2
6.82919954653332383212013E-2
5.73788626722042062947411E-2
4.93138338403095579211191E-2
3.48281576040506937988577E-2
2.555379510071174001887971E-2
5.122145840348436799586457E-3

GAMMA

2.770083102493074749224377E-3
1.69610687310779325006201E-2
3.00607650849277038589913E-2
4.23332484754361096922389E-2
5.34499876927090476840679E-2
6.31084976153004573135792E-2
7.104548512058831122772533E-2
7.70445008440913978374428E-2
8.094192682831481760474921E-2

7.71544399396129063684066E-2
8.10647821007510081285183E-2
6.68345382177388519764241E-2
6.75027222223747510960567E-2
4.87683147507873313557659E-2
4.78856153054710767705617E-2
1.36920158500183774940227E-2
-7.15338596719710842085641E-4
0.000000000000000000000000E+0

ZEILE 18

1.03923284298990286649391E-2
2.31254961046513979328812E-2
3.72439627476863596499992E-2
4.66238322237959031115636E-2
6.04627407488165834546089E-2
6.47604408745378471832065E-2
7.739828026683331355879885E-2
7.56442986861679419875835E-2
8.61545975574118584009345E-2
7.81465104636296413193594E-2
8.57381535779520478332537E-2
7.20356791326503831093168E-2
7.61596624454119280896546E-2
5.799848518666912340776128E-2
5.84568114170975739799313E-2
3.74807467652952367731586E-2
3.49352937414919349030046E-2
7.10952765057692035776606E-3
0.000000000000000000000000E+0

ZEILE 19

9.91821887332666897977570E-3
2.47718169495635818859176E-2
3.40582333096995096932424E-2
5.15805079581475780090356E-2
5.36050355880153605217112E-2
7.35600364669132630759238E-2
6.66984816817778708243405E-2
8.81253734575683657236818E-2
7.20830145367238009254079E-2
9.35520119673973577594145E-2
6.9314382791231535388542CE-2
8.91104450941231566766864E-2
5.88448102562231049255507E-2
7.51076466522899841540476E-2
4.20222733112463436465297E-2
5.27764473532016327811670E-2
2.10905558633883207867396E-2
2.37807078891625642422861E-2
0.0000000000000000000000COE+0

GAMMA

1.02553761111230990479204E-2
2.36011156536406067166945E-2
3.63233956714029507671976E-2
4.805665045619681177522396E-2
5.84794077094540268739916E-2
6.73071092575111243118999E-2
7.42988903594990630147035E-2
7.92640096021126412655780E-2
8.20670211616430522477891E-2

```
8.26314605224777644380562E-2      8.26314605224777644380562E-2
8.20670211161643C522477891E-2     8.09419268283148176074922E-2
7.92640C9602112641265578lE-2      7.70445008440913978374428E-2
7.42988903594990630147035E-2      7.10454851205883122772533E-2
6.73071092575111243118999E-2      6.31084976153C04573135792E-2
5.84794C7709454026873991 6E-2     5.34499876927C904768406 79E-2
4.80566504561968177522396E-2      4.23332484754361096922389E-2
3.63233956714029507671976E-2      3.006C765C8492770 38589913E-2
2.36011156536406067166945E-2      1.69610687310779325006201E-2
1.0255376111123C990479204E-2      2.770C831C24930747922437 7E-3
```

RADAU I   N = 20

ALPHA

    0.0C000C000000CC0C0C00000E+C
    9.14819472S04431464690516E-3
    3.04473629197791145280712E-2
    6.33041519256349194560945E-2
    1.06906865C18155029249019E-1
    1.60181384291288922161364E-1
    2.21815777C232383857907CCE-1
    2.90292348346097601156253E-1
    3.639249551207291C5308909E-1
    4.40900507350968012153072E-1
    5.19323606421448097366779E-1
    5.97263213834922904876953E-1
    6.72800199236188284271570E-1
    7.44074596517897039747953E-1
    8.09331405095236648912525E-1
    8.66963811441901224575913E-1
    9.15552777215790179400152E-1
    9.53902C66951568916426075E-1
    9.81068162968411782749735E-1
    9.96388357181443106965547E-1

BETA

ZEILE 01

    0.00000C00C0000C0C0C00000E+C
    0.00000C0000000C000C00000E+C
    0.00000C0000000C000C0C000E+C
    0.00000C0000000C0C0C00000E+C
    0.00000C0000000C000C0C0C0E+C
    0.00000C0000000C0C0C00000E+C
    0.00000C00000000000C000C0E+C
    0.00000C0000000C0C0C00000E+C
    0.0000000000000C000C00000E+C
    0.00000C00C0000C0C0C000C0E+C
    0.00000C0000000C000C0000C0E+C
    0.00000C0000000C0C0C000C0E+C
    0.00000C0000000C0C0C00000E+C
    0.00000C0000000C0C0C00000E+C
    0.00000C0000000C0C0C000C0E+C
    0.00000C00000000000C00C00E+C
    0.0C000C0000000C0C0C00000E+C
    0.00000C0000000C0C0C000C0E+C
    0.00000C00C0000C0C0C000C0E+C
    0.00000C0000000C0C0C00000E+C

ZEILE 02

    3.505356830334551167029378-3
    6.42019187948834813246451E-3
    -1.14622932838309534C07985E-3
    5.91996637967252649959533E-4
    -3.74232C3363936C407676856E-4
    2.602134100187528C2C90695E-4
    -1.910429338246199943C79975E-4
    1.45033278420412042307C78E-4
    -1.12417317020684594C81206E-4
    8.81885960354777755925742E-5
    -6.95363446950435622598188E-5
    5.47725638019838830897077E-5
    -4.28305705469754847147074E-5

RADAU II   N = 20

ALPHA

    3.611642818556893C3445321E-3
    1.8931837C3158821725C2645E-2
    4.6097933C4843108357392488E-2
    8.44472227842C98205998479E-2
    1.33036188558C987775424087E-1
    1.90668594904763351087475E-1
    2.55925403482102960252047E-1
    3.271998CC763811715728430E-1
    4.02736786165C77095123047E-1
    4.80676393578551902633221E-1
    5.59099492649C31987846928E-1
    6.36075044879270894691091E-1
    7.C97C7651653902398843747E-1
    7.78184222976761614209300E-1
    8.39818615708711077838636E-1
    8.93093134981844970750981E-1
    9.366958480743650805439C6E-1
    9.6955263708C220885471929E-1
    9.9085180527C955685353095E-1
    1.00CC000C000C000000000000E+0

BETA

ZEILE C1

    4.624221650864914841566438-3
    -1.73155549307304399830180E-3
    1.2898328C765394993881241E-3
    -1.041676514749861769C4890E-3
    8.644C48544197533695469968-4
    -7.231403978685100449642308-4
    6.039492567692893512507268-4
    -5.003441756946405664515C58-4
    4.090782C9575507866683238-4
    -3.284827078184615740946908-4
    2.576985976361838925669168-4
    -1.962768659433740476427790E-4
    1.439510734286250644224348-4
    -1.0049766712850410734667LE-4
    6.564448030109293222975218-5
    -3.900639262347665671199548-5
    2.0035107C544C220991268528-5
    -7.971114053931157302352838-6
    1.77811729734409812647348E-6
    0.000C000C0C0C0C00000000C0E+0

ZEILE C2

    1.00226623327202227357547E-2
    1.064C5543384280775809527E-2
    -2.81755201088132557100110E-3
    1.90276875152601234230249E-3
    -1.4687456802C055775558168-3
    1.1843055818515C383972281E-3
    -9.68237711118947992620300E-4
    7.914291940845645984563408-4
    -6.412700443268755411188288-4
    5.11696978356887559157617E-4
    -3.9960984C938541726119758E-4
    3.03340492799718203991342E-4
    -2.219C9284110447599754953E-4

3.30103293326857163644169E-5
-2.48408278102526732774818E-5
1.800263538410992CC773774E-5
-1.22842664711104017675248E-5
7.56069545700937605421796E-6
-3.79314868022950479346649E-6
1.07464387510309360656908E-6

ZEILE 03

1.75357417669539302549189E-3
1.78023709295307386925782E-2
1.23833377685821412387743E-2
-2.20744381500005815C16504E-3
1.15540C94274896058832914E-3
-7.41975485055221677C72567E-4
5.22452371393977870751284E-4
-3.86910362281813768C87641E-4
2.95155334C278688C4714375E-4
-2.29046171510747799235666F-4
1.79221924395996325721658E-4
-1.4C382651309774910C76938E-4
1.09318948979337778593323E-4
-8.3989720743048C3381545C05E-5
6.30530145372018351141285E-5
-4.56133289748962803763416E-5
3.10828902378435314860021E-5
-1.91124246690733439226258E-5
9.58247508389780195131180E-6
-2.71389688960902682118C5E-6

ZEILE 04

3.11746746C56481433234597E-3
1.35598960658885846658668E-2
3.07592398616128693330553E-2
1.80229C84660774158744051E-2
-3.18767534727837823478109E-3
1.66873335807569457761639E-3
-1.07470204938117530502789E-3
7.58353260936458111530846E-4
-5.61749C75423048866218543E-4
4.27599711986002646449523E-4
-3.30155244141916739664863E-4
2.56149310680022846922C90E-4
-1.98073157404494746C60099E-4
1.51382658872726807781980E-4
-1.13197584833504568780238E-4
8.16450601908010084839315E-5
-5.55138182955424153969586E-5
3.40808764888111311691571E-5
-1.70695184840127440C82522E-5
4.83162950239136000536379E-6

ZEILE 05

1.96436537220536591C03076E-3
1.67551353199183850781837E-2
2.48052724592952011331CC8E-2
4.29347977842122540200690E-2
2.32028451089671392911077E-2
-4.06876588C41344271260230E-3
2.12070C14007654678S7C838E-3
-1.36211515563.841353C00748E-3
9.58113816891879059962924E-4

1.54625388966428431768736E-4
-1.00852785408025269673271E-4
5.98614766244802321726491E-5
-3.07222262525C934784440717E-5
1.22162172833637169984966E-5
-2.72413781631316732300997E-6
C.000C000C0C0C00C000000C00E+0

ZEILE C3

8.87734116117501494698571E-3
2.32148875766463421021458E-2
1.63886546035116232920848E-2
-3.76518841977C29680722491E-3
2.37225472156981133346670E-3
-1.75353536313274415049714E-3
1.36880833602770174374859E-3
-1.0882236C610896813182895E-3
8.66C21222324515677798430E-4
-6.8257C24C183C938C8167032E-4
5.28396684678749059902642E-4
-3.98533388792942078053540E-4
2.90153686619449131549852E-4
-2.01447862018429824375781E-4
1.31033293558224799741799E-4
-7.76158028466594654748337E-5
3.97743991540C75660861951E-5
-1.57992436290695586390138E-5
3.52088964784774467544463E-6
C.000C000C0C0C000000C00000E+0

ZEILE C4

9.49851081436214191640958E-3
2.03287892027309062557305E-2
3.58653333341586747494596E-2
2.17186170558946400108922E-2
-4.59034725342876266931377E-3
2.744C34130666477381184551-3
-1.95110924921432514437981E-3
1.47433165864459907964907E-3
-1.13739177295839807950207E-3
8.78285537048736403235031E-4
-6.70321005090463130897792E-4
5.00447392364803478601392E-4
-3.61628269073577769747932E-4
2.49668058573376542402762E-4
-1.61716887083360419799145E-4
9.549C9140462C056348195081-5
-4.88229161783163126586924E-5
1.93629555476895791570958E-5
-4.31C9168C122183405660657E-6
C.000C000C000C000000000000E+0

ZEILE C5

9.08458915186467546846336E-3
2.19951860351995746609914E-2
3.12756459816578270675247E-2
4.76451049304422185767449E-2
2.64985594897160234982648E-2
-5.28169438222813646589614E-3
3.02381931351801885888616E-3
-2.07451894459794C18054885E-3
1.51742205098794673578229E-3

```
-7.06394930493635245887684E-4          -1.13378123234708797278839E-3
 5.33984138138391369049392E-4           8.46579321050268993873823E-4
-4.08217950612660009867187E-4          -6.22457186791263160531991E-4
 3.12323097514552831731469E-4           4.44870108017142877557766E-4
-2.36837637115526068176028E-4          -3.04662681502129967147023E-4
 1.76065540439699416719857E-4           1.96157285441600980922412E-4
-1.26436885959872853388888E-4          -1.15314536914786374263454E-4
 8.56940004090569279453968E-5           5.87693875996734530600224E-5
-5.24889959231782447325459E-5          -2.32563019777711635390056E-5
 2.62498602688765164916808E-5           5.17076896291953673063463E-6
-7.42418402559043042012259E-6           0.00000000000000000000000E+0

ZEILE 06                                ZEILE 06

 2.97692175952880425710817E-3           9.39138816356440485139063E-3
 1.40733224813914671887627E-2           2.08307226212810915242111E-2
 2.90889741064065835319082E-2           3.39985348541153630932673E-2
 3.54684691651248578781440E-2           4.1440259964756232016481E-2
 5.40567086922226255280312E-2           5.82652109278629902640694E-2
 2.77959380163638795894140E-2           3.06106695455424862666259E-2
-4.83120112513026653642118E-3          -5.82556599343285533619019E-3
 2.50143350785321647398850E-3           3.21066021660181628824510E-3
-1.59724810226902729533920E-3          -2.12838147036712604771691E-3
 1.11604978258488677706088E-3           1.50571327130223609613356E-3
-8.15949305797200021261865E-4          -1.08671479436933367630951E-3
 6.10025117050938442921627E-4           7.81089513559345034883574E-4
-4.59505813292705990630739E-4          -5.49461947577907945832421E-4
 3.44554765469941101304358E-4           3.72024438565873006912521E-4
-2.54040157315537371534533E-4          -2.37543119114070108208791E-4
 1.81326973281134069611392E-4           1.38797832378551948708953E-4
-1.22352254882242786626332E-4          -7.04298014199785127072980E-5
 7.47081541277221107660798E-5           2.77877123700242156101726E-5
-3.72851337682155820858508E-5          -6.1713085518307726658784E-6
 1.05336623380607962421974E-5           0.00000000000000000000000E+0

ZEILE 07                                ZEILE 07

 2.06856483656527706754355E-3           9.14797555677124126192472E-3
 1.64253364878472124714558E-2           2.17267737807762329882711E-2
 2.55720831611832672448271E-2           3.20476260056606874887791E-2
 4.0655319559087861109981770E-2         4.51840257358305275310184E-2
 4.52610149014106508260662E-2           5.05702916841838431232563E-2
 6.38574524234358373252963E-2           6.74654300848061989234068E-2
 3.16891644398673142189309E-2           3.39536639772699804451505E-2
-5.45720297473045720341852E-3          -6.21028992251882822764613E-3
 2.80235825377520396593411E-3           3.30313550649240674420378E-3
-1.77467077491545815665841E-3          -2.11567891688323911982531E-3
 1.22821662322889274929436E-3           1.44463243022259866638799E-3
-8.87340182320005827018396E-4          -1.00306880926503048532366E-3
 6.53265939971596458141276E-4           6.89513220882058820267599E-4
-4.82069995324925140414205E-4          -4.59401197429527765315083E-4
 3.51375329591602452386760E-4           2.89988089212750258653408E-4
-2.48723664456793483327321E-4          -1.680509005458111702391553E-4
 1.66824359697921045868257E-4           8.47768448759670325923046E-5
-1.01435246557221397598862E-4          -3.33161566104075861552300E-5
 5.04857126610750518644784E-5           7.37647328361185479226980E-6
-1.42421985712149806499910E-5           0.00000000000000000000000E+0

ZEILE 08                                ZEILE 08

 2.89423934565867138229491E-3           9.35077051776556562081969E-3
 1.43149978932183475571596E-2           2.09935851089233510248295E-2
 2.86182288266705348062976E-2           3.58328186672896006111994E-2
 3.64843865552875403177620E-2           4.24554988057337942733375E-2
 5.12103335586899783254985E-2           5.52743379640779195088562E-2
```

5.3933218276799285156494SE-2
7.2097977770379914517889ZE-2
3.478668302098C1396C07546E-2
-5.9318704332016758517668ΦE-3
3.0165490002104230075324ZE-3
-1.89030824583872169C09578E-3
1.2919361273612586860l053E-3
-9.18721549773775960954816E-4
6.6244886994836787686l9C2E-4
-4.751483270936013799992l5E-4
3.32523895809849842445231E-4
-2.21233373816C62778359864E-4
1.33766112836753973313216E-4
-6.633686535249997187l2785E-5
1.86778873228737389867452E-5

ZEILE 09

2.13745558583188732934703E-3
1.6233570320855S078841889E-2
2.59071243120122431S40067E-2
4.00476880199371486207131E-2
4.6510899514254571452669lE-2
6.05060935139745184685195E-2
6.12680C8l7232379009724CCE-2
7.85763903578895316162959E-2
3.7C122312442249391562411E-2
-6.24379467784293806508874E-3
3.13901348016954093295849E-3
-1.9414989732164089015831ЗE-3
1.30571332780732664533678E-3
-9.093145240312325961858¤2E-4
6.37332443262590372760844E-4
-4.390083254101164639749З4E-4
2.88881903107348278C71490E-4
-1.7336297939652940597764CE-4
8.55625C629589799517C14191E-5
-2.40301013209112583311039E-5

ZEILE 10

2.83462C24899224142C32852E-3
1.4475718239082l186492818E-2
2.8356999845383616593724ΤE-2
3.69081232845459485404578E-2
5.04736247239224307293848E-2
5.53930694158289293582935E-2
6.83185672908098836195118E-2
6.70831C29548897637336888E-2
8.31336736522243557981353E-2
3.83110264768328332793S8E-2
-6.3854417755763C080382227E-3
3.16687820955803785233834E-3
-1.9270647556651C856371717E-3
1.26923494449759146496241E-3
-8.59373E9832452C619130342E-4
5.78671622441147175835684E-4
-3.7501271518906978677l894E-4
2.22768C9593363264773614E-4
-1.092422264818l6292802759E-4
3.057734641184735C66634331E-5

ZEILE 11

2.19069203726166475655647E-3

1.60931944454934389603025E-2
2.61240607176498015919666E-2
3.97220466991000643761601E-2
4.70182681238711483152852E-2
5.96527156714567110450771E-2
6.29070228703418559653893E-2
7.44576655002338939375681E-2
7.12344777172932507374685E-2
8.56578626544609183205024E-2
3.86510490567519965337993E-2
-6.35338219963368620742095E-3
3.09948915087398233278214E-3
-1.84734703475747083870966E-3
1.18337618621201603644483E-3
-7.70207710952831651160440E-4
4.88329504429842337322046E-4
-2.85992291189987830084663E-4
1.39021282170134260487246E-4
-3.87359596186456129575324E-5

ZEILE 12

2.78577278668941233916916E-3
1.46025008515781951784092E-2
2.81680893411830379975454E-2
3.71761560943727368879230E-2
5.00873096771023881995496E-2
5.59766388705241550850701E-2
6.73646675664707862587769E-2
6.88652709127252873920131E-2
7.87733159485319261767085E-2
7.36195284427312264137076E-2
8.60869007037470521520047E-2
3.80239691612799800714569E-2
-6.14839115009025635488071E-3
2.93843543501926943056190E-3
-1.70420191564248267194532E-3
1.05020969226093394556019E-3
-6.44285487212996768986248E-4
3.69680501953676186895848E-4
-1.77500844248057066801972E-4
4.91472459466340242150587E-5

ZEILE 13

2.23663506741099977141736E-3
1.59753269193347102173377E-2
2.62950005472180247887462E-2
3.94895226721014196021893E-2
4.73345213763471636802866E-2
5.92104848008583023239653E-2
6.35572498457453989135322E-2
7.34222016506478370257097E-2
7.31200010456981753432463E-2
8.11596631713022893686249E-2
7.41794539475927156317422E-2
8.44102013915598060199370E-2
3.64452153079928565163578E-2
-5.77542651723512487947298E-3
2.68749924885201255005247E-3
-1.50096118434063581729302E-3
8.73063601369971358144754E-4
-4.85622251266283934068964E-4
2.29009743982638999759408E-4
-6.28411489839932086441216E-5

2.15721606259972826682743E-2
3.24091875475501006987544E-2
4.44296761138176103754922E-2
5.21873330457860046994334E-2
6.32832526237587984661543E-2
6.63914986833328592255302E-2
7.66748101472898815058839E-2
7.27089594888656738647785E-2
8.61892625071945972085138E-2
3.83110126476832833279358E-2
-6.05131655087929940258260E-3
2.75857806853289620317143E-3
-1.48588254024916292857038E-3
8.25258729873017624728990E-4
-4.40374711437207239981824E-4
2.10389075466292294637964E-4
-7.98245456297452358850684E-5
1.73139438952845136676087E-5
0.00000000000000000000000E+0

ZEILE 12

9.32342912733479428510587E-3
2.10971732238456205100269E-2
3.33482624334433807916629E-2
4.29192522356519067023614E-2
5.43794639004992160207601E-2
6.02742375125613309988375E-2
7.04168348357540961564479E-2
7.12766703294059117592793E-2
8.02736049811749100359768E-2
7.39562559337623603768782E-2
8.57779600083663795383776E-2
3.70122312442249391562411E-2
-5.59712869115890255656308E-3
2.42096816230028709190863E-3
-1.21864632181293444196467E-3
6.16297835130777461991150E-4
-2.85185137699163918302971E-4
1.06136019427276605866496E-4
-2.27727529412918838000954E-5
0.00000000000000000000000E+0

ZEILE 13

9.19320252913598069111264E-3
2.15532155120410530053622E-2
3.24517588647843909580257E-2
4.43482890098054633468320E-2
5.23330458165938545745885E-2
6.30283546545221061725384E-2
6.68403539853582141582356E-2
7.58516411439699380936869E-2
7.43738500502050906707531E-2
8.19257548635182989722387E-2
7.33564402102301575005731E-2
8.32757280439034727999766E-2
3.47866830298013960075460E-2
-4.99645401255917335702373E-3
2.02264948503554110564848E-3
-9.28568032160066133547078E-4
4.08020933294284344134154E-4
-1.47451394633223035462439E-4
3.11369698768753753191890E-5
0.00000000000000000000000E+0

ZEILE 14

2.74153C53147524786483091E-3
1.47150223183216513889647E-2
2.80081995933092481908493E-2
3.73867774058653095856094E-2
4.98132668769304858074002E-2
5.63381477248323036328805E-2
6.68723186478681738222474E-2
6.95711168847392001048114E-2
7.76771169977332526714648E-2
7.55662397295472602899830E-2
8.15578372029313228853730E-2
7.29006782572184013318095E-2
8.06689028855653709994030E-2
3.39536639772699804451505E-2
-5.24348396265151432889833E-3
2.35253289895659359664841E-3
-1.24239613514847866550290E-3
6.56826837729598596203184E-4
-3.01267096058449769860430E-4
8.15649414620812985850054E-5

ZEILE 15

2.28025752439945218164148E-3
1.58651106247820128976625E-2
2.64491958444577230481317E-2
3.92913576554335900348464E-2
4.75836533728016153220463E-2
5.88963351704050605785669E-2
6.39608853594266190768505E-2
7.28860453175552933290394E-2
7.38697289876540573754342E-2
8.00243793778304317849574E-2
7.61443553160731205759822E-2
7.99573640488425619061538E-2
6.98152597666957933348316E-2
7.49548044837778299899399E-2
3.06106699455424862666259E-2
-4.56532099689596663882170E-3
1.94127112726414708285259E-3
-9.34847905203529683865534E-4
4.09403608485380020880742E-4
-1.08503534091029571231012E-4

ZEILE 16

2.69742870698627354814376E-3
1.48258918599291048636014E-2
2.78549271149358174737639E-2
3.75800406236862123485169E-2
4.95766970020778072421339E-2
5.66261274243738608190736E-2
6.51871279954378C08380215E-2
7.00142396942426476993098E-2
7.71030665240814179752797E-2
7.63485114250943038303684E-2
8.04059971713431742081680E-2
7.48417723847636314223941E-2
7.63961536466791914718222E-2
6.5C003342153882443942761E-2
6.74079736C0600C984207513E-2
2.64985594897160234982648E-2

```
-3.75702578464739558427629E-3
 1.46315285473256899697581E-3
-5.87403379771468807907062E-4
 1.50051522354186704581910E-4

ZEILE 17

 2.32613235472725473C86014E-3
 1.57502220100040323651045E-2
 2.66065907378C01661216996E-2
 3.90957709C14395644191418E-2
 4.78181843733171193642708E-2
 5.86185547617614452815033E-2
 6.42901C40458467252C78789E-2
 7.24917525523280836C38574E-2
 7.43515866952653792229436E-2
 7.94163609451021631347590E-2
 7.69500111486495408472901E-2
 7.88047469800339882650160E-2
 7.16940734611115078940524E-2
 7.09588254791062868521605E-2
 5.85768187177585772255888E-2
 5.82129559638640547189873E-2
 2.17186170558946400108922E-2
-2.83737317477487666249CC1E-3
 9.29773607512915557953893E-4
-2.20931400958388801318155E-4

ZEILE 18

 2.64797963132117671961983E-3
 1.49493808326221883C12279E-2
 2.76868932108530794248659E-2
 3.77865707731921967159849E-2
 4.93328753452370C882489174E-2
 5.69089404472324990C10514E-2
 6.61925184121858881229025E-2
 7.03915C10477557446582670E-2
 7.66224983107679050C72666E-2
 7.68732487544318213125887E-2
 7.97612743420583684350195E-2
 7.56673934570942724905269E-2
 7.52562717282826359C00852E-2
 6.67863356163677743183241E-2
 6.37725482718098783180405E-2
 5.07081666895934895938770E-2
 4.75932242334285818835598E-2
 1.63886546C35116232920848E-2
-1.82697835086250328305643E-3
 3.63018C74376322464921707E-4

ZEILE 19

 2.38223211827639581910346E-3
 1.56104C930388874665288594E-2
 2.67959112165436247547282E-2
 3.88649123783059694870362E-2
 4.80876593796209742699363E-2
 5.83107233912201768211170E-2
 6.46381160756648145884634E-2
 7.20995572995518020230302E-2
 7.47947576508656087110133E-2
 7.89113143706417140136300E-2
 7.75345526480342137130884E-2
 7.81109731346794242812978E-2
```

```
-2.51585187136517401807961E-3
 6.45909002969506610702209E-4
-1.17855468620111995034451E-4
 0.000C000C0000000000000000E+0

ZEILE 17

 9.18123346788216447674104E-3
 2.15936610442364486767493E-2
 3.23775966161170388149364E-2
 4.44536232538807042625308E-2
 5.22078722275243888903904E-2
 6.315C636545211913505138BE-2
 6.676C08972335701200641l6E-2
 7.58243291233430148258351E-2
 7.46231538831453193911338E-2
 8.12328644135877105543941E-2
 7.5012939C1C4394448117268E-2
 7.88847269515207905720772E-2
 6.78103775070605108285491E-2
 6.91828231587126910262311E-2
 5.33044201393C11498927559E-2
 5.439594222C3066166485919E-2
 1.80229084660774158744051E-2
-1.56356987923645129070500E-3
 2.362202018971967776012137E-4
 0.000C000C0C0C000000C0000E+0

ZEILE 18

 9.34650C70668387963574698TE-3
 2.10188756164760499226851E-2
 3.49297429906591849l5757E-2
 4.271C9248621369230197327E-2
 5.46327595539371931711781E-2
 6.0015790716076058B981676E-2
 7.06084105038314098894768E-2
 7.128C74651165750572333347E-2
 7.98249894237320806282904E-2
 7.54246315422063898804533E-2
 8.13667299810562541354112E-2
 7.20455314913415423722518E-2
 7.50938253974C38571357699E-2
 6.14354964450633649986803E-2
 6.17193788764C469800142672E-2
 4.43716298315283660510809E-2
 4.34258133827560663595153E-2
 1.23833776858214124l2387743E-2
-6.45716189873730803345861E-4
 C.000C000C0C0C000000000000CE+0

ZEILE 19

 9.14013280710436369849552E-3
 2.1736273C6750C06684564896E-2
 3.21020330232165595405621E-2
 4.48813867377816261455828E-2
 5.16180721499198603766491E-2
 6.39037001930326117458423E-2
 6.585C9445082371574678413E-2
 7.68738532764933796560619E-2
 7.34579089165076190155737E-2
 8.24792327714176946225779E-2
 7.37320899172772136495508E-2
 8.013675052120C1720651282E-2
```

7.25512192396515920254C25E-2
6.9827345869250C539889120E-2
6.02582404333267144982069E-2
5.49968481403094113773155E-2
4.16025842621892724804477E-2
3.58018223205028233421357E-2
1.06405543384280775809527E-2
-7.5157C602539627678941384E-4

ZEILE 20

2.5780757556957166 1913741E-3
1.51233619070088816433949E-2
2.74520650069278394823033E-2
3.80714198655830601759167E-2
4.90028794740285101944657E-2
5.72820661947325219C74565E-2
6.57763522952580418546036E-2
7.08523C51584757166239111E-2
7.6153381838143199515 6CC5E-2
7.7435943676051C498910151E-2
7.91356035748544564187980E-2
7.63706235860521321408954E-2
7.44512740436360796654778E-2
6.77363698106016821632348E-2
6.25905158761003286C48537E-2
5.23337773591188724654859E-2
4.47848318414555194140752E-2
3.15419167326374328219358E-2
2.30913715342171505214191E-2
4.62422165086491484156644E-3

GAMMA

2.50000C000C00000000C00000E-3
1.53175132721540854783118E-2
2.719055712986483469912285E-2
3.838755655234074445501699E-2
4.86384230553888910C90929E-2
5.76914225719995368734245E-2
6.53237894371765324733851E-2
7.13476351710950351986186E-2
7.56146501006480555492099E-2
7.80197740269891466254890E-2
7.85037890974503728241816E-2
7.70547802879726528807214E-2
7.37084301178952423220366E-2
6.85471414632452182909311E-2
6.16980113783468809109706E-2
5.33297C94508272939350897E-2
4.36483521687498045732841E-2
3.28925540396443242931045E-2
2.13284382694351257C50312E-2
9.2574724C877622191571900E-3

6.6678CC63456544718911646E-2
7.0048264565C7545557961346E-2
5.30053396945285094506316E-2
5.32033722159C502278C4798E-2
3.3982753455122315726476CE-2
3.16014992254926351353883E-2
6.42019187948834813246451E-3
C.000C000C0C0C00000000000uE+0

ZEILE 20

9.546586C7043520173896258E-3
2.03237162712495141350283E-2
3.48395252476437C39277080E-2
4.06127376841C33835032264E-2
5.75412356831594879481415E-2
5.62749418743833964508777E-2
7.51696324667358651620069E-2
6.59435438261S90364559669E-2
9.5862844C042263903319340E-2
6.8791C502682614494446243E-2
8.84625725114809539580407E-2
6.46491824913415471139147E-2
8.25988531727534812350479E-2
5.405C5975283750585330943E-2
6.86971404771C26541244480E-2
3.82174536034724198019901E-2
4.78687833770C55599120336E-2
1.90722635331567105089576E-2
2.14773399089141857139964E-2
0.000C000C0C0C00000000000uE+0

GAMMA

9.2574724C8776221915571900E-3
2.13284382694351257050312E-2
3.28925540396443242931045E-2
4.36483521687498045732841E-2
5.33297094508272939350897E-2
6.16980113783468809109706E-2
6.85471414632452182909311E-2
7.37C84301178952423220366E-2
7.70547802879726528807214E-2
7.85037890974503728241816E-2
7.80197740269891466254890E-2
7.561465010C64805555492099E-2
7.13476351710950351986186E-2
6.53237894371765324733851E-2
5.76914225719995368734245E-2
4.8638423C553888910C90929E-2
3.838755655234074445501699E-2
2.719C55712986483469912285E-2
1.53175132721540854783117E-2
2.50CC000C000C000C00000000E-3

FORSCHUNGSBERICHTE
DES LANDES NORDRHEIN-WESTFALEN

Herausgegeben im Auftrage des Ministerpräsidenten Dr. Franz Meyers
vom Landesamt für Forschung, Düsseldorf

MATHEMATIK

HEFT 1290
Dr. rer. nat. Wolf-Dietrich Meisel,
Rhein.-Westf. Institut für Instrumentelle Mathematik,
Bonn
Zur Simulation einer digitalen Integrieranlage
mittels eines elektronischen Rechenautomaten
1963. 29 Seiten. DM 9,90

HEFT 1291
Dr. rer. nat. Gerhard Schröder, Rhein.-Westf. Institut für
Instrumentelle Mathematik, Bonn
Über die Konvergenz einiger Jacobi-Verfahren
zur Bestimmung der Eigenwerte symmetrischer
Matrizen
1964. 59 Seiten, 5 Tabellen. DM 48,50

HEFT 1306
Prof. Dr. E. Peschl und Dr. Karl Wilhelm Bauer,
Rheinisch-Westfälisches Institut
für Instrumentelle Mathematik, Bonn
Über eine nichtlineare Differentialgleichung 2. Ordnung, die bei einem gewissen Abschätzungsver-
fahren eine besondere Rolle spielt.
1964. 59 Seiten, 13 Abb. DM 43,50

HEFT 1307
Dipl.-Math. Jürgen R. Mankopf,
Rheinisch-Westfälisches Institut
für Instrumentelle Mathematik, Bonn
Über die periodischen Lösungen der VAN DER
POLschen Differentialgleichung $\ddot{x} + \mu\,(x^2-1)$
$\dot{x} + x = 0$
1964. 55 Seiten, 13 Abb., 10 Phasenbilder im Anhang.
DM 41,—

HEFT 1308
Dipl.-Math. Heinz Ober-Kassebaum, Rheinisch-West-
fälisches Institut für Instrumentelle Mathematik, Bonn
Über die P-Seperation der Schrödlinger-Gleichung
und der Laplace-Gleichung in Riemannschen
Räumen
1964. 68 Seiten. DM 42,50

HEFT 1316
Dr. Franz Kolberg,
Institut für Mathematik und Großrechenanlagen
der Rhein.-Westf. Technischen Hochschule Aachen
Direktor: Prof. Dr. Hubert Cremer
Theoretische Untersuchung des Begegnungs- oder
Überholungsvorganges von Schiffen
1964. 80 Seiten, 13 Abb. DM 76,50

HEFT 1317
Prof. Dr. Hubert Cremer und Dr. Franz Kolberg,
Institut für Mathematik und Großrechenanlagen
der Rhein.-Westf. Technischen Hochschule Aachen
Zur Stabilitätsprüfung von Regelungssystemen
mittels Zweiortskurvenverfahren
1964. 50 Seiten, 12 Abb. DM 35,50

HEFT 1367
Prof. Dr. rer. techn. Fritz Reutter und
Dr. phil. Johannes Knapp,
Institut für Geometrie und Praktische Mathematik
der Rhein.-Westf. Technischen Hochschule Aachen
Untersuchungen über die numerische Behandlung
von Anfangwertproblemen gewöhnlicher Diffe-
rentialgleichungssysteme mit Hilfe von LIE-Reihen
und Anwendungen auf die Berechnung von Mehr-
körperproblemen
1964. 69 Seiten, 4 Seiten tabellarischer Anhang.
DM 49,50

HEFT 1374
Prof. Dr. E. Peschl und Dr. Karl Wilhelm Bauer,
Institut für Angewandte Mathematik
der Universität Bonn,
Rhein.-Westf. Institut für Instrumentelle Mathematik,
Bonn
Über nichtlineare Differentialgleichungen 2. Ord-
nung, die für eine Abschätzungsmethode bei par-
tiellen Differentialgleichungen vom elliptischen
Typus besonders wichtig sind
1964. 65 Seiten, 19 Abb. DM 49,80

HEFT 1395
Prof. Dr. rer. techn. Fritz Reutter und
Dr. rer. nat. Dieter Haupt,
Institut für Geometrie und Praktische Mathematik
der Rhein.-Westf. Technischen Hochschule Aachen
Untersuchungen auf dem Gebiete der praktischen
Mathematik
1964. 85 Seiten, 6 Abb., 10 Tabellen. DM 53,50

HEFT 1489
Prof. Dr. Johannes Blume, Strümp
Nachweis von Perioden durch Phasen- und Ampli-
tudendiagramm mit Anwendungen aus der Biologie,
Medizin und Psychologie
1965. 91 Seiten, 50 Abb., 2 Tabellen. DM 54,80

HEFT 1490
Christoph Heinrich und Dr. Joseph Hintzen,
Mathematischer Beratungs- und Programmierungsdienst
GmbH, Rechenzentrum Rhein-Ruhr, Dortmund
Berechnung längsstarrer Rahmen
Untersuchungen zur Beulwertberechnung von
Rechteckplatten
1965. 43 Seiten, 12 Abb. DM 28,80

HEFT 1519
Prof. Dr.-Ing. Wilhelm Fucks und Josef Lauter, Erstes
Physikalisches Institut der Rhein.-Westf. Technischen
Hochschule Aachen
Exaktwissenschaftliche Musikanalyse
1965. 59 Seiten, 42 Abb. DM 29,80

HEFT 1557
Prof. Dr. Paul Leo Butzer und Dipl.-Phys. Hermann
Schulte, Lehrstuhl für Mathematik (Analysis) der
Rhein.-Westf. Technischen Hochschule Aachen
Ein Operatorenkalkül zur Lösung gewöhnlicher
und partieller Differenzengleichungssysteme von
Funktionen diskreter Veränderlicher und seine
Anwendungen
1965. 53 Seiten, 3 Abb. DM 49,—

HEFT 1596
Dr. Franz Kolberg, Institut für Mathematik und Großrechenanlagen der Rhein.-Westf. Technischen Hochschule Aachen
Direktor: Prof. Dr. Hubert Cremer
Zur Theorie der Bewegung eines Schiffes bei begrenzten Fahrwasserverhältnissen
1966. 45 Seiten, 2 Abb. DM 49,20

HEFT 1690
(Nr. 10 der Schriften des IIM – Serie A)
Dr. rer. nat. Leonhard Gerhards, Rheinisch-Westfälisches Institut für Instrumentelle Mathematik, Bonn (IIM)
Verallgemeinerte Isomorphie von Gruppenerweiterungen und kanonische Isomorphie Galoisscher Erweiterungskörper
1966. 49 Seiten. DM 46,30

HEFT 1700
Prof. Dr. rer. techn. Fritz Reutter, Dr. rer. nat. Otto Meltzow und Dipl.-Math. Siegfried Stief, Institut für Geometrie und Praktische Mathematik an der Rhein.-Westf. Technischen Hochschule Aachen
Mathematische Untersuchungen zur Schalentheorie
1966. 74 Seiten, 19 Abb., 3 Tabellen. DM 69,—

HEFT 1710
Dipl.-Math., Dipl.-Phys. Norbert Latz, Institut für angewandte Physik und Elektrotechnik der Universität des Saarlandes
Direktor: Prof. Dr. G. Eckert
Untersuchungen über ebene Beugungsprobleme elektromagnetischer Wellen für rechtwinklig-keilförmige Gebiete. Ein Beitrag zur Theorie des Strahlungsfeldes dielektrischer Antennen
Joachim Ehrhardt, Institut für angewandte Physik und Elektrotechnik der Universität des Saarlandes
Direktor: Prof. Dr. G. Eckart
In Verbindung mit der Deutschen Gesellschaft für Ortung und Navigation e. V., Düsseldorf
Untersuchungen an dielektrischen Stielstrahlern über den Einfluß der Strahlungskopplung auf deren Fußpunktimpedanz
1966. 66 Seiten, 29 Abb. DM 47,60

HEFT 1713
(Nr. 11 der Schriften des IIM – Serie A)
Dipl.-Math. Hartmann Jochen Genrich, Rheinisch-Westfälisches Institut für Instrumentelle Mathematik, Bonn (IIM)
Die automatische Aufstellung von Schulstundenplänen auf relationentheoretischer Grundlage
1966. 42 Seiten. DM 26,—

HEFT 1730
Josef Lauter, Erstes Physikalisches Institut der Rhein.-Westf. Technischen Hochschule Aachen
Direktor: Prof. Dr.-Ing. W. Fucks
Untersuchungen zur Sprache von Kants »Kritik der reinen Vernunft«
1966. 86 Seiten, zahlr. Abb. und Tabellen. DM 51,90

HEFT 1740
Dipl.-Math. Christian Clemens Fenske, Rheinisch-Westfälisches Institut für Instrumentelle Mathematik, Bonn
Beweisprogramme für die Prädikatenlogik und der Vollständigkeitssatz von Beth
In Vorbereitung

HEFT 1741
Dr. rer. nat. Wolfgang Hutter, Rheinisch-Westfälisches Institut für Instrumentelle Mathematik, Bonn
Zur algebraischen Kennzeichnung der Monome über einem Vektorraum
1966. 33 Seiten. DM 26,80

HEFT 1752
Priv.-Doz. Dr.-Ing. Günther Woelk, Institut für Industrieofenbau und Wärmetechnik im Hüttenwesen der Rhein.-Westf. Technischen Hochschule Aachen
Ein Näherungsverfahren zur numerischen Berechnung instationärer Temperaturfelder
In Vorbereitung

HEFT 1763
Dipl.-Math. Werner Glasmacher und Dipl.-Math. Dietmar Sommer, Rechenzentrum und Institut für Geometrie und Praktische Mathematik der Rhein.-Westf. Technischen Hochschule Aachen
Direktor: Prof. Dr. Fritz Reutter
Implizite Runge-Kutta-Formeln

HEFT 1768
Dr. phil. Walter Reckziegel, I. Physikalisches Institut der Rhein.-Westf. Technischen Hochschule Aachen
Direktor: Prof. Dr.-Ing. Wilhelm Fucks
Die Entropieabnahme bei Abhängigkeit zwischen mehreren simultanen Informationsquellen und bei Übergang zu Markoff-Ketten höherer Ordnung, untersucht an musikalischen Beispielen (II.)
Roland Mix, I. Physikalisches Institut der Rhein. Westf. Technischen Hochschule Aachen
Direktor: Prof. Dr.-Ing. Wilhelm Fucks
Theorien zur Formanalyse mehrstimmiger Musik
(I.) *In Vorbereitung*

HEFT 1800
Dr. rer. nat. Hermann Schulte, Lehrstuhl für Mathematik (Analysis) der Rhein.-Westf. Technischen Hochschule Aachen
Ein direkter zweidimensionaler Operatorenkalkül zur Lösung partieller Differenzengleichungen und seine Anwendung bei der numerischen Lösung partieller Differentialgleichungen
In Vorbereitung

HEFT 1815
Dr. rer. nat. Alfred Koestner. I. Mathematisches Institut der Universität Münster
Direktor: Prof. Dr. Dr. h. c. Heinrich Behnke
Lokale Darstellbarkeit eindimensionaler analytischer Mengen in zweidimensionalen normalen komplexen Räumen durch eine holomorphe Funktion
In Vorbereitung

Verzeichnisse der Forschungsberichte aus folgenden Gebieten können beim Verlag angefordert werden:

Acetylen/Schweißtechnik – Arbeitswissenschaft – Bau/Steine/Erden – Bergbau – Biologie – Chemie – Druck/ Farbe/Papier/Photographie – Eisenverarbeitende Industrie – Elektrotechnik/Optik – Energiewirtschaft – Fahrzeugbau/Gasmotoren – Fertigung – Funktechnik/Astronomie – Gaswirtschaft – Holzbearbeitung – Hüttenwesen/Werkstoffkunde – Kunststoffe – Luftfahrt/Flugwissenschaften – Luftreinhaltung – Maschinenbau – Mathematik – Medizin/Pharmakologie – NE-Metalle – Physik – Rationalisierung – Schall/Ultraschall – Schifffahrt – Textilforschung – Turbinen – Verkehr – Wirtschaftswissenschaften.

WESTDEUTSCHER VERLAG · KÖLN UND OPLADEN
567 Opladen/Rhld., Ophovener Straße 1–3